G. WOLF

DER WISSENSCHAFTLICHE DOKUMENTATIONSFILM UND DIE ENCYCLOPAEDIA CINEMATOGRAPHICA

DER WISSENSCHAFTLICHE FILM

Herausgegeben vom Institut für den Wissenschaftlichen Film Göttingen

G. Wolf

DER WISSENSCHAFTLICHE DOKUMENTATIONSFILM UND DIE ENCYCLOPAEDIA CINEMATOGRAPHICA

PROF. DR.-ING. GOTTHARD WOLF

Der Wissenschaftliche Dokumentationsfilm und die Encyclopaedia Cinematographica

Mit 113 teils farbigen Abbildungen

19 67

Springer-Verlag Berlin Heidelberg GmbH

ISBN 978-3-662-01577-3 ISBN 978-3-662-01576-6 (eBook)
DOI 10.1007/978-3-662-01576-6

Nach der Veröffentlichung
von tausend Enzyklopädie-Filmen
den Mitarbeitern der
ENCYCLOPAEDIA CINEMATOGRAPHICA
in aller Welt

Vorwort

Ein neues Instrument erfüllt den gleichen Zweck
wie eine Reise in die Fremde:
Es zeigt die Dinge in ungewöhnlichem Zusammenhang.
Der Gewinn ist nicht nur eine Summierung,
sondern eine Wandlung.

WHITEHEAD

Das vorliegende Buch beschäftigt sich mit dem wissenschaftlichen Dokumentationsfilm und insbesondere mit der *Encyclopaedia Cinematographica*, jener systematisch angelegten übernationalen Sammlung von Dokumentationsfilmen, die vor mehr als einem Jahrzehnt begonnen wurde und in der für Biologie, Technische Wissenschaften und Völkerkunde heute bereits über 1100 Filme vorliegen.

Als Beispiel für den Forschungsfilm in der besonderen Form des Dokumentationsfilmes werden der Enzyklopädie-Film, seine Form und sein Platz im Schema dieser Enzyklopädie diskutiert werden. Der Charakter der Enzyklopädie-Einheit, die Überlegungen, die zu ihrer Herstellung in der gewählten Form führten, ihre Verwendung und Auswertung sollen anhand von Filmbeispielen erläutert werden.

Wenn man vor der Notwendigkeit steht, Filme zu beschreiben, wird man sich bald der Schwierigkeit bewußt, dem Leser eine Vorstellung von ihrem Inhalt und Aufbau zu vermitteln. Es wurden hier zu diesem Zweck in einer Reihe von Fällen, wo es sich als notwendig erwies, alle Einstellungen von bestimmten Filmen ausführlich wiedergegeben. In dieser Weise hofft der Verfasser, dem Leser von deren Inhalt und Anlage ohne Projektion der Filme selbst ein Bild geben zu können.

Die bisherigen Erfahrungen mit der Filmdokumentation sind durch die im Institut für den Wissenschaftlichen Film erarbeiteten Leitsätze für verschiedene Disziplinen berücksichtigt. Auf aufnahmetechnische Fragen geht das Buch nur beiläufig ein. Ein besonderes Kapitel beschäftigt sich mit dem »Wirklichkeitsgehalt« des Filmes. Auch diese vielschichtige Materie wird durch zahlreiche Beispiele erläutert.

Ein Nachwort geht kurz auf die historische Entwicklung, den Aufbau und den derzeitigen Stand der Enzyklopädie ein und weist zum Schluß auf ihre menschenbildende Wirkung im Sinne des dem Buch vorangestellten Mottos hin.
Als Begründer und Editor der *Encyclopaedia Cinematographica* habe ich in den letzten 15 Jahren viele Anregungen und manche Förderung erfahren und möchte dafür den über 250 Mitgliedern der Enzyklopädie in den verschiedenen Ländern danken, die sich an diesem Gemeinschaftswerk bisher beteiligten. Mein besonderer Dank gilt meinen verehrten Freunden Professor Konrad Lorenz, Professor Günther Spannaus, Professor Otto Koenig und Dr. Herbert Beyer, die mir nicht nur immer erneut halfen, aufkommende Schwierigkeiten zu überwinden, sondern mich auch ermutigten, die Arbeit fortzusetzen. Ferner habe ich den Mitarbeitern des Institutes für den Wissenschaftlichen Film, den Herren Dr. Kuczka, Dr. Höfling, Dr. Hinsch und Dr. Bekow zu danken, die sich um den Aufbau der Enzyklopädie verdient gemacht haben.
Bei der Fertigstellung des vorliegenden Buches bin ich Herrn Dr. W. Hinsch besonderen Dank schuldig, der sich mit der Durchsicht des Manuskriptes viel Mühe gemacht hat. Herrn Professor F. Stückrath danke ich für manche Hinweise zum Kapitel Wirklichkeitsgehalt und meiner Sekretärin, Fräulein L. Fischer, für umfangreiche Schreib- und Korrekturarbeiten.

Inhalt

I. Forschungsfilm und Dokumentationsfilm

Was den Film für die Wissenschaft besonders interessant macht, ist seine Verwendung für die Forschung als Forschungsfilm.

Wenn von seiten mancher Wissenschaftler etwa dem wissenschaftlichen Unterrichtsfilm gegenüber Zweifel an dessen Bedeutung geäußert wurden, so ist doch die Bedeutung des Forschungsfilmes auch von besonders scharfen Kritikern kaum ernsthaft in Frage gestellt worden. Wir dürfen heute, etwa 80 Jahre nach den Anfängen des Filmes, feststellen:

> Die Naturwissenschaft hat mit dem Film ein Instrument erhalten, das in seiner Bedeutung für die Forschung zahlreicher Disziplinen kaum überschätzt werden kann.

Der Mensch hat ein weitgehend statisch geprägtes Bild von seiner Umgebung. Wir sehen die Pflanzen nicht wachsen, die Gebirge nicht entstehen und vergehen, das Geschoß nicht fliegen, und wir bemerken nicht, daß wir trotz unserer anscheinend statischen Umwelt in Wahrheit nur von Bewegtem umgeben sind. Einem Instrument, das uns eine Korrektur dieser notwendigerweise unvollständigen und unrichtigen Auffassung von der Natur auf einleuchtende und unserem ausgeprägtesten Sinne entgegenkommende Weise ermöglicht, kommt naturgemäß eine besondere Bedeutung zu. Wir können uns dieses Instrumentes bedienen bei den beiden Zugängen, die wir innerhalb der Naturwissenschaften für die Forschung kennen: Wir verwenden es bei der Beobachtung der unbeeinflußten Natur und bei der Befragung der Natur im Experiment. — Freilich hat auch der Forschungsfilm seine Grenzen, wie sie jede wissenschaftliche Methode im einzelnen und die Wissenschaft schließlich auch als Ganzes hat. Beschäftigt sich die Wissenschaft mit dem rational erfaßbaren Anteil des Seienden, so kommt es dem wissenschaftlichen Film als Aufgabe zu, dessen optisch-kinematische Komponente erfassen und erforschen zu helfen.

Unter Wissenschaft versteht man die Gesamtheit der Erkenntnisse und deren planmäßige Vermehrung. Und fraglos gehört in Deutschland zur Wissenschaft auch die Weitergabe dieser Erkenntnisse, wie sie von unseren Universitäten in Form der wissenschaftlichen Lehre betrieben wird. Filme, die dieser Wissenschaft dienen, ihrer planmäßigen Vermehrung (Forschung), ihrer Darstellung und planmäßigen Weitergabe (Lehre), können wir als wissenschaftliche Filme bezeichnen. Von ihnen ist zu fordern, daß sie mit der möglichst vorurteilsfreien und voraussetzungslosen Geisteshaltung des Wissenschaftlers hergestellt sind. Unter einem Forschungsfilm verstehen wir demgemäß einen Film, der mit der Aufgabe entstanden ist, der Forschung zu dienen und neue Erkenntnisse zu ermöglichen[1].

Der Forschungsfilm üblicher Prägung dient meist einer bestimmten, fest umrissenen Fragestellung, beispielsweise der Erforschung der Bewegungsphasen bei der Teilung einer Zelle, bestimmter Verhaltensweisen eines Tieres oder der Bewegungen einer schnellaufenden Maschine. Wenn eine solche fest umrissene Aufgabe im Forschungsfilm behandelt wird, stellt sich fast immer heraus, daß die fertigen Aufnahmen noch Material für weitere Erkenntnisse enthalten, an die man bei der ursprünglichen Aufgabenstellung noch nicht gedacht hatte. So liegt der Gedanke nahe, zumal der Film zu den aufwendigen Methoden gehört, im Interesse eines rationalisierten Forschungsbetriebes solche Forschungsaufnahmen von vornherein so anzulegen, daß sie nicht nur der Beantwortung einer speziellen Frage allein dienen, sondern möglichst viel an wissenschaftlicher Information über die aufgenommenen Bewegungsvorgänge liefern.

Damit wird die ursprüngliche Aufgabe etwas verändert; sie besteht nun darin, den Vorgang so abzubilden, daß das Bewegungsbild einer sorgfältigen wissenschaftlichen Beschreibung entspricht, d. h. ihn bildmäßig zu dokumentieren.

Als Dokument gelten nach einer Definition von W. Schürmeyer[2]:

> „Der in Schrift und Druck niedergelegte Gedanke, das auf Schallplatte und Tonband fixierte Wort oder Musikstück, Bilder, die das geschriebene oder gedruckte Wort ergänzen, sowie Sammlungsgegenstände der Museen."

Unter Dokumentation versteht man meist das Sammeln, Aufschließen und Nutzbarmachen vorhandener Dokumente. Obwohl dieser Gebrauch des Begriffes Dokumentation für den vorliegenden Zweck zu eng ist — denn es werden in unserem Fall ja neue Dokumente geschaffen —, haben wir nach reiflicher Überlegung unsere Arbeit „filmische Bewegungsdokumentation"[3] oder kurz

[1] Hierbei ist der Begriff des Dokumentationsfilmes dem des Forschungsfilmes einbezogen. Darin liegt ein bestimmter Unterschied zu von anderer Seite gemachten Begriffsbestimmungen, z. B.:
»A research film results from the application of cinematography to the systematic search for new knowledge« (A. R. Michaelis, Research Films on Biology, Anthropology and Medicine, S. 1). „Nous définirons comme film de recherche tout film ayant pour but la découverte par le cinéma', même s'il n'aboutit pas ainsi que tout film ayant permis une découverte même s'il ne poursuivait pas ce but" (J. Painlevé, Cinéma et Recherche, S. 8).

[2] Schürmeyer, W., Nachr. f. Dok. 1 (1950), S. 3.

[3] Andere ins Auge gefaßte Benennungen wie Studienfilm, Sammlungsfilm, Film-Dauerpräparat, Bewegungspräparat, Präparatfilm, Bewegungsdokument, Filmdokument, Bewe-

„wissenschaftliche Filmdokumentation" genannt. In dieser Bezeichnung soll zum Ausdruck kommen und enthalten sein:

> die bildmäßige Fixierung und Konservierung eines Bewegungsvorganges;
> die planmäßige Erfassung und Sichtbarmachung des Bewegungsvorganges für die Zwecke der Analyse durch eine sinnvolle Verwendung der kinematographischen Methoden;
> die repräsentative Auswahl dieses Bewegungsvorganges unter gleichen.

Ein Dokumentationsfilm ist demnach ein Film, der einen Bewegungsablauf mit einem hohen Wirklichkeitsgehalt[2] fixiert und dabei so angelegt ist, daß er möglichst vielseitig forschungsmäßig ausgewertet werden kann.

Seinem Charakter nach ist er ein Forschungsfilm in einem weiteren Sinn; er muß so beschaffen sein, daß an ihm geforscht werden kann. Wir wollen ihn dadurch beschreiben, daß wir ihn mit anderen bekannten Arten des wissenschaftlichen Filmes vergleichen.

Um nun die Unterschiede zwischen Dokumentationsfilm und Forschungsfilm im engeren Sinne deutlich zu machen, soll zunächst an einem Beispiel die Aufgabe eines Dokumentationsfilmes näher erläutert werden. Wir wollen annehmen, es bestehe die Aufgabe, von einem Vulkan-Ausbruch, der mehrere Tage andauert, einen *Dokumentationsfilm* herzustellen. Man denke an einen Dokumentationsfilm aus dem Grunde, weil man damit rechne, seltene, bisher überhaupt kaum dokumentierte Phänomene zu erfassen, beispielsweise die Bildung eines neuen Kraters. Erforderlich ist dabei

1. die Aufnahme der wichtigsten Phänomene vor, während und nach der Bildung des neuen Ausstoßungs-Zentrums, also die Bildung von Rissen, Spalten, der Ausstoß von Gasen, Asche, Lava-Brocken, die Kegelbildung des neuen Zentrums usw.;
2. die Aufnahme der strömenden Lava, sowohl der heißen in Kraternähe wie der erkaltenden in weiterer Entfernung vom Ausstoßungs-Zentrum, des Mechanismus der Erstarrung, der Einwirkung der strömenden Lava auf menschliche Bauwerke (z. B. Steinhäuser), auf Pflanzen oder Tiere usw.

Alle diese Erscheinungen wären in geschwindigkeitsgleichen und — wenn erforderlich — auch in zeitgedehnten Aufnahmen zu erfassen und so anzulegen, daß sie auch als Meß-Unterlagen für Zeit-Weg-Kurven dienen können.

Es wäre zu prüfen, ob die Filmaufnahmen mit Tonaufzeichnungen von Detona-

gungsstudie, Kinematogramm, Bewegungs-Reproduktionsfilm, Verhaltensreproduktion und manche andere geben den Sachverhalt nur teilweise richtig wieder, manche sind durch andere Arbeitsrichtungen in Anspruch genommen. Der Begriff „Dokumentarfilm" ist in anderer Weise, insbesondere durch die Entwicklung des englischen »documentary film«, festgelegt und scheidet daher für die Verwendung im wissenschaftlichen Raume aus.

[2] Hierzu s. das letzte Kapitel S. 171.

tionen oder anderen Geräuschen kombiniert werden sollten. Dabei müßte auf die synchrone Zuordnung von Bild und Ton geachtet werden. Es wäre gleichfalls zu überlegen, ob Messungen, z B. seismischer oder anderer Art, synchron mit den Filmaufnahmen durchgeführt werden sollen.

Es ist leicht ersichtlich, daß der Aufwand für ein solches Vorhaben nicht unbeträchtlich wäre. Man müßte mehrere Aufnahmegruppen vorsehen, die von verschiedenen Standpunkten, zum Teil auch aus Flugzeugen, die verschiedenen Vorgänge aufzunehmen hätten.

Alle Aufnahmen wären genauestens zu protokollieren, die Aufnahmestandpunkte wären in Lagepläne einzuzeichnen. Nicht nur die photographischen und kinematographischen Daten wären festzuhalten wie Filmart, Filmemulsion, Aufnahmeoptik, Bildfrequenz, Belichtungszeit usw., sondern es wären alle vorher festgelegten Messungen exakt durchzuführen (Zeit, Temperatur, Luftdruck, Luftfeuchtigkeit usw.). Die entstandenen Aufnahmen würden in sinnvoller Weise geordnet und mit Titeln versehen werden. Doppelaufnahmen würden ausgeschieden, weniger typische Aufnahmen nicht in die Veröffentlichungsfassung der Filme übernommen, jedoch im Archiv aufbewahrt und registriert, so daß man auf sie noch zurückgreifen kann. Eine genaue Begleitveröffentlichung als Teil der wissenschaftlichen Filmpublikation wird vom Autor bzw. von den Autoren angefertigt, gedruckt und der wissenschaftlichen Öffentlichkeit zugänglich gemacht. Das Ausgangsmaterial des Filmes wird nach der endgültig veröffentlichten Fassung geordnet und zusammengefügt, so daß Kopien auch für den wissenschaftlichen Gebrauch hergestellt werden können.

Der Umfang dieses Dokumentationsvorhabens würde es geraten erscheinen lassen, den Gesamtkomplex in mehrere Teile im Hinblick auf kleinere thematische Einheiten zu unterteilen, um sie auch im Gebrauch handlicher zu machen.

Das Charakteristikum dieser Dokumentationsaufnahmen wäre, daß sie so angelegt sind, daß sie auch später nach Gesichtspunkten ausgewertet werden können, die vielleicht im Augenblick noch gar keine Rolle spielen. Hierin besteht das wesentliche Unterscheidungsmerkmal zum Forschungsfilm im engeren Sinne. Daß auch der Dokumentationsfilm einen solchen komplexen Vorgang, der noch dazu in seinen Einzelheiten unvorhersehbar ist, nicht voll erfassen kann, ist verständlich. Die nicht leichte Aufgabe besteht darin, die repräsentativen Phasen zu erfassen und zu fixieren, d. h. diejenigen Vorgänge, die stellvertretend für zahlreiche ähnliche stehen sollen.

Ein *Forschungsfilm im engeren Sinne* würde diese Komplexheit der Aufgabe nicht kennen. Er würde sich auf bestimmte Fragen spezialisieren, z. B. auf die Erfassung der charakteristischen Raucherscheinungen vor, während und nach dem Ausbruch, auf die Aufnahme der Eruption von Steinen und Felsbrocken, um deren Flugbahn, Fluggeschwindigkeit und Rotationsgeschwindigkeit festzustellen. Ein anderer Forschungsfilm würde etwa die Strömungsverhältnisse

der heißen, leichtflüssigen Lava und das Erosionsverhalten des Lavastromes an verschiedenen Gesteinen zum Thema haben.
Wir sehen, daß alle diese Einzelaufgaben auch dem Dokumentationsfilm zukommen. Beim Forschungsfilm im engeren Sinne sind sie auf eine spezielle Aufgabe ausgerichtet, beim Dokumentationsfilm aber für die Benutzung bei weiteren sich später stellenden Aufgaben bereitgestellt.
Werfen wir noch zum Vergleich einen kurzen Blick auf die Aufgaben und den dafür benötigten Aufbau eines *Hochschulunterrichtsfilmes,* so würde dieser etwa die verschiedenen charakteristischen Formen und Vorgänge bei Vulkanausbrüchen darzustellen haben. Es braucht hierbei nicht darauf Wert gelegt zu werden, daß das Filmmaterial ausschließlich für die Schaffung dieses Filmes hergestellt wird. Es wird vielleicht schon vorhandenes Filmmaterial benutzt, das bei ganz verschiedenen Ausbrüchen an Vulkanen verschiedener Art gewonnen wurde. Es werden vielleicht Zeichenfilmaufnahmen hinzugenommen, um das Prinzip der verschiedenen Vulkantypen zu demonstrieren. Es würde auch nicht stören, daß dieses Material von Vulkanen in Mexiko, in Hawaii und noch anderen Gegenden der Erde stammt, denn vielleicht ist das gegebene Thema gerade nur durch den Vergleich zu behandeln. In einem Tonkommentar würde auf die Verschiedenheiten und Ähnlichkeiten näher hingewiesen, jedoch nur soweit, wie es das angestrebte unterrichtliche Ziel erfordert. Der Unterrichtsfilm würde wohl auch den psychischen Effekt, den ein Vulkanausbruch — im Farbfilm gut aufgenommen — hinterläßt, in die unterrichtliche Wirkung einbeziehen.
Der Hochschulunterrichtsfilm kann also aus Filmmaterial der verschiedensten Herkunft bestehen. Die wissenschaftlichen Daten brauchen nicht umfassend bekannt zu sein. Das pädagogische Interesse und die Verwendbarkeit im Hochschulunterricht stehen im Vordergrund.
Um noch ein Wort zu dem sogenannten *Dokumentarfilm* (documentary film) zu sagen, so würde dieser im Gegensatz zu den Formen des rein wissenschaftlichen Filmes und außerhalb des hier allein betrachteten wissenschaftlichen Bereiches die menschliche Seite in den Vordergrund stellen. Die Bilder des Vulkanausbruches, der sich heranwälzenden Lavamassen, der Zerstörung der Dörfer würden den Hintergrund für die menschlichen Reaktionen der Furcht und Angst darstellen. Das Verhalten des Menschen bei der Vernichtung seiner Existenz, seine Preisgegebenheit in einer solchen Notsituation, aber auch die Überwindung von Not und Tod durch gegenseitige Hilfe und durch immer neuen Aufbauwillen: Das könnte die sicher eindrucksvolle Grundlage eines Dokumentarfilmes über dieses Thema sein. Leicht ersichtlich ist, daß hier die künstlerische Gestaltung besonders wichtig ist. Von ihr würde ganz entscheidend die Qualität eines solchen Filmes abhängen. Dokumentarfilme benötigen keine exakten Daten im einzelnen. Das Publikum, vor dem sie gezeigt werden, würde

sich dafür nicht interessieren, oft würde ihre Angabe den Charakter eines solchen Filmes sogar stören. Klar geht hieraus hervor, daß dieser sogenannte Dokumentarfilm nichts mit dem wissenschaftlichen Film aller Arten zu tun hat. Im übrigen ergibt sich aus dem Vorstehenden leicht:

> Der Dokumentationsfilm ist ein Forschungsfilm und wird als solcher benutzt und ausgewertet;
> Teile eines Dokumentationsfilmes können in einem Unterrichtsfilm benutzt werden.

Aus dem vorstehenden Beispiel geht aber auch hervor, daß die Herstellung eines Dokumentationsfilmes über ein komplexes Thema wie einen Vulkanausbruch ein umfangreiches und gar nicht leicht durchzuführendes Unternehmen ist. Es ist daher erklärlich, daß wissenschaftliche Fachinstitute für ihren eigenen Bedarf meist Forschungsfilme im engeren Sinne herstellen, während Dokumentationsfilme, sobald sie einen bestimmten Umfang überschreiten, besser durch ein wissenschaftliches Filminstitut hergestellt werden.
Als weitere Beispiele von Dokumentationsfilmen seien hier bestimmte Filme angeführt, in denen systematisch Patienten aufgenommen wurden, die an neurologisch-psychischen Störungen litten. Ein solcher Dokumentationsfilm wird über lange Zeit hinweg den Patienten immer wieder in vergleichbaren Situationen zeigen. Eine Hauptaufgabe ist dabei, die Entwicklung der pathologischen Symptome zu erfassen. Aber es würde besonders darauf Wert gelegt werden, den Gesamthabitus zu fixieren, den ganzen Menschen in seinem Verhalten aufzunehmen. Hierin besteht neben der Erfassung der Symptome gerade die Aufgabe des Dokumentationsfilmes. Der Forschungsfilm im engeren Sinne würde hier nur ein begrenztes Einzelthema, vielleicht den Ablauf eines Krampfzustandes oder einer nervös bedingten Gangstörung, behandeln.
Einige gute Beispiele von Dokumentationsfilmen der genannten Art sind vom Institut für den Wissenschaftlichen Film aus dem Film-Archiv über Hirnverletzungen veröffentlicht worden, das während des Zweiten Weltkrieges von der deutschen Luftwaffe errichtet wurde. Die gleichen Hirnverletzten wurden mehrfach in kurzen Zeitabständen im Tonfilm aufgenommen. Der Heilungsablauf und die psychischen Symptome wie die Art des Verhaltens, des Sprechens und sonstiger Reaktionen der Verletzten sind deutlich erkennbar. Als sicher kann wohl angenommen werden, daß auch in anderen Ländern ähnlich ausführliche Dokumentationen von solchen Fällen angefertigt wurden.
Der wissenschaftliche Dokumentationsfilm in einer besonderen Form ist nun der hauptsächliche Träger der systematisch angelegten Filmdokumentation in der wissenschaftlichen Filmenzyklopädie, die im folgenden ausführlich behandelt werden soll.

II. Die wissenschaftliche Film-Enzyklopädie Encyclopaedia Cinematographica

A) Allgemeines

Bevor die Aufgaben und der Aufbau der Enzyklopädie im einzelnen erläutert werden, soll hier zunächst die Frage gestellt werden, die auch wirklich am Beginn der Enzyklopädie-Arbeit gestanden hat, nämlich ob denn dem wissenschaftlichen Dokumentationsfilm in der Tat eine so große Bedeutung zukommt, daß sie die Durchführung eines so umfangreichen Unternehmens wie der Film-Enzyklopädie wirklich rechtfertigt, eines Unternehmens, das sich über viele Jahrzehnte erstrecken wird, eigentlich nie beendet ist und auf übernationaler Basis arbeiten soll. Es sollen deshalb zunächst die wichtigsten spezifischen Möglichkeiten, die die Kinematographie für die wissenschaftliche Arbeit besitzt, nämlich die Fixierung, die Zeittransformation und der Vergleich von Bewegungsvorgängen, unter dem Gesichtspunkt betrachtet werden, ob sie für die Wissenschaft wirklich so bedeutungsvoll sind.

1. Die Fixierung und die geschwindigkeitsgleiche Abbildung von Bewegungsvorgängen

Wenn ein mikroskopisches biologisches Präparat hergestellt wird, dann wird es fixiert, d. h. durch bestimmte Chemikalien wird das Protoplasma des Untersuchungsobjektes in solcher Weise zum Gerinnen gebracht, daß sein Bau möglichst erhalten bleibt. Das mikroskopische Präparat steht dann eine Zeitlang zum Zwecke des Mikroskopierens zur Verfügung.

Die »Fixierung« eines Bewegungsvorganges durch den wissenschaftlichen Film ist damit kaum zu vergleichen. Hier wird nicht ein Original abgetötet, festgelegt und beobachtet, sondern es wird nur ein Bewegungsbild eines Vorganges aufgenommen. Hierbei wird das Objekt nicht verändert. Die Menschen, Tiere, Pflanzen bleiben unbehelligt; mikroskopische oder andere kleinere Lebewesen können allerdings bei der Aufnahme durch zu starkes Licht und die dabei entstehende Wärme geschädigt werden. Dadurch können gewisse Beeinträchtigungen des Wirklichkeitsgehaltes auftreten, die später noch behandelt werden sollen.

Wenn also hier von Fixierung gesprochen wird, dann verstehen wir darunter das Festhalten eines Vorganges im Bewegungsbild. Während zum Studium des mikroskopischen Präparates dieses selbst immer wieder herangezogen werden muß, kommt es beim Film zur Emanzipation. Der Film und der Originalvorgang begegnen sich nur kurz während der Aufnahme selbst. Dann trennen sich ihre Wege. Das Film-Negativ ist das Original für die Positivkopien, die genau diesem Negativ entsprechen, den aufgenommenen Bewegungsvorgang in gleicher Weise enthalten und beliebig lange aufbewahrt werden können. Wir erhalten also mit dem Film ein Bewegungsdauerpräparat, das sich in seinem Gehalt nicht verändert, auch dann nicht, wenn beliebig viele Kopien hergestellt werden, die ihrerseits nun unabhängig von Zeit und Raum immer wieder betrachtet, studiert und analysiert werden können. Solche Untersuchungen können auch an den Einzelbildern des Filmes vorgenommen werden. Auch sie können genau betrachtet und von ihnen Zeichnungen hergestellt oder an ihnen Messungen vorgenommen werden. Oft können erst dadurch die flüchtigen Bewegungserscheinungen in ihren Einzelheiten zum Gegenstand wissenschaftlicher Forschung gemacht werden.

Mit der Fixierung auf dem Filmbild ist zum ersten Mal die flüchtige Bewegung in Form eines Abbildes eingefangen worden. Das Bewegungsbild steht nun, vom Original losgelöst, für sich. Das Fixieren ist naturgemäß nur die eine Seite der Aufgabe. Die andere ist das Reproduzieren und Analysieren des fixierten Vorganges. Das letztere muß der wissenschaftliche Fachmann unter Berücksichtigung von Erfahrungen tun, auf die im Kapitel Wirklichkeitsgehalt näher eingegangen werden soll.

In einer gewissen, allerdings sehr eingeschränkten Weise ermöglicht dieses fixierte Geschehen das, was den Menschen aller Zeiten als unerreichbares Ziel vorschwebte, nämlich dem Augenblick Dauer zu verleihen. Gerade diese für die Forschung bedeutungsvolle Tatsache ist noch längst nicht allgemein in das Bewußtsein der Wissenschaftler eingedrungen. Es wäre sonst nicht zu der jahrelang herrschenden, durchaus falschen Vorstellung gekommen, daß ein Film, der geschwindigkeitsgleich aufgenommen wurde (Aufnahmefrequenz gleich Wiedergabefrequenz), kein Forschungsfilm sein könne. Lange Zeit wurde nur eine Filmaufnahme, die durch Zeittransformation den Beschauer des Filmes mehr sehen läßt als den unmittelbaren Beobachter des Vorganges, als Forschungsfilm anerkannt. Diejenigen, die so urteilten, ließen alle die Forschungsmöglichkeiten außer acht, die schon die Fixierung und Konservierung des Bewegungsbildes in sich schließt.

Wir dürfen an dieser Stelle noch einmal darauf hinweisen: Hätte der Film nur diese eine Möglichkeit, Bewegungsvorgänge geschwindigkeitsgleich zu fixieren, so wäre er schon darum allein für die moderne naturwissenschaftliche Forschung von großer Bedeutung.

2. *Die zeittransformierte Abbildung von Bewegungsvorgängen*

Zeittransformierte Aufnahmen sind solche, bei denen Aufnahmefrequenz und Wiedergabefrequenz voneinander verschieden sind. Ist die Aufnahmefrequenz größer als die normale Wiedergabefrequenz von 24 B/s[1], sprechen wir von einer Zeitdehner-Aufnahme, ist sie kleiner, so handelt es sich um eine Zeitraffer-Aufnahme.

Benutzen wir zur Durchführung von Aufnahmen eine Frequenz von 240 B/s und führen diese Aufnahmen mit normaler Wiedergabefrequenz vor, dann stellt der projizierte Bildablauf eine 10fach verlangsamte Bewegung gegenüber dem Originalvorgang dar. Benutzen wir eine Aufnahmefrequenz von 2,4 B/s, so erhalten wir damit eine 10fache Beschleunigung des aufgenommenen Vorganges. Die Entfaltung einer Blüte, das Wachsen einer Pflanze, die Entwicklung eines tierischen Embryos unter dem Mikroskop erscheinen dem menschlichen Auge nicht als Vorgang, sondern als Zustand. Selbst eine Beobachtung über mehrere Stunden zeigt kaum eine Veränderung dieses Zustandes. Nur aus der Erfahrung wissen wir, daß es sich um einen Vorgang handelt, der allerdings so langsam abläuft, daß er dem menschlichen Auge nicht als solcher erkennbar wird. Der mit Zeitraffer-Frequenz aufgenommene Film zeigt uns den Ablauf als Bewegungsvorgang: Die Blüte entfaltet sich, die Pflanze wächst und zeigt rhythmische Tagesbewegungen der Blätter, der Embryo streckt sich, die Differenzierung seiner Gliedmaßen wird in der Bewegung erkennbar.

Viele mit hoher Geschwindigkeit ablaufende Vorgänge empfinden wir zwar als Bewegungen, können aber ihre Einzelheiten mit dem Auge nicht mehr wahrnehmen. Wir wissen, daß das fliegende Geschoß sich bewegt, aber wir sehen es nicht fliegen; wir sehen zwar den fallenden und aufprallenden Wassertropfen, aber wir können die einzelnen Vorgänge beim Zerspritzen nicht mehr unterscheiden. Wir sehen einen Einzeller unter dem Mikroskop sich rasch bewegen, Einzelheiten seiner Fortbewegung vermögen wir nicht zu erkennen. Ein großer Teil aller dieser uns bisher unbekannt gebliebenen Einzelheiten wird mit Hilfe des Zeitdehner-Filmes nun sichtbar.

Für eine bildmäßige Analyse von Bewegungsvorgängen in quantitativer Hinsicht würden Einzelbilder, die in geeignetem zeitlichen Abstand voneinander aufgenommen würden, in vielen Fällen ausreichen. Aus ihnen könnte man in aller Ruhe und unbeeinflußt durch die Flüchtigkeit des Filmablaufes alle Einzelheiten einer Bewegungsentwicklung studieren. Meist würden solche Einzelaufnahmen auch technisch einfacher und billiger herzustellen sein als Filmaufnahmen. Warum zieht man aber häufig das bewegte Bild des Filmes vor, obwohl man weiß, daß wir bei zeittransformierten Aufnahmen Täuschungs-

---

[1] Bilder pro Sekunde.

möglichkeiten (s. Kapitel Wirklichkeitsgehalt) mit in Kauf nehmen müssen, die bei den Einzelaufnahmen nicht auftreten?
Diese Frage kann dahingehend beantwortet werden, daß die Projektion zeittransformierter Aufnahmen in qualitativer Hinsicht noch andere Ergebnisse erbringt als die für die Analyse hergestellten Einzelaufnahmen.
Wir wollen sie deshalb im folgenden durch Betrachtung einer Veröffentlichung erläutern, die hierfür besonders geeignet ist, weil sie den Umfang des Problems mit größter Anschaulichkeit zeigt und außerdem den Vorzug völliger Unvoreingenommenheit hat. Sie stammt nämlich aus einer Zeit, in der der Film noch gar nicht existierte.

Es handelt sich um den später berühmt gewordenen Vortrag des Zoologen und Physiologen Karl-Ernst von Baer, den dieser im Jahre 1837 über das Thema »Welche Auffassung der lebenden Natur ist die richtige?«[1] hielt. Bei seinen Betrachtungen ging er davon aus, daß unser geistiges Leben in dem Bewußtwerden der Veränderungen in unseren Vorstellungen besteht, und daß die Geschwindigkeit der Wahrnehmungen und der darauf erfolgenden Reaktionen das natürliche Zeitmaß für unser Leben bedingt. Das Innenleben eines Menschen oder Tieres kann in derselben äußeren Zeit rascher oder langsamer verlaufen. Der kleinste Zeitabstand noch trennbarer Sinneswahrnehmungen gibt das Grundmaß, nach welchem wir bei Beobachtung der Natur die Zeit schätzen. Nur weil dieses Grundmaß beim Menschen klein ist, scheint uns die Größe und Gestalt etwa eines Tieres, das wir für einige Zeit vor uns sehen, etwas Bleibendes zu sein. Würde unser Grundmaß größer sein, dann würden wir auch die langsamen Veränderungen seiner Gestalt unmittelbar erfassen können.
Denken wir uns einmal — so führt von Baer aus —, der Lebenslauf eines Menschen verliefe sehr viel rascher. Ein Mensch, der bei uns ein hohes Alter erreicht, wird 80 Jahre alt oder rund 29 000 Tage. Wir wollen die Lebenszeit dieses Menschen auf den tausendsten Teil komprimieren, so daß er 29 Tage alt wird, aber er soll dabei nichts an seinem Innenleben verlieren. Sein Pulsschlag und seine Bewegungen würden tausendmal so schnell erfolgen; er würde in der Zeiteinheit tausendmal so viele Sinneseindrücke erhalten als vorher. In der Terminologie des wissenschaftlichen Filmes, die von Baer noch nicht kannte, würde man von einer 1000fachen Zeitdehnung sprechen. Dieser Mensch würde also nunmehr vieles sehen, was wir nicht sehen können. So würde er leicht eine vorbeifliegende Flintenkugel mit dem Auge erfassen und verfolgen können. Auf Grund seiner Beobachtungen wird er — wie könnte es auch anders sein — zu Auffassungen von der Natur kommen, die wir für unvollständig und unrichtig halten würden. So würde er in seinem Alter sagen, daß ein herrlich leuchtendes Gestirn sich am Himmel hebe, senke, zeitweise verschwinde und dann wiederkehre. Das habe er in seinem Leben nun 29mal erlebt. Daneben hätte ein anderes Gestirn existiert, das er in seiner Jugend klein und sichelförmig gesehen habe, das dann immer größer und schließlich kreisrund geworden sei, bis es sich

[1] K.-E. von Baer, »Welche Auffassung der lebenden Natur ist die richtige?«, Vortrag zur Eröffnung der Russischen Entomologischen Gesellschaft, 1837.

langsam zu einer umgekehrt liegenden Sichel verkleinert habe, schließlich völlig verschwunden sei und wohl niemals wiederkehren würde. Den Wechsel der Jahreszeiten könnte ein solcher Monatsmensch wohl kaum erfassen. Von seinen Vorfahren könnte er wohl hören, daß es Zeiten gegeben haben solle, in denen die Erde ganz mit einer weißen Substanz bedeckt war, das Wasser eine feste Form gehabt habe und die Bäume keine Blätter hatten. Später sei die Wärme wiedergekehrt, das Wasser wieder flüssig geworden, und Gras und Blätter seien wiedergekommen. Diesem Menschen würden solche Überlieferungen schwer vorstellbar erscheinen, in ähnlicher Weise, wie es uns geht, wenn uns berichtet wird, daß Europa früher mit dicken Eismassen bedeckt gewesen sei.

Denken wir uns das Leben dieses Menschen nochmals um den Faktor 1000 verkürzt. Dann würde er nur noch etwa 40 Minuten leben. Wieder soll die Summe seiner inneren Eindrücke während seiner Lebenszeit nicht vermindert werden, sie werden nun insgesamt um den Faktor 10^6 komprimiert, was einer 10^6fachen Zeitdehnung im kinematographischen Sinne entspricht. Diesem Menschen würde die Natur wiederum anders erscheinen. Von dem Wechsel von Tag und Nacht kann er aus eigener Erfahrung keine Vorstellung haben, vielleicht wieder höchstens aus der Überlieferung seiner Vorfahren. Blumen, Gras und Bäume würden ihm als unveränderliche Wesen erscheinen. Selbst die Bewegungen der Tiere würde er nicht direkt wahrnehmen, höchstens indirekt auf sie schließen können. Die ganze organische Welt würde ihm leblos erscheinen. Töne, die wir hören, würde er nicht wahrnehmen, jedoch würde er vielleicht solche hören, die sehr viel rascher schwingen und die wir nicht wahrnehmen können.

Wenn wir aber die menschliche Lebenszeit nun nicht verkürzen, sondern um den Faktor 1000 verlängern und so dem Menschen ein Leben von 80000 Jahren geben, dann entspricht das unter Zugrundelegung der gleichen Zahl der Sinneseindrücke einer 10^3fachen Zeitraffung. Diesem Menschen würde der Verlauf eines Jahres einen Eindruck machen wie uns etwa 8 Stunden. 4 Stunden wäre es Winter, 4 Stunden Sommer. In 4 Stunden würde der Schnee zu Wasser werden, der Erdboden auftauen, Gras und Blumen hervorbringen, Bäume sich belauben, Früchte tragen und ihre Blätter wieder verlieren. Dieser Mensch würde das Wachsen der Pflanzen wirklich sehen. Ihm würden aber auch Tiere, insbesondere die niederen, viel vergänglicher erscheinen. Auch würde er von der Sonne einen völlig anderen Eindruck haben als wir. In den 4 Stunden Sommer folgt einer Minute Tag eine halbe Minute Nacht. In dieser hellen Minute würde die Sonne über dem Horizont stehen und sich über den Himmel bewegen. Dieser Mensch würde in einem seltsamen Wechsellicht leben müssen.
Bei einer nochmaligen Verlängerung seines Lebens um den Faktor 1000, was nun einer 10^6fachen Zeitraffung entspräche, würde die Natur wieder einen anderen Eindruck hinterlassen. Der Mensch könnte im Laufe eines Jahres nur noch 189 Wahrnehmungen machen. Er könnte damit den regelmäßigen Wechsel von Tag und Nacht nicht mehr erkennen. Die Sonne würde er nicht mehr als einzelnen Himmelskörper sehen, sondern nur als glühenden Ring am Himmel wahrnehmen. Der Unterschied der Jahreszeiten wäre wohl wahrnehmbar, aber sie wären nur sehr kurz. Im Laufe von 31 Pulsschlägen würde sich der ganze Jahreswechsel vollziehen. 10 Pulsschläge

lang wäre es Winter, über 10 Pulsschläge die Erde mit Schnee und Eis bedeckt, und innerhalb von 10 weiteren Pulsschlägen würde sich der Erdboden mit Gras und die Bäume mit Laub bedecken, würden die Pflanzen ihre Früchte treiben und Blumen, Blätter und Früchte wieder verschwinden.

Die zeittransformierte Aufnahme gibt dem Menschen nun die Möglichkeit, außer seinem ihm angeborenen Zeitmaß (Zeitmoment) auch andere zu wählen. Mit dem uns angeborenen Zeitmaß nehmen wir die uns umgebenden Zustände und Vorgänge als unbewegt oder bewegt wahr. Dies kann durch Anwendung der Methoden der Zeittransformation weitgehend geändert werden: Zeitdehner-Aufnahmen von uns vertrauten, rasch ablaufenden Bewegungsvorgängen können den Eindruck eines völlig unbewegten Zustandes hinterlassen; Zeitraffer-Aufnahmen eines uns als unbewegt bekannten Zustandes können diesen als Bewegungsvorgang darstellen. Zum ersten Mal können wir wie die gedachten Menschen von Baers aus dem bisher für uns geschlossenen System des uns angeborenen Zeitmaßes heraustreten.
Mit diesen Darlegungen dürfte die gestellte Frage beantwortet sein: Der Zeittransformation kommt für die filmische Bewegungsdokumentation tatsächlich eine besondere Bedeutung zu.

3. Der Vergleich von Bewegungsvorgängen

In vielen Wissenschaftszweigen haben die Möglichkeiten, die der Vergleich bietet, zu der Entstehung der vergleichenden Disziplinen geführt, zum Beispiel der vergleichenden Anatomie, der vergleichenden Physiologie und der vergleichenden Verhaltensforschung. Ursprünglich handelt es sich dabei um die Zusammenstellung statischer Formen, die diskutiert, gegeneinander abgewogen und als Ausgangspunkt weiterer Überlegungen und Theorien benutzt werden. Ein gutes Beispiel ist die vergleichende Schädelforschung in der Anthropologie. Der Originalschädel und, davon abgeleitet, der Abguß, die Ergänzung und das Modell sind solche Unterlagen. Handelt es sich, wie in der vergleichenden Physiologie, um den Vergleich von Funktionen, dann reichen die statischen Unterlagen allein nicht mehr aus, und das reproduzierbare Experiment nimmt einen immer wichtigeren Platz ein. Zwei oder mehr Bewegungsabläufe experimentell wirklich in allen Einzelheiten der Kinematik miteinander zu vergleichen, ist nicht einfach. Hier hilft der Film.
Wir wollen einmal genauer betrachten, wie ein solcher Vergleich mit Hilfe des Filmes durchzuführen wäre. Es sei etwa die Aufgabe gestellt, das Schwimmen und Tauchen des Wasserschweins und des Sumpfbibers zu vergleichen. Zu diesem Zweck würden wir uns zunächst den Film über das Schwimmen und Tauchen des Wasserschweins *Hydrochoerus capybara* [E 4] vorführen. Wir sehen dabei in 3facher Zeitdehnung das Tier ins Wasser steigen, im seichten Wasser

waten, danach schwimmen, untertauchen und wieder auftauchen. Die in einem Aquarium vorgenommenen Aufnahmen lassen in Naheinstellungen auch die sich unter Wasser abspielenden Bewegungseinzelheiten deutlich erkennen. Die Schwimmbewegungen, die das Tier mit allen vier Beinen vollführt, sehen so aus, als ob es im Wasser liefe. Es macht den Eindruck eines Landtieres, das, stammesgeschichtlich betrachtet, noch nicht sehr lange schwimmen kann. Sehen wir uns nun den Film über das Schwimmen und Tauchen des Sumpfbibers *Myocastor coypus* [E 3] an. In geschwindigkeitsgleichen und in 3fach gedehnten Aufnahmen sehen wir das Tier in einem Aquarium schwimmen, tauchen und an Land gehen. — Schon während der ersten Vorführung werden größere Unterschiede deutlich sichtbar. Die Vorderbeine sind unter das Kinn fest angezogen. Die Hinterbeine werden abwechselnd nach hinten energisch ausgestoßen, dann wieder angezogen und nach vorn zurückbewegt. Sie allein bringen die Fortbewegung zustande. Während das Wasserschwein seine Bewegungen in der Art eines schwimmenden Landtieres vollführt, ist der Sumpfbiber an das Leben im Wasser offensichtlich besser angepaßt.

Eine Vertiefung der vergleichenden Untersuchung könnte nun eine häufige Betrachtung der Bewegungsvorgänge im einzelnen, ihre Ausmessung und Darstellung in Kurvenform erbringen. Dabei können in einem fortgeschrittenen Untersuchungsstadium nicht allein die Bewegungsvorgänge im Film, sondern auch die Auswertresultate in Kurvenform miteinander verglichen werden. Eine Forschungsaufgabe über die Schwimmbewegungen in stammesgeschichtlicher Hinsicht würde über den Vergleich von zwei Tierarten weit hinausgehen müssen; auch sie wäre mit Hilfe des Vergleichs von Filmen leicht durchführbar.

Auch bei komplexeren Vorgängen der Verhaltensforschung bewährt sich dieses Verfahren. Wickler[1] gelang es, aus dem systematischen Vergleich von Enzyklopädie-Filmen die Evolution eines mimetischen Verhaltens bei bestimmten tropischen Fischen zu klären, bei dem eine Tierart das Verhalten einer anderen nachahmt, um sich dadurch Vorteile zu verschaffen. Eine solche Untersuchung wäre ohne Filmaufnahmen und deren Vergleich nicht durchzuführen.

Natürlich ist der Vergleich von Bewegungsvorgängen mit Hilfe des Filmes nicht auf Aufgaben der Biologie beschränkt. Er spielt, wie wir später noch sehen werden, auch für andere Disziplinen eine wichtige Rolle.

Zusammenfassend dürfen wir deshalb feststellen, daß überall dort, wo es sich um Funktionen handelt, die in ihrem optisch-kinematischen Ablauf miteinander verglichen werden sollen, der Film das Mittel der Wahl ist, auch dann,

[1] Wickler, W., Phylogenetisch-vergleichende Verhaltensforschung mit Hilfe von Enzyklopädie-Einheiten, Forschungsfilm Vol. 5, Nr. 2, S. 109—118.

wenn er forschungsmäßig für den einzelnen Bewegungsvorgang nichts Neues bieten sollte.

Der Film bringt dem Auge des Forschers den Bewegungsvorgang so nahe, so groß, so langsam, so schnell, so häufig, wie er ihn braucht. Aber auch diese Darstellung wird naturgemäß immer unvollkommen bleiben, immer nur ein Abbild geben und einen zeitlichen Ausschnitt aus dem Gesamtablauf vermitteln. Die Synthese dieser trotz aller Bemühungen immer Bruchstück bleibenden Dokumentationen zu einem wissenschaftlichen Gesamtbild muß allerdings der Wissenschaftler selbst vollziehen.

Mit den Ausführungen dieses Kapitels glauben wir gezeigt zu haben, daß man mit Hilfe des Forschungsfilmes und seiner Möglichkeiten der Fixierung, der Zeittransformation und des Vergleichs im Stande sein wird, den Raum unserer möglichen Erkenntnisse wiederum beträchtlich zu erweitern.

Mit der Erkenntnis, daß diese filmische Bewegungs- und Verhaltensdokumentation für die Naturwissenschaften, für die technischen Wissenschaften und einige Disziplinen der Geisteswissenschaften von wesentlicher Bedeutung ist, wahrscheinlich sogar eine Hauptaufgabe des Filmes für die Wissenschaft darstellt, hat für die Weiterentwicklung der wissenschaftlichen Filmarbeit selbst ein neues Kapitel begonnen.

B) Gesamtanlage der Enzyklopädie

Systematisch durchgeführte wissenschaftliche Dokumentationen von nichtbewegten Bildern sind nicht selten. Wir brauchen dabei nur an die mit vielem Fleiß zusammengetragenen Atlanten und Sammelbildwerke in Medizin, Biologie, Geographie oder anderen Disziplinen zu denken. Schon in der Mitte des 17. Jahrhunderts, noch vor der Blüte der Naturwissenschaften, waren solche Sammelwerke beliebt, wie etwa die Meriansche »Topographia Germaniae« beweist, die mit reichem Bildmaterial eine Bilddokumentation der Städte und Ortschaften des Deutschen Reiches gab. Adolf von Menzel, der Maler des friederizianischen Preußen, arbeitete fünf Jahre an einer umfangreichen Arbeit über die Uniformierung der Armee Friedrichs des Großen. Wie er selbst sagte, wollte er alle Uniformen, die er im Berliner Zeughaus vorfand, zeugnishaft festhalten, ehe sie »von Motten und Rost« zerfressen wurden. Obwohl Künstler, arbeitete er mit minutiöser Genauigkeit. Er bemühte sich dabei, »größtmögliche Authenticitaet« in der Darstellung zu erreichen[1]. Merian hatte eine so weitgehende Forderung noch nicht gestellt. Die systematischen Sammelbild-

[1] Rave, P. O., Adolph Menzel. In: Die großen Deutschen, 3, S. 466–476, Propyläen-Verlag 1956.

werke der beginnenden Blütezeit der Naturwissenschaften bemühten sich dagegen meist sehr um sie.

Diese »größtmögliche Authenticitaet« entspricht unserer Forderung nach einem hohen Maß an Wirklichkeitsgehalt, das bei der Aufnahme der Dokumentationsfilme angestrebt werden muß. Im übrigen soll auf die verschiedenen Faktoren, die beim Wirklichkeitsgehalt eines Filmes eine Rolle spielen, hier noch nicht eingegangen werden. Sie sollen später (Kapitel III) behandelt werden.

Allgemein versteht man unter einer Enzyklopädie die Zusammenfassung des Wissens über bestimmte Objekte. Es gibt Spezialenzyklopädien, die spezielle Bereiche des Wissens behandeln, z. B. die Wörterbücher, die den Bedeutungsinhalt von Wörtern aus der einen Sprache in die andere übertragen.

Das Konversationslexikon, auch eine Spezialenzyklopädie, antwortet auf die Frage: »Was weiß man über einen Gegenstand?« Die Frage wird hier mit dem gedruckten Wort beantwortet. Die wissenschaftliche Filmenzyklopädie antwortet auf die Frage: »Wie sehen die Bewegungsvorgänge eines Objektes aus?« Die Frage wird beantwortet mit Hilfe eines enzyklopädischen Filmes.

Die Aufgabe der wissenschaftlichen Filmenzyklopädie besteht in der Erfassung und Fixierung der wissenschaftlich bedeutungsvollen Bewegungsvorgänge und Verhaltensweisen bei Tieren, Pflanzen, Stoffen und schließlich auch beim Menschen, d. h. um die Herstellung von Bewegungsabbildern für eine Bewegungsphysiologie oder Verhaltensforschung in einem denkbar allgemeinen Sinne.

Bei Beginn dieser Arbeit wurde festgelegt, daß für die Enzyklopädie solche Bewegungsvorgänge in Betracht gezogen werden sollen, die einem oder mehreren der drei folgenden Gesichtspunkte entsprechen:

1. Vorgänge, die mit dem menschlichen Auge nicht erfaßbar sind, und die nur durch die kinematographischen Möglichkeiten sichtbar gemacht werden können (z. B. Insektenflug, Wachstum von Pflanzen);
2. Vorgänge, bei denen der Vergleich eine wesentliche Rolle spielt (z. B. Verhalten von Tieren);
3. Vorgänge, die einmalig sind, oder bei denen damit gerechnet werden muß, daß sie bald nicht mehr erfaßbar sein werden (z. B. völkerkundliche Bewegungsabläufe).

Die ENCYCLOPAEDIA CINEMATOGRAPHICA wird charakterisiert durch das zugrundegelegte Bauprinzip, verwirklicht in dem *Enzyklopädie-Schema*, und den enzyklopädischen Film, die *Enzyklopädie-Einheit*.

Es dürfte kaum möglich sein, in der Zoologie einen wissenschaftlich exakten, thematisch vollständigen und praktisch gut auswertbaren Dokumentationsfilm über ein Thema wie »Das Leben des Schimpansen« herzustellen. Ein solches Thema wäre viel zu umfangreich und würde deshalb zu sehr großen Schwierigkeiten führen. Wir können aber leicht kurze Filmeinheiten, zum Beispiel über Lokomotion beim Schimpansen, Spielen der Jungen, Kämpfe der alten Tiere oder Sozialverhalten aufnehmen. Solche Einheiten sind für den wissenschaftlichen Gebrauch in Analyse und Lehre praktisch gut verwendbar.

Die Enzyklopädie umfaßt demnach — wie später noch ausführlich erläutert werden soll — Filme, die nicht größere Komplexe, sondern nur einzelne scharf umgrenzte Vorgänge behandeln. Ihr Thema muß also dem Umfang nach möglichst begrenzt sein. Da diese Begrenzung jedoch auch nicht zu weit getrieben werden darf, ist jeweils ein Kompromiß erforderlich, der von uns als kleinste thematische Einheit bezeichnet wird und auf den wir in einem besonderen Abschnitt später noch eingehen werden. Hieraus ergibt sich die besondere Art der Aufteilung der Enzyklopädie in Einzelfilme, das Bauschema, das wir als das Enzyklopädie-Schema bezeichnen. Hier soll zunächst betrachtet werden, wie die notwendige Begrenzung der Filmthemen in einzelnen Fachgebieten etwa aussieht.

In der Sektion Biologie behandelt der einzelne Film nur jeweils einzelne Bewegungs- und Verhaltensweisen der Lebewesen, also der Tiere, Pflanzen und der Mikroorganismen. In der Untersektion Zoologie entsteht von einer Tierart eine Reihe von einzelnen Enzyklopädie-Einheiten. Die Gesamtheit dieser Einheiten enthält das Bewegungsinventar dieser Art. Einzeln können sie mit den entsprechenden Bewegungsvorgängen bei anderen Tierarten leicht verglichen werden. Die Einheiten werden thematisch so zusammengestellt, daß sie sich gegenseitig weitgehend ergänzen und berücksichtigen. Das geschieht mit Hilfe eines Bauschemas, auf das später ausführlich eingegangen wird, und das wir dort als Baukastenschema bezeichnen werden.

In der Untersektion Völkerkunde stehen die Tätigkeiten von Menschen in Stammesverbänden im Mittelpunkt. Diese Tätigkeiten betreffen aus der materiellen Kultur die Handwerke, Techniken, Fertigkeiten usw. und aus der geistigen Kultur die Tänze, Feste, Bräuche usw. Auch hier könnte man wohl kaum einen umfassenden Dokumentationsfilm über das Leben eines Stammes, etwa »Das Leben der Dschammar-Beduinen« herstellen. Wir können auch hier viel leichter kurze Einheiten aufnehmen über das Töpfern, Schmieden, Weben usw. oder über ein Hochzeitsfest, eine Begräbniszeremonie oder ein ähnliches Thema. Die Gesamtanlage ist also gekennzeichnet durch zahlreiche kurze, überschaubare und gut auswertbare Filmeinheiten.

Der einzelne Enzyklopädie-Film, die Enzyklopädie-Einheit, hat den Charakter eines Dokumentationsfilmes. Wir hatten den Dokumentationsfilm früher definiert als einen Film, der mit einem hohen Wirklichkeitsgehalt einen Bewegungsablauf fixiert und dabei so angelegt ist, daß er möglichst vielseitig forschungsmäßig ausgewertet werden kann. Wir können nunmehr den enzyklopädischen Film definieren als einen Dokumentationsfilm, der das Enzyklopädie-Schema berücksichtigt. Er stellt damit die kleinste thematische Einheit in dem später (S. 29) noch zu erläuternden Sinne dar und läßt eine analytische Auswertung und einen Vergleich zu.

Zum Enzyklopädie-Film gehört eine gedruckte Begleitveröffentlichung, die dem Film beigefügt ist. Diese Begleitschrift umfaßt eine genaue Beschreibung der Aufnahmen und Aufnahmebedingungen sowie alle Daten, die für eine Beurteilung des Bewegungsablaufes und für einen Vergleich mit anderen Enzyklopädie-Filmen über ähnliche Themen wichtig sind.

In jedem Film sind mehr Sachverhalte zu den verschiedensten Fragestellungen vorhanden, als aus dem Haupttitel zu ersehen sind. Es ist deshalb eine Registrierung aller wissenschaftlich interessierenden Sachverhalte auf Lochkarten vorgesehen. Damit können auf einfache Weise alle solche Enzyklopädie-Filme ermittelt werden, die ähnliche oder vergleichbare Bewegungsvorgänge enthalten.

Die Anlage der Enzyklopädie sieht Sektionen für *Biologie* mit den Untergruppen Zoologie, Botanik, Mikrobiologie, für *Technische Wissenschaften* und für *Völkerkunde und Volkskunde vor.* Weitere Untergruppen können im Bedarfsfalle geschaffen werden.

Nach dem bisher Gesagten wird es verständlich sein, daß die Mitarbeit an der Enzyklopädie bei der Herstellung der Filme die zusätzliche Berücksichtigung einiger Gesichtspunkte erfordert. Insbesondere zwingt das zugrundegelegte Bauschema, bei der Auswahl und Begrenzung der Themen auf die verschiedenen Baurichtungen Rücksicht zu nehmen, und damit zu einem Denken in größeren Zusammenhängen. Wir haben gefunden, daß Wissenschaftler, denen anfangs solche Überlegungen noch fremd waren, nach kurzer Zeit mit Freude mitarbeiteten, weil hier Zusammenhänge sichtbar wurden, die über das eigene Arbeitsgebiet weit hinausgehen.

1. Die Form des Enzyklopädie-Filmes

a) Die technische Form

Die praktische Gebrauchs-Form für den enzyklopädischen Film ist der 16-mm-Schmalfilm. Er ist meist stumm. Dort, wo Tonaufnahmen unerläßlich sind, sind sie synchron mit dem Film aufgenommen. Gelegentlich gibt es auch zusätzlich zu den Filmen Tonbänder, insbesondere dann, wenn nichtsynchrone Tonäußerungen für so wichtig gehalten werden, daß sie die Gesamtveröffentlichung begleiten müssen. Der Farbfilm wird im allgemeinen nur dann benutzt, wenn er unbedingt erforderlich ist. Es muß hierbei berücksichtigt werden, daß es einen wirklichkeitsgetreuen Farbfilm nicht gibt und daß die Farbwerte der Filmkopien sich im Laufe der Zeit verändern. Die Farbe wird daher in erster

Linie zur besseren Erkennbarkeit und häufig nicht so sehr um ihrer selbst willen benutzt.

Das Ausgangsmaterial ist ein 35-mm-Normalfilm- oder ein 16-mm-Schmalfilmnegativ, eventuell auch 16-mm-Umkehrfilm sowie die entsprechenden Ausgangsmaterialien für Farbfilm. Normalerweise wird 8-mm-Film als Ausgangsmaterial nicht vorgesehen.

Obwohl dieses Buch sich nur am Rande mit der Technik des Filmes befaßt, soll hier noch kurz eine Frage berührt werden, die im Zusammenhang mit der Enzyklopädie häufig gestellt wird, die Frage nach der *Haltbarkeit*, d. h. der Lebensdauer des Filmes.

Wir haben hier sowohl die Abnutzung durch den Gebrauch wie auch das langsame Unbrauchbarwerden von photographischer Schicht und Schichtträger durch einen Alterungsprozeß zu berücksichtigen. Wir haben entsprechend zu unterscheiden zwischen der Gebrauchskopie und dem Ausgangsmaterial (Negativ, Meisterkopie und Duplikatnegativ).

Die Abnutzung einer Filmkopie während des Gebrauchs bei der Vorführung und Auswertung ist abhängig von der Häufigkeit ihrer Benutzung und der Art ihrer Behandlung. Ist eine Kopie verbraucht, so kann eine neue hergestellt werden. Dies erfolgt bei einem schwarz-weißen Film unter Verwendung eines Duplikatnegatives. Dies wird seinerseits von einem Meisterpositiv (Lavendelkopie) kopiert, das auf feinkörniger Emulsion vom Originalnegativ hergestellt ist. Über den natürlichen Alterungsvorgang von Negativen und Positiven weiß man bisher nur wenig. Es ist aber bekannt, daß gut gelagerte Negative aus der Frühzeit des Filmes sich noch heute nach etwa 60 Jahren in gutem Zustand befinden. Sollte sich also Ausgangsmaterial der Enzyklopädie-Filme durch Abnutzung oder Alterung der Unbrauchbarkeit nähern, so muß rechtzeitig ein Duplikatnegativ hergestellt werden.

b) Die Gestaltung

Wenn ein Wissenschaftler irgendeinen Sachverhalt beschreibt, dann erhält diese Beschreibung unvermeidlich eine bestimmte Gestalt. Auch wenn er sich der Sprache der Wissenschaft bedient und sich der Objektivität befleißigt, werden die Wahl der Worte, der Bau der Sätze, der Aufbau seiner Gedankenführung subjektive Züge aufweisen. Ähnliches gilt auch für die filmische »Beschreibung« eines Bewegungsvorganges im Enzyklopädie-Film. Auch der Film hat seine »Sprache«, die bei der Aufnahme und am Schneidetisch von seinem Gestalter angewendet wird. Die Art, wie über Standpunkt, Bildausschnitt und Beleuchtung verfügt wird, wie später die geeigneten Einstellungen ausgewählt und durch Schnitt, Titel und Blenden zu einem Film verbunden werden, alles dies erfordert fortwährend freie Entscheidungen, die dem Film den Stempel seines

Urhebers aufdrücken. Auch hier brauchen sich solche subjektiven Züge nicht nachteilig auszuwirken, wenn man sich ihrer bewußt bleibt und sie dem wissenschaftlichen Zweck unbedingt unterordnet. Wie dies geschehen kann, soll im folgenden betrachtet werden.

Im wesentlichen benutzt der Enzyklopädie-Film — mit einigen Einschränkungen — dieselben Gestaltungsmittel wie der wissenschaftliche Unterrichtsfilm. Der Bildausschnitt mit seinen verschiedenen Möglichkeiten der Total-, Halbnah-, Nah- und Großaufnahme führt den Beschauer aus verschiedener Distanz an das Untersuchungsobjekt. Die Aufnahmerichtung der Kamera entspricht der Blickrichtung des Beobachters; sie kann durch Schwenken und Fahren der Kamera verändert werden. Die kleinste Aufnahme-Einheit, also den Streifen, der während eines ununterbrochenen Kameralaufes entsteht, nennen wir eine Einstellung. Sie bildet auch für den Enzyklopädie-Film den kleinsten Baustein. Die Ordnung der Einstellungen und ihre Zusammenstellung zur Gesamtfolge sind für den Enzyklopädie-Film von der gleichen Bedeutung wie für den wissenschaftlichen Unterrichtsfilm.

Wichtig für die Herstellung eines Filmes ist die Rücksichtnahme auf den Benutzer, für den er bestimmt ist. Der Enzyklopädie-Film ist in erster Linie für den forschenden Wissenschaftler bestimmt, einen Menschen also, der möglichst viel über das Objekt und seine Bewegungen erfahren will. Er wird und soll sich den Film mehrfach, vielleicht viele Male ansehen. Nach dieser Verwendung als Forschungsfilm haben sich Bildausschnitt, Aufnahmerichtung, die Länge der Einstellungen und ihre Gesamtzusammenstellung zu richten. Weiterhin sind noch die beiden enzyklopädischen Gesichtspunkte der kleinsten thematischen Einheit und der Vergleichbarkeit zu berücksichtigen. Wenn es mit diesen Rücksichten vereinbart werden kann, soll der Film ferner so gestaltet sein, daß er auch gut für den wissenschaftlichen Unterricht verwendet werden kann. Im Gegensatz zum Forscher wird der Benutzer im Unterricht den Film meist nur einmal vorgeführt erhalten. Der Unterrichtsfilm muß durch seine Gestaltung auf diesen Umstand Rücksicht nehmen. Der Enzyklopädie-Film wird manchmal diese Rücksicht nicht nehmen können; wo es angängig ist, sollte man aber Konzessionen machen.

Die spezifische Ausrichtung auf die Forschung erfordert einige Abweichungen von der sonst üblichen Gestaltung wissenschaftlicher Filme. Verschiedenheiten ergeben sich etwa bei der Länge der Einstellungen. Michaelis[1] gibt für den herkömmlichen Forschungsfilm an, daß die Länge der einzelnen Einstellungen selten mehr als 10 bis 20 Sekunden beträgt. Aus den später gegebenen Beispielen wird hervorgehen, daß zahlreiche Filme der Enzyklopädie Einstellungslängen von 50, 100, manchmal sogar mehr als 100 Sekunden aufweisen.

---

[1] Michaelis, A. R., Research Films, S. 171–172.

Wann eine solche besonders lange Einstellung gewählt werden muß, hängt vom Objekt ab; zum Beispiel erfordern repräsentative Phasen aus dem Kampf oder der Balz zweier Tiere, der Beanspruchungsvorgang eines Werkstoffes, schwierige Phasen eines völkerkundlich interessanten Tanzes und andere oft überlange Einstellungen, weil diese Vorgänge keine trivialen Wiederholungen enthalten, die man auslassen könnte.

Dem forschenden Wissenschaftler sollen alle Bewegungsvorgänge möglichst im Zusammenhang und ohne Sprung dargeboten werden. In solchen Fällen ist daher eine Unterbrechung der Einstellung oder ein Standortwechsel (Blickwechsel der Kamera) nicht angebracht, so wichtig er auch sonst sein mag, um einen neuen Impuls zur Erzeugung und zur Wachhaltung des Interesses zu erzielen[1]. Es ist zuzugeben, daß überlange Einstellungen manchmal nicht angenehm sind, weil sie bei der unterrichtlichen Verwendung das Interesse erlahmen lassen können. Hier gibt es tatsächlich Grenzfälle. Aber es ist dabei auch zu bedenken, daß der Vorgang von einem forschenden Spezialisten beobachtet wird, der aus seinem sonstigen Wissen durch die Laufbildbetrachtung sehr viel mehr gedankliche Assoziationen und Anregungen erhält als der Nichtspezialist.

Auch die *Zusammenstellung der Aufnahmen zur Gesamtfolge* hat diesem Gesichtspunkt Rechnung zu tragen. Die Herstellung von Zusammenhängen kann wie beim Unterrichtsfilm erfolgen, solange der Charakter des Enzyklopädie-Filmes als Filmdokument nicht darunter leidet oder falsche Assoziationen ausgelöst werden. Aus den später zu bringenden Filmbeispielen wird hervorgehen, wie eine solche Zusammenstellung der Einstellungen als eine sinnvolle Aneinanderreihung durchgeführt werden muß. Im Regelfall beginnt der Film mit einer Totalen, vielleicht mit einer anschließenden Schwenkung, und geht dann in die Halbnah-, Nah- oder Großeinstellung über. Ähnlich, also möglichst mit dem allgemeiner Bekannten beginnend, wird mit der Aufnahmefrequenz verfahren. Zunächst wird der Vorgang geschwindigkeitsgleich aufgenommen, also so wie er in seinem zeitlichen Ablauf einem Beobachter erscheint. Erst anschließend daran wird er in dem für die genauere Beobachtung geeigneten Raffungs- oder Dehnungsbereich gezeigt. Die Aufnahmefrequenz soll dabei so gewählt werden (was aufnahmetechnisch aber nicht immer möglich ist), daß bereits die Betrachtung des Laufbildes ohne Analyse der Einzelbilder den Vorgang in allen wesentlichen Einzelheiten erkennen läßt.

Die Anwendung von Dunkelblenden erfolgt nur in beschränktem Umfang; wenn Einzelkomplexe mehr für sich stehen sollen, müssen sie durch längere Dunkelblenden getrennt werden. Sollen aber innerhalb der Komplexe zusam-

[1] Vgl. auch Bekow, G., Aufgabe und Problematik der Gestaltung im wissenschaftlichen Film, aus »Der Film im Dienste der Wissenschaft«, Festschrift zur Einweihung des Neubaues für das Institut für den Wissenschaftlichen Film, S. 45, Göttingen 1961.

mengehörige Teile (zum Beispiel bei Auslassen unwichtiger Teile eines Vorganges) verknüpft werden, so benutzt man kurze Dunkelblenden. Überblendungen, wie sie beim Spielfilm häufig benutzt werden, wird man im Enzyklopädie-Film vermeiden, weil starke Verknüpfungen meist unerwünscht sind.
Die Einstellungslänge und die Verknüpfung der Einstellungen zu einer Folge geben den Rhythmus der filmischen Beschreibung.
Zur Gestaltung wissenschaftlicher Unterrichtsfilme gehört in manchen Fällen die Benutzung spezieller kopiertechnischer Verfahren, z. B. das Einkopieren von Hinweisen in Gestalt von Beschriftungen. Ferner gehört vielfach dazu die Verwendung von Zeichenfilm und der der Möglichkeiten des Modelltricks. Der Enzyklopädie-Film vermeidet im allgemeinen sowohl einkopierte Hinweise wie auch die Verwendung von erklärenden Trickaufnahmen. Es sollen hier ausschließlich die Realaufnahmen des Bewegungsvorganges für sich wirken. Die Analyse soll, wie wir schon früher betont haben, nicht durch Interpretation irgendwelcher Art, auch nicht durch Zeichenfilmaufnahmen oder ähnliches, in eine bestimmte Richtung geleitet werden.

c) *Die kleinste thematische Einheit und die Betitelung*

Wir hatten bereits darauf hingewiesen, daß die einzelne Enzyklopädie-Einheit jeweils eine kleinste thematische Einheit zum Inhalt hat. Diese kleinste thematische Einheit soll dabei jener geforderten knappen und präzisen Antwort entsprechen, nach der in der Enzyklopädie gefragt wird. Wir sagten, die kleinste thematische Einheit habe aus einem Kompromiß hervorzugehen zwischen der Forderung, den Film aus Gründen der Handlichkeit möglichst kurz zu machen, und der Notwendigkeit, trotzdem ein für die wissenschaftliche Verwendung ausreichendes und in den Rahmen des Enzyklopädie-Schemas passendes Dokument zu schaffen. In der Praxis ist es nicht immer leicht zu entscheiden, wann ein Film solchen Forderungen genügt. Man muß sich dann fragen, einerseits, ob es notwendig und berechtigt ist, einen in Frage stehenden Film in mehrere Einheiten aufzuteilen, andererseits, ob eine vorliegende Einheit auch hinreichend Material enthält, um als eine vollständige, einen wissenschaftlichen Tatbestand genügend ausführlich dokumentierende Filmeinheit angesehen zu werden.
Meist entsteht die Schwierigkeit daraus, daß man befürchten muß, durch Unterteilung eines Filmes einen übergeordneten Sachverhalt zu stören, der mehr ist als die Summe der einzelnen Themen. Wenn etwa ein Fest zu dokumentieren ist, das aus mehreren, vielleicht sogar an verschiedenen Orten und zu verschiedenen Zeiten stattfindenden Feiern und Zeremonien besteht, so könnte man diese einzeln dokumentieren. Es fällt aber schwer, sich dazu zu entschließen, weil man fürchten muß, das Fest als ganzes, seinen Glanz

und seine Stimmung dabei zu verlieren. Andererseits muß man aber bedenken, daß durch eine Häufung von Einzelthemen in einem Film dessen Vergleichbarkeit mit anderen im Sinne der Absichten der Enzyklopädie stark beeinträchtigt werden kann. Wollte man zum Beispiel die Ausführung einer bestimmten Zeremonie bei verschiedenen Volksstämmen oder bei verschiedenen Gelegenheiten vergleichen, so sollte man nicht dazu eine Reihe von längeren Fest-Filmen ansehen müssen, von denen die gesuchte Zeremonie nur jeweils einen kleinen Teil bildet. Dann würden die jetzt als störendes Beiwerk erscheinenden Festabläufe den gewünschten Vergleich sehr erschweren. Welchen Weg man im einzelnen Falle gehen wird, d. h. ob man den Einzelvorgang oder einen übergeordneten Zusammenhang als die kleinste thematische Einheit ansehen will, das kann nur durch genaues Abwägen der wissenschaftlichen Sachverhalte gegenüber den Zielen der enzyklopädischen Sammlung festgelegt werden. Manchmal kann diese Entscheidung nicht ohne Willkür getroffen werden.

Die kleine, thematisch eng begrenzte Einheit im Rahmen des Baukastensystems wurde neben den oben dargelegten sachlichen Gründen aber auch gewählt, um für die verschiedenen wissenschaftlichen Interessenten einen Anreiz zum »Anbau« durch neue Aufnahmen zu geben. Auch in dieser Hinsicht hat sich die Beschränkung auf die kleinste Einheit bewährt.

Der Begriff der kleinsten thematischen Einheit ist in den meisten Fällen eng gekoppelt mit der dem Enzyklopädie-Schema zugrundegelegten wissenschaftlichen Systematik eines Faches. So orientiert sich beispielsweise das Aufbauschema der zoologischen Untersektion weitgehend an der wissenschaftlichen Systematik der Tiere. Das drückt sich auch im Haupttitel der einzelnen Einheit aus. An erster Stelle steht dabei in der Regel der Name der Gattung und der Art in seiner lateinischen Bezeichnung, dann folgt in Klammern die lateinische Bezeichnung einer höheren Einheit, meist der Familie, dann die im Film gezeigte Tätigkeit.

Beispiel: Apis mellifica (Apidae) — Fächeln [E 332]
oder Hemichromis bimaculatus (Cichlidae) — Kampf zweier Männchen [E 125]

Bei der völkerkundlichen Enzyklopädie steht anstelle der Bezeichnung für Gattung und Art und der Familie bei den Tieren die Bezeichnung des Stammes und eine geographische Kennzeichnung.

Beispiel: Dagari (Westafrika, Obervolta) — Begräbnis einer Häuptlingsfrau [E 225]
oder: Bäle (oder Bideyat) (Südost-Sahara, Ennedi) — Narbentätowierung der Mädchen [E 180]

Im zweiten Fall ist der Stamm auch unter einem zweiten Namen in der Literatur bekannt. Dieser wird deshalb auch im Titel mit genannt.
Zwischentitel werden möglichst vermieden, um darin liegende Interpretationen auszuschließen. Sie werden nur benutzt, um wichtige Daten der Aufnahme wie Frequenz, Vergrößerung usw. zu nennen, die für die Beurteilung der jeweils folgenden Einstellung nötig sind. Zoologische Aufnahmen, etwa von dem Bewegungsverhalten eines Tieres, bei denen ja immer angestrebt wird, mit einer geschwindigkeitsgleichen Aufnahme zu beginnen, tragen, wenn sie noch Aufnahmen mit weiteren Frequenzen enthalten, den vorangehenden Zwischentitel: 24 B/s (24 Bilder pro Sekunde). Jeder Zwischentitel gilt für alle folgenden Einstellungen. Auf eine Änderung der Aufnahmefrequenz wird durch einen neuen Zwischentitel besonders hingewiesen, z. B. 64 B/s. Gelegentlich werden (etwa bei Filmeinheiten aus der Bakteriologie und Mykologie) nur ungefähre Aufnahmefrequenzen, z. B. 2—10 B/Min, genannt. Das wird dadurch gerechtfertigt, daß die Wachstumsgeschwindigkeit der Kulturen von der Temperatur und anderen Faktoren abhängig und nicht kennzeichnend für den dargestellten Vorgang ist.
Der Enzyklopädie-Film schließt mit dem Schlußtitel ab. In diesem ist das wissenschaftliche Institut und der wissenschaftliche Autor des Filmes genannt, der die fachliche Verantwortung trägt. Unter der Rubrik »Aufnahme« ist derjenige genannt, der die Aufnahmen hergestellt hat. Bei solchen Enzyklopädie-Vorhaben, die aus einer Gemeinschaftsarbeit zwischen einem Forschungsinstitut und dem Institut für den Wissenschaftlichen Film hervorgegangen sind, ist dies in dem Schlußtitel besonders bemerkt. In diesem Fall wird auch der fachwissenschaftliche Referent des IWF mitgenannt. Die Titel, wie im übrigen auch die Begleitveröffentlichung, können in einer der drei Enzyklopädie-Sprachen Deutsch, Englisch und Französisch abgefaßt werden.

2. *Die Benutzung des enzyklopädischen Filmes*

Die Benutzung *für die Forschung* erfolgt dabei in anderer Weise als für den Unterricht. Am Anfang wird auch hierbei die Laufbildprojektion mit einem einfachen 16-mm-Schmalfilm-Projektor stehen. Diese Projektion sollte erst nach eingehendem Lesen der Begleitpublikation erfolgen. Erfahrungsgemäß ist es am besten, wenn man dann den Film mehrere Male hintereinander vorführt, um dabei die sachlich und thematisch zusammengehörigen Komplexe, aber auch die einzelnen Einstellungen genau kennenzulernen und die in der Begleitpublikation zu den Einstellungen gegebenen Erläuterungen richtig einzuordnen. Manchmal erweist es sich als vorteilhaft, die Projektions-Frequenz zu variieren.

Außer der Laufbildprojektion, die das Bewegungsbild des Vorganges zeigt, kann dessen Auflösung in Einzelbilder vorgenommen werden. Das kann dadurch geschehen, daß mit einem geeigneten Projektor in Einzelbildschaltung die einzelnen Bildphasen etwa durch subjektive Betrachtung erfaßt werden. Ein Schritt weiter zu einer mehr objektiven Auswertung kann durch das Nachzeichnen der Einzelbilder in ihren Hauptumrissen erfolgen. Durch deren Vergleich kann der Bewegungsfortschritt festgelegt werden. Die Aufnahmefrequenz liefert hierfür einen Zeit-Maßstab. Gegebenenfalls kann auch die Vergrößerung von Einzelbildern oder Bildfolgen wichtig sein.

In besonderen Fällen können solche Filme auch durch meßtechnische Auswertung analysiert werden; zu diesem Zweck sind weitere Daten in der Begleitschrift vermerkt (Aufnahme-Abstände, verwendete Optiken, im Bild angebrachte und den Messungen zugrundezulegende Längenmaßstäbe).

Zur häufigen Wiederholung eines Teilvorganges kann die entsprechende Aufnahme aus dem Enzyklopädie-Film herausgeschnitten und zu einer Schleife (einem in sich zurücklaufenden endlosen Band) geklebt werden. Bei kurzen Enzyklopädie-Einheiten kann der ganze Film als Schleife benutzt werden. Soll ein Vorgang im Laufbild mit anderen verglichen werden, so kann das dadurch erfolgen, daß die entsprechenden Teile, zu Schleifen geklebt, in mehreren Projektoren gleichzeitig oder nacheinander vorgeführt werden. Man kann dazu auch einen sogenannten Wechselprojektor benutzen, wie sie neuerdings auf den Markt gekommen sind, bei denen ein rascher Übergang von einem Film zu einem anderen möglich ist.

Die richtige Benutzung des wissenschaftlichen Filmes muß ebenso erlernt werden wie die Benutzung wissenschaftlicher Quellen überhaupt. Der Benutzer muß etwas über die Möglichkeiten wissenschaftlicher Aufnahmen, ihre Grenzen und den Wirklichkeitsgehalt wissen, und eine richtige Fragestellung des Wissenschaftlers an die Enzyklopädie muß diese Möglichkeiten berücksichtigen. Er kann entweder fragen nach großen Bewegungstendenzen (z. B. Wachstum einer Zellkultur als ganzer) oder nach Komplexen zusammengehöriger Bewegungsabläufe (z. B. der Verhaltensweise einer sich teilenden Zelle) oder nach Teilbewegungsvorgängen (z. B. Verhaltensweise der Mitochondrien während einer Zellteilung).

Eine spezielle, den Fachwissenschaftler besonders interessierende Frage ist oft mit der Analyse eines Enzyklopädie-Filmes nicht voll beantwortet. Insofern ist die Enzyklopädie keine erschöpfende Informationsquelle. Es können sich, wie in der Wissenschaft auch sonst häufig, weitere Quellenstudien, Studien in der Natur, Versuche, Modellversuche oder auch weitere Filmaufnahmen anschließen. Der Benutzer wird vielleicht weitere Forschungsaufnahmen durchführen müssen, die dann ihrerseits wieder als Enzyklopädie-Einheiten veröffentlicht werden können.

Bei dem Studium der Begleitschriften ist es oft erforderlich, auch die darin zitierte Literatur heranzuziehen; eventuell ist es im Einzelfall auch nötig, mit dem wissenschaftlichen Autor Kontakt aufzunehmen, um möglichst viel über die Entstehungsgeschichte des Filmes kennenzulernen. Die Benutzung der Enzyklopädie soll, wie bei anderen wissenschaftlichen Quellen auch, zitiert werden, wenn sie bei Arbeiten zu weiteren Veröffentlichungen benutzt wird.

Die Erfahrungen bei der Benutzung *für den Unterricht* gehen dahin, daß die kleinen Enzyklopädie-Einheiten schon ihrer Kürze wegen häufig im Hochschulunterricht bevorzugt werden. Manche Hochschullehrer ziehen diese Einheiten vor, weil sie nur das Phänomen aufzeigen und didaktisch in verschiedener Richtung interpretiert werden können. So war es zum Beispiel auf einer Tagung von Hochschullehrern eine interessante Erfahrung, als ein pädagogisch gestalteter botanischer Unterrichts-Tonfilm über die Verbreitung von Samen und Früchten durch hygroskopische Mechanismen denjenigen Hochschullehrern sehr gefiel, die nicht Botaniker waren, während die Botaniker die den gleichen Sachverhalt behandelnden stummen Enzyklopädie-Fassungen [E 423, E 424, E 425] zu ihren Lehrzwecken für geeigneter hielten. Es liegt wohl daran, daß gerade die Anspruchslosigkeit hinsichtlich pädagogischer Gestaltung dem Hochschullehrer Gelegenheit gibt, seine eigene Interpretation vorzutragen, und daß dies Bedürfnis um so stärker ist, je mehr er durch fachliche Spezialkenntnisse dazu in der Lage ist. Das wird vielleicht dazu führen, daß solche Filme auch in Zukunft im Hochschulunterricht der Spezialfächer noch mehr benutzt werden als bisher. Bei der unterrichtlichen Benutzung wird man somit zwischen der allgemein angelegten Hauptvorlesung und den Spezialvorlesungen, Übungen, Seminaren und Praktika zu unterscheiden haben. Je spezieller die Vorlesung, um so geeigneter ist im allgemeinen der Enzyklopädie-Film als Unterrichtsmittel.

Gute Erfahrungen sind beispielsweise auf völkerkundlichem Gebiet mit sogenannten »Film-Vorlesungen« gemacht worden. Hierbei stehen Filme jeweils im Mittelpunkt einer Vorlesung, um bestimmte Kulturformen vergleichend den Studenten nahezubringen. Mit zunehmender Zahl der Enzyklopädie-Filme und damit weiterer Verbesserung der Vergleichsmöglichkeiten wird diese unterrichtliche Benutzung in Zukunft an Wert gewinnen.

Umgekehrt beginnt auch der gestaltete Unterrichtsfilm aus der Enzyklopädie-Entwicklung Nutzen zu ziehen. Die zahlreichen schon bestehenden Filme mit ihrem Dokumentationscharakter erweisen sich als vorteilhafte Quellen zur Herstellung pädagogisch gestalteter Filme, die dann mit Hilfe von Vergleichen größere Zusammenhänge, oft unter Verwendung von Trickaufnahmen, behandeln. Dazu gehören etwa die Prinzipien der animalischen Lokomotion, wie Lokomotion im Wasser, Lokomotion in der Luft usw. oder die vergleichende Darstellung von Geburtsvorgängen und anderen. Allgemein kann festgestellt werden, daß sich die Enzyklopädie bemüht, ihre einzelnen Filmeinheiten so zu gestalten, daß sie auch im Unterricht gut verwendet werden können.

3. *Die Entstehung einer Enzyklopädie-Einheit*

Die Enzyklopädie wird aus verschiedenen Quellen gespeist. Eine enzyklopädische Einheit kann entstehen

a) bei der Durchführung von Forschungsfilmaufnahmen

b) bei der Herstellung von Unterrichtsfilmen

c) aus schon bestehenden Filmaufnahmen

d) aus besonderen Aufnahmen für den Dokumentationsfilm der Enzyklopädie.

Diese Möglichkeiten sind untereinander nicht gleichwertig. Auf den ersten Blick wird deutlich, daß die Möglichkeit d) die besten Ergebnisse haben muß und daß die Möglichkeit c) häufig darunter leiden wird, daß das Grundschema der Enzyklopädie nicht genügend berücksichtigt werden kann. Die Möglichkeiten a) und d) sind die ergiebigsten Quellen für die Enzyklopädie. Es soll hier als Beispiel die Entstehung einer enzyklopädischen Einheit im Zusammenhang mit einem Forschungsfilmvorhaben geschildert werden.

Beispiel für die Entstehung einer Enzyklopädie-Einheit bei der Herstellung eines Forschungsfilmes über das Gießen von Stahl im Vakuum[1]:

> Der Bochumer Verein, Gußstahlfabrik, Bochum, war mit Versuchen über die Stahlentgasung im Vakuum beschäftigt. Dabei schien es wichtig, sichtbar zu machen, wie sich der flüssige Stahl im Vakuum verhält. Zeitdehneraufnahmen wurden durchgeführt. Sie hatten nach einigen Fehlschlägen für den Fachmann überraschende Ergebnisse. Der flüssige Stahlstrahl — bei normalen atmosphärischen Druck eine »Stange« — wird im Vakuum weit auseinandergerissen. Er löst sich beim weiteren Durchlaufen des Vakuumgefäßes in unzählige Einzelpartikel auf. Dabei tritt die gewünschte Entgasung ein. Niemand hat dieses Phänomen vorher so gesehen, wie es der Zeitdehnerfilm zeigt.

Es ergab sich also anläßlich dieser Forschungsaufnahmen die Möglichkeit, einen enzyklopädischen Film über dieses bisher noch unbekannte, aber für den Ingenieur wichtige Phänomen herzustellen. Der Film beginnt mit einer Aufnahme vom Ausgießen des Stahls einer bestimmten Legierung in der Atmo-

[1] E 321 — Vakuum-Stahl — Gießstrahl-Entgasung; vgl. auch nähere Erläuterung dieses Filmes auf S. 102 ff.

sphäre, also bei 760 Torr. Er zeigt in Zeitdehneraufnahmen von etwa 1000 B/s die erwähnte »Stange«. (Alle Aufnahmen, auch diese Aufnahmen des Ausgießens in Luft, wurden mit der gleichen Frequenz von 1000 B/s aufgenommen, um sie untereinander leichter vergleichen zu können.) Der Stahl wird nun mit der gleichen Bildfrequenz bei 100 Torr, 50 Torr, bis herab zu 1 Torr gezeigt. Mit Abnahme des Druckes reißt der Stahl mehr und mehr auf, bildet protuberanzenähnliche Fortsätze, aus denen die Einzelpartikel entstehen.

Hier wurde zu den Forschungsaufnahmen des gezielten Forschungsfilmes nur eine einzige Aufnahme, nämlich der Guß bei atmosphärischem Druck, für die enzyklopädische Einheit zusätzlich aufgenommen und angefügt.

Wenn man also bei der Planung und Durchführung eines Forschungsfilmes von vornherein an die Enzyklopädie und an das enzyklopädische Bauschema denkt, so können laufend gut geeignete Einheiten entstehen. Das gleiche kann auch bei der Herstellung von wissenschaftlichen Unterrichtsfilmen erfolgen. Allerdings wird man hierbei in der Regel mehr zusätzliche Aufnahmen für die Enzyklopädie-Einheiten machen müssen als beim Forschungsfilm, weil dieser seiner Natur nach spezieller ist.

Bei dem schon erwähnten Hochschulunterrichtsfilm über die Verbreitung von Samen und Früchten bot sich die gleichzeitige Herstellung von Enzyklopädie-Filmen von selbst an. Hier wurden die besonders wichtigen Bewegungsprinzipien auf verschiedene Enzyklopädie-Einheiten aufgeteilt.

Im Zusammenhang damit steht auch eine Forderung, die prinzipiell zwar erhoben, aber im Einzelfall manchmal nicht voll erfüllt werden kann, nämlich daß der Dokumentierende den Bewegungsvorgang so gut wie möglich kennen sollte, den er dokumentationsmäßig aufnehmen will. Soll etwa das Verhalten eines Tieres aufgenommen werden, dann ist es sicher zweckmäßig, daß ein Experte für dieses Tier die Aufnahmen leitet. Ein anderer Fall ist folgender: Die Vorgänge beim Auftreffen von Wassertropfen auf eine Wasseroberfläche können durch gute Zeitdehneraufnahmen in ihren einzelnen Phasen gut sichtbar gemacht werden. Es treten dabei interessante und überraschende Phänomene auf. Als Physikern solche Aufnahmen von uns gezeigt wurden, waren sie stark beeindruckt. Als wir sie fragten, ob sie für ein solches Vorhaben die wissenschaftliche Sachbearbeitung übernehmen würden, lehnten sie das mit dem Hinweis ab, daß die Vorgänge so überaus komplexer Natur seien, daß man sie zur Zeit gar nicht analysieren und deuten könnte. Sollte man nun die zerspritzenden Wassertropfen nicht aufnehmen? Wir neigten dazu anzunehmen, daß gerade bei einem solchen Bewegungsphänomen die Filmaufnahmen erheblich zu einer Deutung beitragen können. Wenn man in einem solchen Fall die Aufnahmen nicht unter der Leitung eines Spezialisten für diese Frage, sondern unter der Leitung eines anderen vorsichtigen Physikers exakt anlegt und die Aufnahmebedingungen korrekt festlegt und im Protokoll festhält, dann sollte das für die Dokumentation solcher Vorgänge genügen. Wir haben die Erfahrung gemacht, daß bei zu einfach erscheinenden Vorgängen nach Vorliegen guter Filmaufnahmen bald auch wissenschaftliche Sachbearbeiter gefunden werden, die die Ergebnisse vertiefen. Der Regelfall sollte allerdings sein, für die Dokumentation einen guten wissenschaftlichen Sachbearbeiter zu haben, der die Vorgänge möglichst genau kennt.

Im ganzen gesehen, bringen natürlich die verschiedenen Quellen, aus denen die Filmeinheiten stammen können, auch manche Schwierigkeiten mit sich. Sie bringen aber auch das Positive, daß die Enzyklopädie »lebt«. Nicht ein vorgegebenes unverändertes Schema wird zugrunde gelegt, sondern ein Rahmen, der so weit sein muß, daß sinnvolle Modifikationen erfolgen können.

In diesem Zusammenhang soll noch kurz auf die »Qualität« eingegangen werden. Wegen der verschiedenen Quellen kann man nicht erwarten, daß diese Qualität einheitlich ist. Der Begriff der Qualität beschränkt sich nicht auf die Aufnahmegüte in technischer Hinsicht. Es gehört dazu auch, daß er den Anforderungen in wissenschaftlicher Hinsicht entspricht, die in den verschiedenen Kapiteln dieses Buches erörtert werden.

Beim wissenschaftlichen Dokumentationsfilm und damit auch beim Enzyklopädie-Film läßt sich manchmal ein Bild hoher technischer Qualität nicht herstellen, ohne den Vorgang zu verfälschen; dann kann eine technisch gute Aufnahme wissenschaftlich wertlos, manchmal gefährlich, weil irreführend, sein. Umgekehrt kann eine technisch schlechte Aufnahme wissenschaftlich wertvoll sein. Es ist richtig, daß die Enzyklopädie solche Aufnahmen anstrebt, die sowohl technisch gut als auch wissenschaftlich einwandfrei sind. Der Spielfilm strebt nach künstlerischer Qualität, der wissenschaftliche Dokumentationsfilm der Enzyklopädie muß in erster Linie eine hohe Dokumentationsqualität erstreben.

Die Frage der technischen Qualität spielt eine besondere Rolle bei völkerkundlichen Filmen. Diese sind bisher häufig von Völkerkundlern aufgenommen worden, die auf dem Filmgebiet nur Amateure sein konnten. Solche Aufnahmen sind manchmal technisch schlecht. Trotzdem können sie wissenschaftlich wertvoll sein, und wer darüber zu entscheiden hat, ob solche Filme veröffentlicht werden sollen, der muß völkerkundliche Gesichtspunkte berücksichtigen, um hier richtig zu urteilen.

Im ganzen wird man jetzt, annähernd 15 Jahre nach Beginn der Enzyklopädie, sagen können, daß man auch in Zukunft die vier genannten Quellen zur Herstellung von Einheiten benutzen wird. Der Wunsch nach kurzen Unterrichtsfilmen wird auch die Herstellung neuer Enzyklopädie-Einheiten ermöglichen, und die Heranziehung von schon vorher bestehenden, nicht für diesen Zweck durchgeführten Filmaufnahmen wird man auch in Zukunft nicht ausschließen können. Die vierte Quelle, bei der der Film von vornherein als Enzyklopädie-Einheit aufgenommen wird, dürfte sich auch in Zukunft als die wichtigste erweisen. Wie wir sahen, läßt sie sich häufig mit der Herstellung von gezielten Forschungsfilmen gut kombinieren. Sie wird durch die großen, in der Zwischenzeit bereits begonnenen Dokumentationsaufgaben der Völkerkunde/Volkskunde und der Technischen Wissenschaften noch an Bedeutung zunehmen.

C) Sektion Biologie

Die Biologie als Wissenschaft vom Lebendigen ist dadurch gekennzeichnet, daß ihre Objekte sich laufend verändern und eines Tages absterben. Lebensäußerungen sind fast immer mit Bewegungsabläufen verbunden. Diese Bewegungsvorgänge des Lebens in seinen mannigfaltigen höheren oder niederen Formen sind die Objekte der systematischen Filmdokumentation auf biologischem Gebiete. Vor allem sind es zwei Bereiche, in denen man am Film interessiert ist: Die *Verhaltensforschung* und die *Physiologie.*

Gemäß der Verschiedenheit ihrer wissenschaftlichen Fragestellungen werden Verhaltensforscher und Physiologen die Filmarbeit in etwas verschiedener Richtung betreiben. Der Verhaltensforscher geht vom beobachtbaren Verhalten aus, untersucht Verhaltenselemente, die bei allen Artangehörigen übereinstimmen und vergleicht sie mit entsprechenden Handlungen bei möglichst vielen nah verwandten Arten. Beobachtung und Vergleich sind die Methoden dieses Wissenschaftszweiges; der Physiologe erforscht die Funktion eines Organismus oder seiner Teile durch Experiment und kausale Analyse. Die Aufgaben des enzyklopädischen Dokumentationsfilmes liegen im Rahmen dieser Zielsetzung.

Wir hatten früher (S. 23) die systematische filmische Bewegungsdokumentation auf bestimmte Arten von Bewegungsvorgängen beschränkt:

1. Vorgänge, die mit dem menschlichen Auge nicht erfaßbar sind, bei denen also die kinematographischen Methoden wie Zeitdehnung, Zeitraffung usw. benutzt werden müssen.

   Solche Vorgänge sind in der Biologie zahlreich vertreten. In der Zoologie muß häufig von der Zeitdehnung Gebrauch gemacht werden. In der Botanik mit den relativ langsamen Wachstumsvorgängen spielt die Zeitraffermethode eine entscheidende Rolle.

2. Vorgänge, bei denen der Vergleich eine wesentliche Rolle spielt und bei denen das Erinnerungsbild oder die Beschreibung allein nicht ausreichen, um diesen Vergleich exakt durchzuführen.

Solche Vorgänge sind, wie oben näher ausgeführt, ein wesentliches Objekt der vergleichenden Verhaltensforschung. Die moderne Verhaltensforschung ist ohne solche exakten Filmaufnahmen nicht mehr denkbar.

3. Vorgänge, deren filmische Dokumentation wichtig ist, weil sie entweder einmalig sind oder weil damit gerechnet werden muß, daß sie später unmittelbar für die wissenschaftliche Auswertung nicht mehr zur Verfügung stehen.

Vorgänge solcher Art liegen bei den vom Aussterben bedrohten Tierarten vor.

Wir sehen daran sehr deutlich, daß die Biologie einen Hauptaufgabenbereich für die wissenschaftliche Filmdokumentation darstellt. Es ist auch kein Zufall, daß die Kinematographie ursprünglich als eine biologische Forschungsmethode entwickelt wurde. Die wissenschaftliche Filmarbeit begann in ihren Anfängen in der Physiologie mit der Lokomotion der Tiere. Es ist deshalb nicht verwunderlich, daß auch die Enzyklopädie 70 Jahre später auf biologischem Gebiet ihren Anfang nahm und ebenfalls mit der tierischen Lokomotion begann[1].
Der Gesamtbereich der Biologie soll für die filmische Dokumentation, wie auch sonst üblich, in Zoologie und Botanik unterteilt werden, wobei wir aber die nur mikroskopisch erfaßbaren Erscheinungen mit Rücksicht auf die filmischen Arbeitsmethoden in einem besonderen Abschnitt Mikrobiologie behandeln wollen.

1. *Zoologie*

a) *Aufgaben und Schema*

Für die Zoologie legt man in den zoologischen Museen Sammlungen von Präparaten der erhaltungsfähigen Teile des tierischen Körpers an. Die Bewegungsvorgänge als flüchtige Komponenten können dabei nicht erfaßt werden. Sie müßten an den lebendigen Tieren in den Zoologischen Gärten studiert

[1] Auch die weitere Entwicklung beginnt heute, sich abzuzeichnen. Sie wird den Menschen in die Dokumentation einbeziehen müssen. Vom völkerkundlich-volkskundlichen Bereich abgesehen, sind enzyklopädische Dokumentationen vom Menschen bisher (1965) nur über die frühkindliche Motorik vorhanden. Von hier ausgehend, bietet sich ein großer Aufgabenbereich an. Er umfaßt die Verhaltensweisen des Kindes, des Jugendlichen und des Erwachsenen, die für Psychologie, Soziologie, Medizin und Pädagogik bedeutungsvoll sind. Hier können Erfahrungen herangezogen werden, die *Gesell* in seinen bekannten Arbeiten mit Hilfe des Filmes gemacht hat (Gesell, A., Cineanalysis, A Method of Behavior Study, J. Gen. Psychol. (1945), 47, 3).
Daneben wird die Entwicklung auch in vorwiegend medizinischer Richtung weitergehen. So besteht u. a. der Plan, Vorgänge im menschlichen Körper mit der Methode der Röntgenkinematographie zu erfassen und in zahlreichen kurzen Film-Einheiten zu veröffentlichen. Es wird dabei an die Bewegungen der Gelenke, des Verdauungstraktes, die Dynamik des Herzens und an andere Vorgänge gedacht. Hier soll eine Art röntgenkinematographischer Atlas entstehen, der für Physiologie und Pathologie von Wert sein kann.

werden. Wir wissen aber, daß diese in der Gefangenschaft lebenden Tiere manchmal ihr Verhalten ändern. Es stehen hier auch nicht immer die gesuchten Tiere zur Verfügung.

Die hier vorhandene Lücke[1] zu schließen, die Grundbewegungsvorgänge und die wichtigsten Verhaltensweisen zu erfassen, ist Aufgabe einer systematischen Filmdokumentation. Die Bewegungsvorgänge, welche im Lebensablauf eines Tieres auftreten, sollen daher im Film festgehalten werden; solche Bewegungs-Dauerpräparate haben für den Bewegungsphysiologen und für den Verhaltensforscher ähnliche Aufgaben zu erfüllen wie Präparatesammlungen, Balg- und Skelettsammlungen für andere biologische Fachrichtungen.

Zugrunde gelegt wird das schon früher erwähnte Baukastenprinzip. Der einzelne Film behandelt die kleinste thematische Einheit. Es entstehen dann von einer Tierart eine Reihe kürzerer oder längerer das Thema möglichst erschöpfender Filme, z. B. vom Iltis eine Einheit über den Beuteerwerb oder etwa über seine Lokomotion, die Kämpfe, das Paarungsverhalten, das Sozialverhalten, die Spiele der Jungen usw. In vertikaler Richtung (s. Tab 1, S. 40) könnte man so als Summe aller Einheiten vom Iltis (*Putorius putorius*) ein Bewegungsinventar dieser Tierart anlegen. Man könnte jede dieser Einheiten aber auch in horizontaler Richtung zusammen mit den entsprechenden Einheiten von anderen Tierarten benutzen und einen damit oft überhaupt erstmalig möglichen Bewegungs- und Verhaltensvergleich vornehmen. Der horizontale Vergleich von »Putorius putorius — Beuteerwerb« könnte beispielsweise mit den Einheiten »Rattus norwegicus (Wanderratte) — Beuteerwerb«, »Mustela nivalis (Mauswiesel) — Beuteerwerb« usw. erfolgen.

Das folgende Schema kann allerdings nur eine ungefähre Vorstellung geben, wie die Gesamtanlage der zoologischen Enzyklopädie gedacht ist. Beispielsweise könnte eingeworfen werden, daß die Vorgänge der Lokomotion vielfach so komplexer Natur sind, daß sie nicht als thematisch kleinste Einheit gelten können. In solchen Fällen würden wir dann in der Tat weiter unterteilen in Schritt, Trab und Galopp. Dazu würden auch die Übergänge gehören, etwa aus der Ruhe in die Schrittbewegung und umgekehrt, aus dem Schritt in den Trab und Galopp usw. Auch müßten wohl noch weitere spezialisierte Lokomotionsformen, die verschiedenen Formen des Schwimmens, des Fliegens, des Kletterns aufgenommen und eventuell wieder unterteilt werden.

[1] »Mit der Möglichkeit erwächst aber auch die Pflicht, solche Ablaufsform-Präparate (Filme, d. Verf.) anzulegen, wo immer es möglich ist, und zwar aus genau den Gründen, die zur Gründung von Museen zwingen. Es genügt ja nicht, daß irgendwer einmal Formen verglichen hat und dann seine Folgerungen daraus verkündet; Naturwissenschaft setzt voraus, daß die Ergebnisse für möglichst viele nachprüfbar und wiederholbar sind, auch für den, der sie selbst zuerst fand.« (Wickler, W., Phylogenetisch-vergleichende Verhaltensforschung mit Hilfe von Enzyklopädie-Einheiten, Forschungsfilm Vol. 5 No. 2 1964 S. 109–118.

Tab. 1: Enzyklopädie-Schema — Zoologie

	Putorius putorius	*Rattus norvegicus*	*Mustela nivalis*	Tierarten
Lokomotion				
Rivalenkampf				
Beuteerwerb	kleinste themat. Einheit	Horizontal Vergleich mit Beuteerwerb bei anderen Tierarten		
Nahrungsaufnahme				
Paarbildung				
Kopulation	Vertikal Bewegungsinventar von *Putorius putorius*			
Geburt				
Spiel der Jungtiere				
Verhaltensweisen und Physiologische Bewegungsabläufe				

In dem Schemabeispiel der Tabelle fehlen natürlich noch zahlreiche Verhaltensweisen (z. B. Drohverhalten, Warnverhalten eventuell mit den entsprechenden Lauten, Erkundungsverhalten usw. und die meisten physiologischen Bewegungsabläufe). Hier kann je nach Aufgabenstellung der Forschungsrichtung auch in der Enzyklopädie angebaut werden.

Blättert man durch das Verzeichnis der Enzyklopädie-Filme, so fällt bei der Zoologie schon jetzt die Vielfalt der Thematik der kleinsten Einheit auf. Für das Gebiet Lokomotion existieren Einheiten über das Laufen, das Laufen auf Flossen, das Kriechen, Graben, Eingraben, Klettern, über Schwimmbewegungen und Schwimmen und Tauchen, über Flugbewegungen, freien Flug, Trillerflug auf der Stelle u. a.

Zu dem Komplex Fortpflanzung gehören Einheiten wie Kämpfe, Rivalenkämpfe, Kommentkämpfe, Drohen, Kampf der Männchen, Kampf der Weibchen, ritualisierte Bewegungsweisen im Paarverhalten, Sozialverhalten während der Paarungszeit, Solobalz, Balz, Paarung, Paarungsverhalten, Paarungsaufforderung, Sexualverhalten, Kopulation, Eiablage, Laichablage, Scheinlaichen, Laichbetreuung, Nestbaubewegungen, Brüten, Brüten und Hudern, Geburt, Geburt und erste Lebensstunden, Schlüpfen, Fütterung der Jungen, Brutverteidigung, Brutablösung, Verleiten, Jugendentwicklung, Spiel der Jungtiere u. a.

Zum Komplex Nahrungserwerb gibt es Einheiten über Nahrungssuche, die verschiedenen Methoden des Beutefanges, Nahrungsaufnahme, Kaubewegungen, Trinken.

Zum Komplex Entwicklung sind bisher Einheiten vorhanden über Embryonalentwicklung, Zwillingsbildung, Metamorphose, Entwicklungszyklus u. a.

Bei den Primaten finden wir auch Einheiten von Homo sapiens, wie z. B. das Gehen, Kriechen, das Strampeln, das reflektorische Greifen der Hände und des Fußes bei Kleinkindern bzw. Säuglingen; ferner über das Aufrichten zum Sitzen und zum Stand, über Moro's Reaktion, Galant's Reaktion usw.

Aus dem Verzeichnis der zoologischen Enzyklopädie-Filme ergibt sich deutlich, daß das Schwergewicht bisher auf dem Gebiet der Verhaltensforschung liegt. Neuerdings gewinnt die physiologische Filmeinheit, die vorwiegend aus dem medizinischen Arbeitsgebiet stammt, ständig an Bedeutung. Wir finden darunter die hervorragenden amerikanischen Beiträge »Ovulation« und »Egg-Transport«, beide bei der weißen Ratte, oder die ebenso eindrucksvollen deutschen Einheiten »Embryonalentwicklung« und »Zwillingsbildung« beim Molch.

Die Thematik der physiologischen Einheiten ist ferner charakterisiert durch solche Bewegungskomplexe wie Lymphgefäßbewegungen, Schweißausscheidung (*Homo sapiens*), Kontraktionswellen von Einzelfasern der Skelettmuskulatur, tubulärer Harnstrom in der Warmblüterniere, Tonschwingungen des Schalleitungsapparates der Meerschweinchen-Bulla, Tonschwingungen im überlebenden menschlichen Mittelohrapparat, Stimmband-Schwingungen, Mikrozirkulation in der Niere u. a.

Aus den zuletzt genannten Themen wird gleichzeitig auch der hohe Schwierigkeitsgrad erkennbar; er liegt sowohl in der Beherrschung der Experimente als auch in der Durchführung der Aufnahmen. Voraussetzung dabei ist, daß die untersuchten Vorgänge durch die Versuchs- und Aufnahmeanordnung nicht an physiologischem Aussagewert einbüßen oder ihn gar verlieren.

Im übrigen gibt es neben den oben aufgeführten Einheiten mit rein physiologischen Fragestellungen zahlreiche Einheiten, die sowohl für die Verhaltensforschung als auch für die Physiologie von Bedeutung sind (z. B. Lokomotion, Geburtsvorgänge, Nahrungsaufnahme usw.). Ferner sind wohl die meisten zoologischen Einheiten auch für Physiologen von Interesse. Die Erfahrung hat gelehrt, daß das häufig auch für solche Einheiten zutrifft, von denen man zunächst annimmt, daß sie nur Interesse für die Verhaltensforscher haben.

Angesichts der unübersehbaren Aufgaben selbst innerhalb der zoologischen Untersektion der Enzyklopädie erübrigt sich eigentlich der Hinweis, daß niemals eine auch nur annähernde Vollständigkeit erwartet werden kann. Einzelne Tierarten werden oft für ganze Gruppen zu stehen haben. Andere, die besonders interessant oder wichtig erscheinen, sind schon jetzt mit einer Reihe von Einheiten vertreten.

So ist zum Beispiel das für den Zoologen seit langem besonders interessante, bisher zu den Primaten gerechnete Spitzhörnchen *Tupaia glis* mit vier Einheiten vertreten (Beuteerwerb — Kaubewegungen, Trinken — Lecken — Handgebrauch, Putzen, Duftmarkieren) [E 296—299]. Vergleichende Untersuchungen über das Verhalten von Pferden aus der Dülmener Herde von Primitivpferden erbrachten die Aufnahme von fünf Einheiten (Ausdrucksbewegungen, Erkennungs- und Meideverhalten, Hautpflegeverhalten, Sozialverhalten während der Paarungszeit, Paarung) [E 505—509]. Einige dieser Verhaltenskomplexe wurden hiermit erstmalig in die Enzyklopädie aufgenommen, die zu dieser Zeit bereits über 500 Filme verfügte. Das Schema der Enzyklopädie wird also fortlaufend durch neu hinzutretende Themen erweitert.

Unter den Vögeln sind vom Seeregenpfeifer *Charadrius alexandrinus* bereits acht Einheiten vorhanden (Nahrungssuche, Balz und Kopulation, Solobalz, Brüten und Hudern, Revierverteidigung, Verleiten, Verhalten der Eltern beim Schlüpfen der Jungen, Führen der Jungen) [E 135—138, E 192, E 349, E 387].

Aus diesen Titeln ist auch zu ersehen, wie elastisch das Prinzip der kleinsten thematischen Einheit gehandhabt werden kann. Liegen bei einer Tierart besondere Verhaltensweisen (z. B. Solobalz, Verleiten) vor, dann werden diese als kleinste thematische Einheiten behandelt. Auch Verhaltensweisen, die bisher nur bei wenigen Tierarten bekannt sind, wurden als kleinste thematische Einheit aufgenommen, wie zum Beispiel der Werkzeuggebrauch beim Nahrungserwerb [E 597] beim Spechtfink *Cactospiza pallida*.

Für die Verhaltensforschung sind durch die Auswertung gut angelegter Aufnahmen von Expeditionen eine Reihe wertvoller Einheiten gewonnen worden, z. B. von Tieren der Galapagos-Inseln (Meerechse, Fregattvogel, flugunfähiger Kormoran u. a.), welche die berühmte »Insel-Zahmheit« zeigen, d. h. das typische Verhalten von Tieren, die in ihrem Lebensraum keine natürlichen Feinde haben. Wenn auch bei solchen Freilandaufnahmen manche Wünsche hinsichtlich der Vollständigkeit offenbleiben müssen, so stellen solche Filme, insbesondere, wenn sie von vornherein die enzyklopädischen Gesichtspunkte berücksichtigen, wertvolle Beiträge dar. Durch die Einbeziehung von Unterwasseraufnahmen ergaben sich Möglichkeiten, mit weiteren Bewegungs- und Verhaltensweisen von Tieren erstmalig bekanntzuwerden (z. B.: »Zalophus wollebaeki — Schwimmen über und unter Wasser« [E 577].

Die ersten Tonfilmeinheiten aus der Zoologie sind die Filme über Sexual- und Kampfverhalten bei der Wildpute [E 486 u. E 487]. Sie zeigen, wie wichtig gleichzeitige Aufnahme der Lautäußerungen neben der der Bewegung sein kann. Durch Erfassung der akustischen Äußerungen und die Möglichkeit, sie in die Beurteilung des Gesamtverhaltens einzubeziehen, wird eine noch bestehende Lücke geschlossen. Allerdings ist der apparative Aufwand (gleichzeitige Anwendung mehrerer synchroner Ton-Bild-Apparaturen) bisher noch beträchtlich.

Bewegungsphysiologen, insbesondere aber Verhaltensforscher, haben es für wertvoll erklärt, von einer Reihe von Tierarten das volle Bewegungsinventar aufzunehmen. Bisher liegt jedoch in keinem Falle eine annähernde Vollständigkeit vor.

Auch für den Vergleich in horizontaler Richtung bestehen bereits zahlreiche Möglichkeiten. Bei den Schwimmbewegungen der Fische hat zum Beispiel der enzyklopädische Vergleich schon interessante forschungsmäßige Früchte getragen[1]. Zu der kleinsten thematischen Einheit »Kommentkampf der Männchen« liegen bei Schlangen schon Einheiten von der Puffotter *Bitis arietans* [E 269] und der Sandviper *Vipera ammodytes montandoni* [E 329] vor.

Das geschilderte Baukastenschema beginnt sich mehr und mehr zu bewähren; einige Institute sind dabei, an solchen Stellen, wo neue Ergebnisse erwartet werden dürfen, durch Aufnahme neuer Einheiten »anzubauen«. Solche neuen Ergebnisse kann man dabei erhalten: 1) aus dem Film allein ohne Vergleich mit anderen, 2) aus der Vervollständigung des Bewegungsinventars einer Art in senkrechter Richtung und 3) aus dem Vergleich in horizontaler Richtung. Jede neue enzyklopädische Einheit kann sich also in den verschiedenen Richtungen anwenden lassen und stellt damit eine Bereicherung der Gesamtreihe dar.

In den Titeln der Filme haben wir, wie früher schon erwähnt, aus systematischen Gründen im allgemeinen die Tiere zuerst genannt. Der lateinische Gattungs- und Artname steht an erster Stelle. Dann folgt eine weitere Bestimmung, meist der lateinische Familienname; darauf folgt die im Film dargestellte Tätigkeit des Tieres. Dieses Titelschema hat sich gut bewährt;

---

[1] Man vergleiche hierzu: Wickler, W., Phylogenetisch-vergleichende Verhaltensforschung mit Hilfe von Enzyklopädie-Einheiten, Forschungsfilm 5 No. 2 (1964) S. 109—118, wo gezeigt wird, wie durch Untersuchung der Schwimmweise von Putzerfischen und deren Nachahmern die Evolution eines bestimmten Verhaltens aufgeklärt und durch Filme belegt wird.

man sucht im allgemeinen zunächst nach der Tierart und an zweiter Stelle erst nach der Tätigkeit. Anders ist es bei den verschiedenen, manchmal sehr speziellen physiologischen Funktionen. So haben wir bei dem Film über die Lymphgefäßbewegungen [E 366] diese Bezeichnung in den Haupttitel gesetzt und die Tiere, an denen diese Bewegungen studiert wurden, das Wildkaninchen *Oryctolagus cuniculus* und das Meerschweinchen *Cavia porcellus*, in den Untertitel. Man sucht in diesem Fall nach den Lymphgefäßbewegungen. Ob diese beim Meerschweinchen oder bei der Ratte aufgenommen wurden, ist erst in zweiter Linie interessant. Bei den physiologischen Einheiten wird vorzugsweise diese Art der Betitelung gewählt.

Es ist nur natürlich, daß einem so umfassenden Material nicht nur zwei Ordnungsgesichtspunkte zukommen, sondern mehr und vielleicht zahlreiche. Es soll deshalb angestrebt werden, durch ein geeignetes Lochkartenregister die in den Filmen vorhandenen Auswertungsmöglichkeiten erkennbar zu machen. Mit dem zahlenmäßigen Anwachsen der Gesamtsammlung ist das unerläßlich. Würde ein Zoologe beispielsweise nach denjenigen Einheiten suchen, die sich mit Putzbewegungen oder mit Duftmarkierung bei den verschiedensten Tieren beschäftigen, so wäre das schon jetzt eine mühsame Arbeit, die gar nicht durchzuführen wäre, wenn die betreffende Verhaltensweise zwar in den Filmen vorkommt, aber in den Titeln nicht immer erwähnt wird. Mit einem geeigneten System, auf das später noch eingegangen werden soll, ist diese Arbeit leicht und schnell möglich.

b) *Gesichtspunkte für die praktische Durchführung der zoologischen Filmdokumentation*

Die zoologische Untersektion ist organisch gewachsen. Es wurden ihr zwar am Beginn der Arbeit einige richtungweisende Grundprinzipien gegeben, aber diese waren mehr eine Rahmenvorstellung, nach der gearbeitet werden sollte. Erst jetzt nach über einem Jahrzehnt kann ein erster Überblick über diese »organische« Entwicklung gegeben werden.

Wenn wir die zoologische Untersektion betrachten, bemerken wir, daß die ursprünglich sehr kurzen Einheiten im Laufe der Jahre wesentlich länger geworden sind. Wir begannen mit 2 bis 4 Minuten Vorführdauer, heute sind manche Einheiten 10, 15 bis 20 Minuten lang. Damals handelte es sich meist um einfachere Vorgänge. Neuerdings kommen mehr und mehr auch weniger überschaubare Bewegungsweisen hinzu. H. Kuczka[1] hat das näher untersucht und weist darauf hin, daß der Grad der Kompliziertheit des jeweiligen Bewegungsgeschehens hierbei eine Rolle spielt, was auch leicht einzusehen ist.

[1] H. Kuczka, »Zur Frage der zoologischen Filmdokumentation«, in: Der Film im Dienste der Wissenschaft, Festschrift zur Einweihung des Neubaues für das Institut für den Wissenschaftlichen Film, Göttingen 1961, S. 60–66.

Man hat dabei zwischen den einfachen Bewegungen, den Elementarbewegungen und den zusammengesetzten Bewegungen, den mehr oder weniger komplexen Handlungen zu unterscheiden. »Je einfacher eine Bewegung ist, d. h. je weniger Sinnesorgane und Muskelgruppen beteiligt sind, um so starrer läuft sie in der Regel ab und um so weniger Modifikationen des Ablaufes sind zu beobachten. Für die Filmdarstellung wirkt sich das in einem relativ geringen Aufnahme-Aufwand aus.« Kuczka stellt diesen Elementarbewegungen die Handlungen gegenüber, die sich aus einer größeren Anzahl von Elementarbewegungen zusammensetzen. Je komplexer ein Vorgang ist, um so zahlreicher können auch seine Modifikationen sein. Bei der filmischen Dokumentation müssen dann die Filme länger sein, um auch die Varianten erfassen zu können. Ein weiterer Umstand tritt hier hinzu. Mit aufsteigender Tierreihe werden im allgemeinen die Bewegungsvorgänge komplexer. »Mit fortschreitender Entwicklung der Sinnesorgane und Körperfunktionen in der aufsteigenden Tierreihe greift das Tier bei seinen Lebensäußerungen immer intensiver in seine Umwelt ein und bezieht sie in seine Handlungen ein. So kommt es zu den variablen Instinkthandlungen, die in ihrem Erscheinungsbild stark von den Gegebenheiten der Augenblickssituation abhängen und deshalb in den verschiedensten Abwandlungen auftreten können.« (H. Kuczka). Die Zoologie benutzt weitgehend die gleichen Bezeichnungen wie »Nahrungsaufnahme«, »Fortpflanzung« und andere sowohl für Mikrolebewesen wie für hochentwickelte Säugetiere. Schon aus diesem Grunde können kleinste thematische Einheiten über solche Themen bei verschiedenen Tierarten nicht mit gleicher Filmlänge erschöpfend abgehandelt werden.

Für die zoologische Enzyklopädie ist von großer Bedeutung, daß die aufgenommenen Tiere wirklich repräsentativ für ihre Art sind und nicht durch irgendwelche Einflüsse verändert, gehemmt oder sonst nicht typisch sind. Das muß der wissenschaftliche Filmautor selbst beurteilen. Zu der oft schwer zu beantwortenden Frage, was im einzelnen Falle als das normale Verhalten eines Tieres anzusehen ist, soll hier nichts gesagt werden. Das ist eine Frage, die der Fachwissenschaftler zu klären hat.

Wenn schon das »Normalverhalten« eines Tieres manchmal nicht eindeutig definiert werden kann, so ist doch für die Enzyklopädie die Frage wichtig, welche Arten von Bewegungen neben den »normalen« in die Dokumentation einbezogen werden sollen. Sie wurde aktuell, als mehrere Einheiten über anomales (perverses) Balzverhalten dem Redaktionsausschuß vorgelegt wurden. Es handelte sich in einem Fall um anomales Balzverhalten eines Auerhahnes, der auf einen Menschen, in einem anderen Fall um das ebenfalls anomale Balzverhalten einer Schildkröte, die ausschließlich auf menschliche Schuhe reagierte. Der Redaktionsausschuß hat sich mit dieser Frage befaßt und sich dann entschlossen, solche Aufnahmen in die Enzyklopädie einzubeziehen. Im vorliegenden Falle geben sie gute Einblicke in das Balzverhalten, das hierbei in besonderer Weise modifiziert ist. Daß solche und andere Anomalien manchmal tatsächlich interessante Dokumentationen ergeben können, zeigte auch die Einheit »Spinnhemmung beim Kokonbau« bei der Spinne *Cupiennius salei* [E 364] gerade dadurch, daß hier der Spinn- und Bauvorgang auch dann weitergeht, wenn durch irgendwelche äußere Umstände der Spinnapparat versagt und keine Fäden mehr hervortreten. Das gilt auch für die echten Leerlaufbewegungen.

Die hier anschließende Frage war weiterhin: Sollen pathologische Bewegungs- und Verhaltensweisen, sollen überhaupt pathologische Erscheinungen ein Bestandteil der Dokumentation sein? Diese Frage ist generell in der hier gestellten Form noch nicht beantwortet worden. Für die Mikrobiologie, insbesondere für die Bakteriologie, ist sie ohne Einschränkung bejaht worden. Die Anwendung von Pharmaka und die dadurch veränderten Reaktionsweisen der Bakterien und Pilze sind von so großer Bedeutung, daß eine mikrobiologische Untersektion daran nicht vorbeigehen kann, zumal von hier gerade auf die filmische Dokumentation Aufgaben von besonderer Bedeutung zukommen.

Seither sind nun Einheiten entstanden über Elemente des Sexualverhaltens bei Küken der Hauspute nach Injektion von Testosteron [E 488] und auf humanphysiologischem Gebiet über Stimmstörungen bei Frauen nach Behandlung mit virilisierenden und anabolen Hormonen [E 558]. Die letztere zeigt dabei in Hochfrequenzzeitdehneraufnahmen die Stimmbandbewegungen dieser Frauen. Der Redaktionsausschuß hat diese Filme als wertvolle Beiträge angesehen und die Aufnahme in die Enzyklopädie befürwortet.

Im Zusammenhang damit steht die Frage nach der Einbeziehung der Experimentalsituation. Hier war ursprünglich nicht beabsichtigt, auf dem Gebiete der Verhaltensforschung diese Phänomene in die Enzyklopädie aufzunehmen. Für rein physiologische Fragestellungen ist es selbstverständlich, daß man ohne das Experiment nicht auskommen kann. Da diese Arbeitsrichtung erst relativ spät begonnen wurde, trat diese Frage zunächst bei Einheiten der Verhaltensforschung auf. Aber auch hier konnte man das Experiment nicht ausschließen. Wenn ein Vogel die bekannte Eirollbewegung [E 255] macht, d. h. ein Ei, das ihm aus dem Nest gerollt ist, in einer bestimmten Weise ins Nest zurückholt, dann ist das eine angeborene Instinktbewegung, die sich dadurch nicht ändert, daß man den Vorgang im Experiment wiederholen läßt. Würde man »völlig natürlich« aufnehmen wollen, dann müßte man, ohne dadurch etwas zu gewinnen, den seltenen Fall abwarten, daß dies Ereignis in der Natur vorkommt.

Konrad Lorenz machte in der Anfangszeit der Enzyklopädie, als man sich mit der tierischen Lokomotion beschäftigte, den Vorschlag, bei der Lokomotion des Pferdes die Gangarten auch im Zusammenhang mit der »Hohen Schule«

aufzunehmen. Er argumentierte damals, daß diese Dressurerfolge nicht erzielt werden könnten, wenn nicht im Tier die Anlage für die entsprechende Bewegungsweise vorhanden wäre. Wir haben damals die »Hohe Schule« nicht aufgenommen, aber als zehn Jahre später das Paarungsverhalten von Wildpferden der Dülmener Herde dokumentationsmäßig erfaßt wurde[1], konnten die Lorenzschen Gedankengänge laufbildmäßig bestätigt werden. Der Hengst zeigte in seinem Verhalten Bewegungsweisen, die auch in der »Hohen Schule« vorkommen.

In gleicher oder ähnlicher Weise könnte es auch in anderen Fällen möglich sein, daß durch eine Experimentalsituation solche latent vorhandenen Bewegungs- und Verhaltensweisen durch den Film sichtbar, erfaßbar und analysierbar werden.

Eine andere Frage, die sich für die Enzyklopädie zuerst auf zoologischem Gebiet stellte, war die, ob man auch röntgenkinematographische Aufnahmen einbeziehen sollte. Das bewegte Durchleuchtungsbild weist so charakteristische Eigenheiten und Verschiedenheiten von der gewöhnlichen Bewegungsabbildung auf, daß diese Frage berechtigt war. Angesichts der Tatsache, daß die Anwendung der Röntgenkinematographie zwar umfangmäßig beschränkt ist, aber im Einzelfalle interessante und wichtige Einheiten erwarten läßt, wurde auch die Röntgenkinematographie in die Enzyklopädie einbezogen. Der erste Beitrag war eine französische Einheit über die Metamorphose der Schmeißfliege [E 198].

c) *Leitsätze zur zoologischen Filmdokumentation*[2]

Wichtigste Forderung an den zoologischen Dokumentationsfilm ist, daß er einen möglichst hohen *Wirklichkeitsgehalt*[3] besitzt. Bei der Herstellung solcher Filmdokumente ist die richtige Auswahl der Bewegungsphasen manchmal eine schwierige Aufgabe. Der Filmautor ist dieser Aufgabe in der Regel nur gewachsen, wenn er die aufzunehmenden Vorgänge genau kennt, sie also *vor* Beginn der Arbeiten sorgfältig studiert hat. Besteht die Möglichkeit nicht, den in Frage kommenden Vorgang vor der Aufnahme kennenzulernen, so empfiehlt es sich, den gesamten Bewegungsablauf lückenlos aufzunehmen. Die Auswahl der repräsentativen Phasen läßt sich dann in Ruhe beim Schnitt vornehmen.

Der zoologische Dokumentationsfilm dient — in fester Verbindung mit einer gedruckten Begleitpublikation — in hervorragender Weise als »kinemati-

---

[1] E 509 — Equus caballus (Equidae) — Paarung.

[2] Diese von H. Kuczka (IWF) zusammengestellten Leitsätze basieren auf den Erfahrungen mit der zoologischen Filmdokumentation in den Jahren 1952 bis 1962.

[3] S. auch Kapitel III.

sches Dauerpräparat« sowohl der zoologischen Forschung als auch dem Hochschulunterricht. Bei seiner Herstellung sind eine Reihe fachlicher und filmtechnischer Gesichtspunkte zu berücksichtigen, die hier zusammengestellt und durch Beispiele erläutert sind.

Das Filmthema

Der zoologische Dokumentationsfilm enthält jeweils *einen nach Möglichkeit klar abgegrenzten Bewegungsablauf bei möglichst nur einer Tierart,* sofern dieser Ablauf aus der Sicht des Zoologen eine kleinste selbständige thematische Einheit mit genügend wichtigem Inhalt darstellt.

BEISPIEL:

Solche Themen sind etwa: Nahrungserwerb, Beutefang, Nahrungsaufnahme, Hautpflege, Soziale Hautpflege, Putzbewegungen, Balz, Kopulation, Paarung, Brutpflege, Jugendentwicklung, Eientwicklung, Embryonalentwicklung.

Die Dokumentation des jeweiligen Vorganges soll insofern erschöpfend sein, als die *wichtigsten Varianten des Bewegungsablaufes* ebenfalls in den Film aufgenommen werden.

BEISPIEL:

Um das Aufstehen beim Pferd zu beschreiben, wird man sich z. B. nicht damit begnügen, die am häufigsten vorkommende Form aufzunehmen, bei der das Tier zuerst die Vorderbeine aufstellt, um erst dann mit der Hinterhand hochzukommen. Es gehört auch der seltene Fall in den Film, wo das Pferd – etwa nach dem Wälzen auf dem Boden – von der Seite her aufsteht und dabei mit einem einzigen Schwung fast gleichzeitig auf alle vier Beine kommt.

Es ist weiter darauf zu achten, daß alle Vorgänge, die den eigentlichen Bewegungsablauf auslösen, einleiten, begleiten oder an ihn anschließen, bei der Aufnahme in angemessener Form mit berücksichtigt werden.

BEISPIEL:

Soll also die Gangart »Galopp« bei einem Groß-Säuger in einem Film behandelt werden, dann sind auch die Übergänge vom Schritt oder Trab in diese schnellere Gangart und umgekehrt mit zu erfassen.
Meist werden es aber Vorgänge sein, die zum Filmthema in einer direkten Verbindung stehen. Soll die Verhaltensweise des »Verleitens« beim Regenpfeifer aufgenommen werden, dann muß der Film auch erkennen lassen, wo und von wem der auslösende Reiz herkommt. Ist dies aus aufnahmetechnischen Gründen nicht möglich, dann muß die Begleitveröffentlichung darüber Aufschluß geben.

Zur Dokumentation eines Bewegungsablaufes gehört ferner eine gute optische Einführung, durch welche die Betrachter mit den jeweiligen Tieren und gegebenenfalls mit ihrem natürlichen Lebensraum bekanntgemacht werden. Wenigstens eine dieser ersten Aufnahmen soll die Größe der jeweiligen zoologischen Objekte erkennen lassen.

Die Auswahl der Bewegungs-Phasen

Nur selten können Naturvorgänge in ganzer Länge im Film wiedergegeben werden. Damit besteht die Aufgabe, die Phasen für die Aufnahme richtig auszuwählen. Wir haben dabei Phasen, die unbedingt erfaßt werden müssen, weil sie unersetzbar sind, zu unterscheiden von solchen, die aus einer Folge als repräsentativ (stellvertretend) ausgewählt werden können. Diese Auswahl hat den Sinn, Wiederholungen und für das Thema unwesentliche Teile zu vermeiden und nur das Wichtige darzustellen. Die Auswahl der repräsentativen Phasen ist manchmal nicht leicht durchzuführen.

BEISPIEL:

Der Ablaichprozeß bei dem Buntbarsch *Tilapia tholloni* dauert ca. 45 bis 60 Minuten (einschließlich der Übergänge vom Putzen des für die Eiablage bestimmten Steins bis zum Beginn der Eiablage und von ihrem Ende bis zum Beginn der Brutfürsorge durch die Eltern).

Als unersetzbare Phase muß hier zunächst, wie in jedem anderen Film auch, der *Beginn* des durch das Filmthema bezeichneten Vorgangs, hier also der Eiablage, gelten. Wird die Kamera erst betätigt, wenn das erste Ei bereits die Legepapille des Weibchens verlassen hat, so ist die erste wichtige Phase verpaßt.

Die zweite wesentliche Phase schließt sich sofort an den Beginn des Vorganges an. Während der folgenden fünf Minuten etwa wächst nämlich die Intensität des Ablaichens und Besamens der Eier ständig an, und es ist für die richtige Wiedergabe des gesamten Laichgeschehens wichtig, diesen Intensitätsanstieg nahezu pausenlos zu filmen. Erst danach folgen während der Hauptdauer des Laichvorganges die sich gleichmäßig wiederholenden Ablaichbewegungen des Pärchens, die nur einige Male repräsentativ aufgenommen zu werden brauchen (dritte Phase). Jetzt bietet sich die beste Möglichkeit für den Einstellungswechsel, und man kann auch versuchen, die Vorgänge ganz groß abzubilden.

Die vierte Phase enthält das Ende des Laichvorganges und den Übergang des Pärchens zur Brutpflege. Mit etwa 10 bis 12 Minuten Vorführdauer würde dieser Film alle für den Gesamtvorgang charakteristischen Einzelheiten enthalten.

Wie anfangs erwähnt, setzt die richtige Auswahl der Phasen des Geschehens für die Aufnahme eine gute Fachkenntnis voraus, wobei es nicht genügt, wenn der aufzunehmende Vorgang dem Filmautor etwa nur aus der Literatur bekannt ist. Eigene Beobachtungen vor Aufnahmebeginn sind unerläßlich.

Die Aufnahmefrequenz[1]

Sollen Bewegungsabläufe, die sich mit dem Auge gut verfolgen lassen, filmisch erfaßt werden, so genügt die Anwendung normaler Bildfrequenz (24 B/s).
Bei Vorgängen, die für das Auge zu schnell ablaufen, sind Zeitdehneraufnahmen, also Aufnahmen mit mehr als 24 B/s, wichtig und meist unentbehrlich. Die zu wählende Bildfrequenz hängt von der Geschwindigkeit des Bewegungsablaufes ab.

BEISPIEL:
Bei Aufnahmen vom schnell laufenden Barsoi liegt z. B. die anzuwendende Aufnahmefrequenz nach bisherigen Erfahrungen bei 100 B/s, während bei Bewegungsgeschwindigkeiten, wie sie etwa kämpfende Hengste zeigen, mit 64 B/s auszukommen ist. Die gleiche Frequenz reichte aus, um die Flug- und Landebewegungen beim Höckerschwan [E 463] gut zu erfassen. Bei kleineren Vögeln mit schnellerem Flügelschlag ist mit einer Bildfrequenz unter 100 B/s das Ergebnis unzureichend. Etwa 500 B/s sind beim Schwirrflug des Kolibris die untere Grenze. Sowohl für solche Aufnahmen als auch für Aufnahmen von Flügelbewegungen fächelnder oder frei fliegender Bienen [E 332], die mit einer Frequenz von 3000 bis 4000 B/s durchgeführt wurden, ist eine Spezialkamera erforderlich.

Auch Zeitrafferaufnahmen können mitunter wertvolle zusätzliche Aufschlüsse bringen. Bei Bewegungsabläufen, die zu langsam sind, um mit dem Auge erkennbar zu sein, wie beispielsweise der Blatt- und Blütenentfaltung bei Pflanzen, wird diese Methode seit langem angewendet.
Die Zeitraffung kann jedoch mitunter auch bei zwar langsamen, aber noch als Bewegung kenntlichen Abläufen nutzbringend eingesetzt werden. Durch die Beschleunigung der Bewegung im Film ist beispielsweise beim Eingrabvorgang der Krötenechse *Phrynosoma douglassii* ein Rhythmus sichtbar gemacht worden, der bei normaler Bildfrequenz nicht zu erkennen ist.
Es wäre aber im Sinne der Dokumentation meist unzureichend, wenn ein Film *ausschließlich* aus Zeitdehnungsaufnahmen oder Zeitrafferaufnahmen bestünde. Es sollen möglichst auch einige normalfrequente Aufnahmen, wenigstens am Filmanfang, eingesetzt werden, damit dem Betrachter ein Maß für die wirkliche Geschwindigkeit des Naturvorganges eingeprägt wird.

Das Aufnahmematerial

Für die Herstellung von Dokumentaufnahmen auf *Schwarz-weiß-Material* empfiehlt es sich, stets Negativfilm zu benutzen. Der im Bereich des Amateurfilms übliche Umkehrfilm kommt nur für bestimmte Spezialzwecke in Betracht.

[1] Die anschließenden Ausführungen beschäftigen sich zwar vorwiegend mit aufnahmetechnischen Fragen, sind aber zur weiteren Charakterisierung der zoologischen Filmdokumentation hier eingefügt.

Der kostspieligere und in seiner Haltbarkeit beschränkte *Farbfilm* sollte nur dort Verwendung finden, wo Farben für die wissenschaftliche Aussage eines Filmes von besonderer Bedeutung sind. Im übrigen muß man sich darüber im klaren sein, daß es kein Farbmaterial mit unbedingter Farbtreue gibt.

BEISPIEL:

Überall dort, wo Farben im Tierreich den Wert reaktionsauslösender Signalreize besitzen, ist die Anwendung von Farbfilm am Platze. So bei der Dokumentation des Stichlingkampfes [E 721], wo das Hochzeitskleid der Männchen (rote Kehle und roter Bauch) den Schlüsselreiz für das Kampfverhalten darstellt, oder auch beim Rotkehlchen für das ganz ähnliches gilt.

Ebenso ist im Falle von Farbnachahmungen (Mimikry) und bei Tieren mit ausgeprägtem Farbwechsel (Chamaeleon, Tintenfisch) die Anwendung von Farbmaterial unerläßlich.

Keinesfalls dürfen die Originalfilme, sondern stets nur Kopien davon vorgeführt werden, da sonst Beschädigungen auftreten, die eine spätere Veröffentlichung erschweren, wenn nicht gar ausschließen. Die verschiedenen Farbmaterialien sind im übrigen nicht gleich gut für die Herstellung von Kopien geeignet.

Das Aufnahmeobjektiv

Es ist allgemein bekannt, daß durch Verwendung von Objektiven verschiedener Brennweite der Abbildungsmaßstab wahlweise verändert werden kann, ohne daß man zu diesem Zweck den Standort der Kamera verlegen muß.

Unbeachtet bleibt aber leicht der Umstand, daß sich mit wechselnder Brennweite die Abbildungsgröße aller Teile des Bildes, auch des Hintergrundes, in genau gleichem Maße ändert. Es fehlt also die gewohnte Veränderung der perspektivischen Verhältnisse, die mit einer Veränderung des Maßstabes durch Wechsel des Beobachtungs- bzw. Kamerastandortes verbunden wäre. Bedenkenloses Kombinieren von Einstellungen, die mit Objekten verschiedener oder veränderlicher Brennweite (»Gummilinse«) aufgenommen wurden, kann dazu führen, daß dem unvoreingenommenen Betrachter Fehldeutungen der Perspektive und damit des Verhaltens von Tieren unterlaufen.

BEISPIEL:

Besonders dann ist Vorsicht geboten, wenn es darauf ankommt, dem Filmbetrachter Vorgänge vor Augen zu führen, bei denen räumliche Zusammenhänge eine besondere Rolle spielen, wie beispielsweise bei dem Meideabstand, den das freilebende Dülmener Primitivpferd dem Menschen gegenüber einhält [E 506].

Die Verwendung einer »Gummilinse« kann vorteilhaft sein, wenn sie nur zur raschen Veränderung der Brennweite verwendet wird, die aber sonst während der Aufnahme festzuhalten ist. Man vermeidet auf diese Weise größere

Dokumentationslücken, die beim Wechsel von Objektiven mit fester Brennweite eintreten würden.

Der richtige Kamerastandort

Der wesentliche Gesichtspunkt für die Aufstellung der Kamera ist, daß der Vorgang übersichtlich und klar erfaßt wird. Dabei können wichtige Besonderheiten bestimmter Abläufe ungewöhnliche Kameraeinstellungen erfordern.

BEISPIEL:

Die Schlängelbewegungen beim Aal [E 524] wird man nicht nur von der Seite aufnehmen, sondern unbedingt auch *senkrecht von oben;* ebenso wird man bei der Paarung des Skorpions die indirekte Übertragung der Spermatophore nicht allein von der Seite oder von oben aufnehmen, sondern auch *senkrecht von unten* durch eine Glasscheibe hindurch, um den eigentlichen Vorgang überhaupt sichtbar werden zu lassen.

Bei manchen ethologischen Aufnahmen ist es angezeigt, das Aufnahmeobjektiv in Augenhöhe der zoologischen Aufnahmeobjekte einzustellen, da viele artspezifische Signalreize bei Tieren so ausgebildet sind, daß sie allein für die Perspektive des tierischen Partners ihre volle Wirkung entfalten.

BEISPIEL:

Das Männchen der Smaragdeidechse besitzt eine blaue Kehle. Diese wirkt auf männliche Artgenossen ebenso kampfauslösend wie die Rotfärbung beim Stichlingsmännchen. Die Kehlenpartie kann aber von den Artgenossen nur deshalb gesehen werden, weil diese die gleiche geringe Augenhöhe haben. Aufnahmen ausschließlich schräg von oben (wie sie für den Kameramann am bequemsten sind) wären verfehlt.

Die Länge der Einstellung — Einstellungswechsel

Nicht sehr lang andauernde, zusammenhängende Bewegungsabläufe sollten *möglichst ohne Unterbrechung* aufgenommen werden; *zu häufiger Einstellungswechsel kann den Dokumentwert des Filmes herabsetzen.*

Die Länge der Kameraeinstellungen wird hauptsächlich von den oben beschriebenen thematischen Anforderungen bestimmt. Im übrigen ist es ratsam, die Kamera stets etwas länger laufen zu lassen, als es im Augenblick notwendig erscheint. Sehr oft stellt man erst beim Schneiden des Filmes fest, daß der allzu vorsichtige Umgang mit dem Filmmaterial Sparsamkeit am falschen Platze war. Als unterste Grenze für die Länge einer Einstellung kann eine Vorführdauer von sechs bis acht Sekunden gelten.

Neben Einstellungen, die einen Vorgang in Totalansicht enthalten, sind beinahe immer Großaufnahmen nötig, welche die wesentlichen Details des Bewegungsvorganges klar herauszustellen haben.

Wird eine Aufnahme unterbrochen — z. B. weil eine Pause im Bewegungsablauf einsetzt — und dann fortgesetzt, ohne die Einstellung oder wenigstens den Abbildungsmaßstab zu wechseln, so ergeben sich später unweigerlich Schnittschwierigkeiten, weil die Tatsache der Unterbrechung dem Betrachter sonst schwer deutlich zu machen ist und der Film dann zu einer Quelle von Mißverständnissen werden kann. Man benutze deshalb Pausen im Bewegungsablauf immer zur Veränderung des Kamerastandortes oder zum Objektivwechsel. Sind in dem zu erfassenden Bewegungsablauf keine Pausen enthalten oder würde eine Veränderung des Kamerastandortes das Tier in seinem natürlichen Verhalten beeinflussen, so bietet bei Unterbrechungen die oben beschriebene Benutzung der »Gummilinse« einen Ausweg. Nach Möglichkeit sollten sowohl der Kamerastandort als auch die Objektivbrennweite geändert werden. In der Regel wird dadurch der Informationsgehalt des Filmes noch vermehrt.

Der Schnitt

Damit dem Film der Dokumentwert erhalten bleibt, muß streng darauf geachtet werden, daß die einzelnen Einstellungen chronologisch richtig aneinandergefügt werden. Umstellungen, die zum Zwecke einer gefälligeren Bildabfolge vorgenommen werden, können Verfälschungen sein! Auch wo diese Gefahr nicht besteht, sollten alle Umstellungen unbedingt in der zum Film gehörenden gedruckten Begleitveröffentlichung erwähnt sein.

Mitunter erweist es sich als unmöglich, bei nur einem einzigen Individuum oder einem Paar einer Tierart einen Vorgang vollständig filmisch zu erfassen. Muß dann beim Schnitt ein Bewegungsvorgang aus Einstellungen zusammengestellt werden, die nicht zusammengehören, so ist im Film — beispielsweise durch Ab- und Aufblende —, in jedem Falle aber in der Begleitveröffentlichung unbedingt darauf zu verweisen.

Beim Schnitt ist ferner darauf zu achten, daß der entstehende Film möglichst weitgehend den wirklichen Ablauf widerspiegelt. Eine schnittmäßige Aufbereitung des Materials im Sinne einer besonderen pädagogischen Gestaltung ist für den zoologischen Dokumentationsfilm abzulehnen. Daher ist auch die Verwendung von Trickfilmteilen zur Erläuterung eines schwer verständlichen Stoffes in diesen Filmen nicht üblich.

Protokoll

Zur exakten wissenschaftlichen Dokumentation gehört eine sorgfältige Protokollierung jeder einzelnen Filmaufnahme mit allen für das Verständnis und die genaue Bild-für-Bild-Analyse wichtigen Daten, die später in der obligatorischen Begleitveröffentlichung niedergelegt werden. Neben diesem Aufnahmeprotokoll müssen vor allem auch folgende Daten festgehalten werden:

a) *Technische Daten:* Filmformat (35 mm oder 16 mm), Aufnahmematerial, Kamera, Objektivbrennweite, Aufnahmefrequenz.

b) *Aufnahmedaten:* Ort, Datum, Tageszeit, Wetterbedingungen, bei künstlicher Beleuchtung Art der Lichtquellen.

c) *Wissenschaftliche Daten:* wissenschaftlicher Art- und Gattungsname des Tieres und Name der Familie, z. B. *Triturus taeniatus*, Salamandridae. Ferner Alter und Geschlecht der Tiere, Nahrungsbedingungen, Angaben, ob in Gefangenschaft geboren oder eingefangen oder in freier Natur aufgenommen, zahm oder wild usw. Hierher gehören auch Angaben über die wesentlichen Lebens- und Umweltbedingungen der aufgenommenen Tiere, vor allem auch über Abweichungen von den natürlichen Verhältnissen.

d) *Beispiele von zoologischen Enzyklopädie-Filmen*

Manche physiologischen Filme ließen schon sehr frühzeitig den monographischen Charakter erkennen, der heute für den Enzyklopädie-Film charakteristisch ist. Die Röntgenfilme von R. Janker, die von 1936 ab bei der RWU[1] veröffentlicht wurden, behandeln dokumentartig je ein beschränktes Bewegungs-Thema, z. B. die Bewegungen des Handgelenkes und der Fingergelenke [C 297[2]], des Kniegelenkes und der Gelenke des Fußes [C 298], des Schultergürtels [C 295] usw. Im Jahre 1937 wurde eine Reihe über die Mechanik des Vogelfluges mit dem Schwirrflug des Kolibris [B 495] begonnen, die dann allerdings durch den Krieg unterbrochen wurde. Der Übergang zum physiologischen Enzyklopädie-Film ergab sich damit als folgerichtige Fortsetzung der früheren Ansätze. Einer der ersten derartigen Filme behandelte die Lymphgefäßbewegungen [E 366]. Anlaß zu seiner Herstellung war eine Forschungsaufgabe mit dem Ziel, eine aktive Motorik der Lymphgefäße nachzuweisen. Einige Bilder sollen hier einen Blick in diesen Film ermöglichen. Die Lymphgefäße sind in Segmente unterteilt durch Taschenklappen, die sich in Stromrichtung öffnen, bei Gegendruck aber schließen und den Rückfluß verhindern. Der Lymphstrom wird aufrecht erhalten dadurch, daß einzelne Segmente sich bei Bedarf zusammenziehen und dabei in Stromrichtung entleeren.

Abb 1 a zeigt eine Lymphzisterne mit einmündenden Lymphgefäßen am Mesenterium des Meerschweinchens. Die Abb. 1 b bis 1 d zeigen ein zu einem Blutgefäß parallel liegendes Lymphgefäß. In Abb. 1 b sind die Taschenklappen geschlossen, in Abb. 1 c sind sie geöffnet und der Lymphstrom fließt hindurch. Abb. 1 d zeigt das Segment im Augenblick einer Kontraktion mit geschlossenen Klappen und weitgehend entleert.

[1] Reichsanstalt für Film und Bild in Wissenschaft und Unterricht.

[2] Die mit den Buchstaben B, C und D bezeichneten Filme sind solche des Instituts für den Wissenschaftlichen Film, Göttingen. Der Buchstabe E bezeichnet die Encyclopaedia Cinematographica.

Lymphgefässbewegungen
Oryctolagus Cuniculus (Leporidae)
Cavia Porcellus (Caviidae)

Abb. 1 a *Lymphzisterne mit einmündenden Lymphgefäßen*

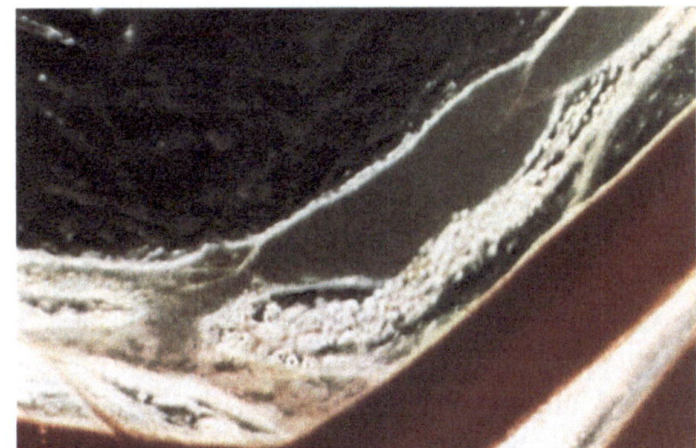

Abb. 1 b–d *Parallel zu einem Blutgefäß liegendes Lymphgefäß*

Abb. 1 b Die Taschenklappen sind geschlossen

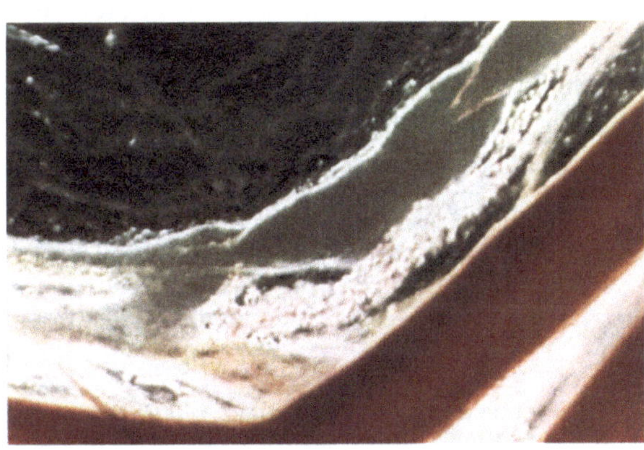

Abb. 1 c Die Klappen sind geöffnet; der Lymphstrom fließt hindurch

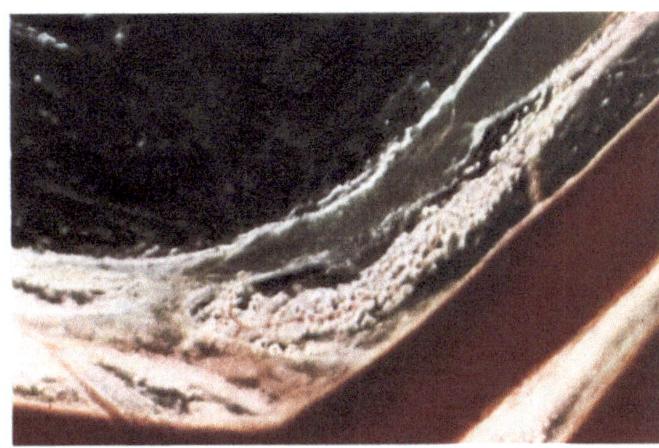

Abb. 1 d Die Klappen sind geschlossen; das mittlere Lymphgefäß-Segment ist weitgehend entleert

Ein anderer Film, aus dem ebenfalls einige Bilder gezeigt werden sollen, behandelt die Embryonalentwicklung beim Bergmolch [E 350]. Dieses Objekt, auch im Unterricht häufig gezeigt, ist besonders geeignet, weil das Tier gefärbte Eier hat, an deren Pigmentmarken die Bewegung leicht verfolgt werden kann. Wir sehen das auch an den Abbildungen, von denen 2 a bis 2 c mehrere Stadien der Furchung zeigen. Der Film führt dann zur Neurulation (2 d) und über alle späteren Stadien der Entwicklung (2 e) bis zum vollständig entwickelten Embryo (2 f).

Auch bei den der Verhaltensforschung näher stehenden Themen sind Vorläufer der enzyklopädischen Filme festzustellen. Im Jahren 1940 entstand bei der RWU ein Film über das Beutemachen und Fressen bei der Riesenschlange [C 361]. Er unterscheidet sich grundsätzlich kaum von neuen Enzyklopädie-Filmen über dieses Thema. Für die 1950 entstandenen Filme über Netzbau [C 593] und Beutefang [C 594] bei der Kreuzspinne gilt ähnliches.

Seit Beginn der Enzyklopädie sind zahlreiche zoologische Einheiten mit sehr beschränkter Thematik veröffentlicht worden. Ein komplexeres Thema behandelt dagegen ein in die Enzyklopädie übernommener Film über den Entwicklungszyklus des Hausbock-Käfers [E 374]. Er zeigt in Farbaufnahmen den Entwicklungsgang dieses Holzschädlings und soll nachfolgend als Beispiel eines zoologischen Enzyklopädie-Filmes etwas genauer beschrieben werden. Wir wählen diesen Film trotz seines gegenüber den meisten anderen Filmen dieses Fachgebietes komplexeren Themas, weil sich gerade deshalb an ihm die für die Enzyklopädie geltenden Gesichtspunkte gut erläutern lassen. Wir wollen aber dabei auf die durch den größeren Umfang des Themas bedingten Besonderheiten hinweisen.

Der Haupttitel, gebildet nach den schon besprochenen Gesichtspunkten, leitet den Film ein:

Hylotrupes bajulus (Cerambycidae)
Entwicklungszyklus

EINSTELLUNG *1; 7 s* Wir hatten früher die Regel aufgestellt, daß jeder Film nach Möglichkeit mit einer Übersichtsaufnahme beginnen sollte, die zur Orientierung des Zuschauers den Schauplatz des späteren Geschehens, in der Zoologie also den Biotop des darzustellenden Tieres, zeigt. Demgemäß beginnt auch dieser Film mit einer Totalaufnahme, der Aufsicht auf eine bearbeitete Holzfläche, auf der dann ein anfliegender Käfer erscheint und umherläuft. Der Käfer, es ist ein Männchen, kommt heute in der freien Natur kaum mehr vor, sondern lebt fast immer in oder auf bearbeitetem Holz. So ist die Holzfläche also als sein Biotop anzusehen.

EINSTELLUNG *2; 11 s* In dieser Einstellung, einer Halbtotalen, wird nun das Tier näher gezeigt. Man sieht in dem dargestellten Teil des Holzbalkens auch ein Schlupfloch.

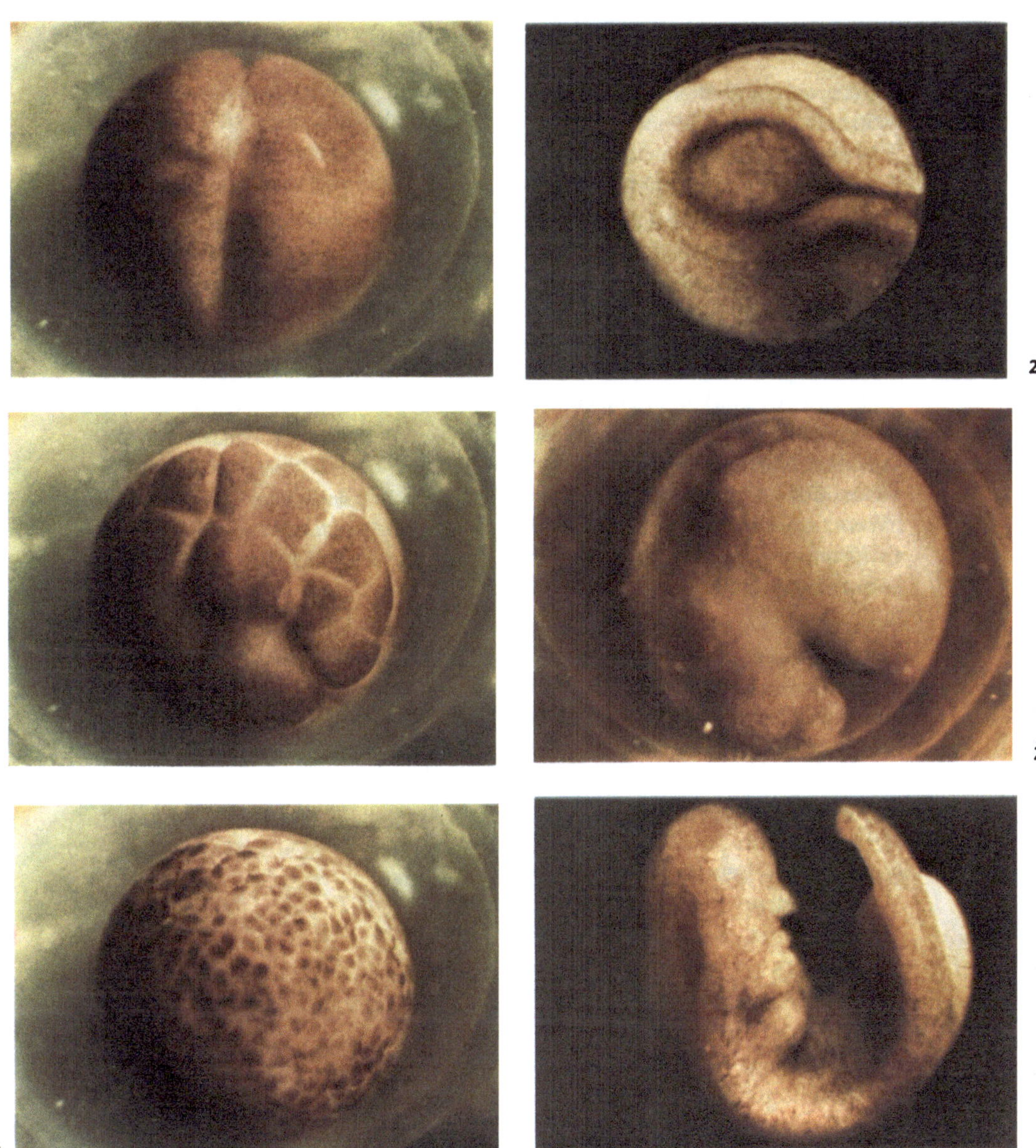

TRITURUS ALPESTRIS ALPESTRIS
(SALAMANDRIDAE) EMBRYONALENTWICKLUNG

Abb. 2 a–2 c *Verschiedene Furchungsstadien:* Das Ei befindet sich noch in der Eihülle; es liegt auf dem grünen Blatt, auf das es von dem Molch-Weibchen abgelegt wurde

Abb. 2 d *Neurulation:* Bildung des Urnervenrohres
Abb. 2 e *Embryo in der Dotterhaut;* Urwirbel sind erkennbar (links oben)
Abb. 2 f *Embryo nach entfernter Dotterhaut*

EINSTELLUNG *3; 7 s* Hier trifft jetzt das Männchen auf ein Weibchen, das zunächst zu fliehen versucht. Gleich darauf aber erklimmt das Männchen den Rücken des Weibchens und die Kopulation beginnt. Man sieht, nachdem die Tiere sich umgewendet haben, wie das Männchen die Abdomenspitze nach unten biegt.

EINSTELLUNG *4; 13 s* Nachdem man nun das Tier kennengelernt und auch schon den Beginn der Kopulation gesehen hat, folgt jetzt die Darstellung dieses Vorgangs in Großaufnahme. Man sieht, wie das Männchen auf dem Rücken des Weibchens dieses umfaßt und die Abdomenspitze an die seinige anpreßt. Das Männchen fängt die ausgestülpte Legeröhre des Weibchens auf, darauf folgen kurze pumpende Bewegungen. Die Herstellung einer solchen Großaufnahme erfordert viel Geschick des Kameramannes und des Aufnahmeleiters. Es muß rechtzeitig erkannt werden, wann die wichtigsten Vorgänge bevorstehen, damit gegegebenenfalls ein geeignetes Objektiv stärkerer Vergrößerung gewählt werden kann. Das bedingt natürlich immer eine Pause. Auch wird beim Schnitt des Films immer ein Teil der Aufnahmen verworfen. So dauert der gesamte Kopulationsvorgang einschließlich des Vorspiels, der hier in 25 s gezeigt wird, in Wirklichkeit etwa 2½ bis 3 min.

EINSTELLUNG *5; 6 s* Diese Großaufnahme zeigt nun noch den Schluß des Kopulationsvorgangs; das Männchen hat den Rücken des Weibchens verlassen und versucht, die Genitalverbindung durch Abstreifung der Legeröhre mit den Beinen zu lösen. Das macht in diesem Fall Schwierigkeiten. In anderen Fällen gelingt es rasch und ohne Zwischenfall. Man sieht daraus, daß schon bei einem so einfachen Vorgang, der instinktmäßig fast automatisch abläuft, durch irgendwelche Zufälligkeiten Varianten entstehen können. Das zeigt zugleich, daß die hier vorliegende Dokumentation nicht genügend vollständig ist, denn hierzu müßten unbedingt eine oder zwei weitere Aufnahmen gezeigt werden, die auch den nicht gestörten Vorgang darzustellen hätten. Das hier vorgelegte Material würde zu einer Einheit mit dem Thema Kopulation nicht ausreichen, es ist hier nur in dem oben erläuterten Sinne zu verstehen, wenn man berücksichtigt, daß bei diesem Film als kleinste thematische Einheit der gesamte Lebenszyklus des Tieres aufgefaßt ist.[1]

EINSTELLUNG *6; 3 s* Anders ist es mit dem nun folgenden Thema der Eiablage. Dieser Vorgang hat im Hinblick auf den ins Auge gefaßten Zweck des Films eine wesentlich größere Bedeutung, denn mit ihm beginnt ja der Aufenthalt des Tieres im Holz, wo es seine eigentliche Schadenswirkung ausübt. Vom schädlingsbiologischen Standpunkt ist also das folgende viel bedeutungsvoller als die einleitend gebrachte Kopulation. Man sieht jetzt das befruchtete Weibchen auf der Oberfläche des Holzes nach einem Trockenriß suchen, in den es dann seine Legeröhre einführt.

EINSTELLUNG *7; 7 s* Diese Einstellung zeigt nun das Weibchen, wie es mit der Legeröhre im Spalt dessen Inneres abzutasten sucht (Abb. 3a). Was in dem Spalt geschieht, ist jedoch nicht zu sehen, und es würde auch nicht sichtbar gemacht wer-

[1] Anmerkung bei der Drucklegung: Wir weisen darauf hin, daß neben diesem Film über den gesamten Lebenszyklus in der Zwischenzeit noch weitere Aufnahmen entstanden sind. So werden sich zwei Einheiten mit der Kopulation und der Eiablage befassen.

den können, wenn man nicht besondere aufnahmetechnische Maßnahmen getroffen hätte. Es war notwendig, angesichts der Wichtigkeit dieses Vorgangs und auch der weiterhin folgenden Larvenentwicklung, die sich auch im Holz vollzieht, nach Mitteln zu suchen, die eine kinematographische Aufnahme erlauben.

EINSTELLUNG *8; 7 s* In dieser Einstellung tut man nun einen solchen Blick in das Innere des Holzes. Um diese Aufnahme zu ermöglichen, bedurfte es eingehender vorheriger Kenntnisse des Tieres und seiner Gewohnheiten. Es war nötig zu wissen, auf welche Reize das Weibchen bei der Eiablage reagiert und welche Umweltbedingungen man ändern kann, ohne daß der Vorgang dadurch beeinflußt wird. So hatte man durch Vorversuche festgestellt, daß für die Eiablage vor allem die Berührungsreize andere Einflüsse überwiegen und daß auch andere Stoffe als Holz, so z. B. Gips oder Paraffin, zur Eiablage benutzt werden können. So konnte man erwarten, daß auch der Ersatz einer der Spaltwände durch eine Glasscheibe keine Verfälschung des Vorgangs zur Folge haben würde. Dies wurde nachträglich dann durch die Übereinstimmung des entstandenen Geleges mit den auch sonst in Holzspalten zu findenden Formen bestätigt. Man sieht in dieser Einstellung zunächst das Abtasten der Fläche mit der Spitze der Legeröhre, und dieser Vorgang wird in der

EINSTELLUNG *9; 5 s* nochmals in einer anderen Aufnahme wiederholt. Hierbei sieht man noch zahlreiche Varianten der Bewegungsweise der Legeröhre. Solche Wiederholungseinstellungen dürfen von wichtigen Vorgängen nicht fehlen, wie es auch in den Richtlinien zur zoologischen Filmdokumentation erläutert wurde. Sie bringen fast immer noch etwas Neues. So sieht man hier die Legeröhre erstmalig in ihrer vollen Länge und auch, wie sie beim Tasten S- und U-förmig abgewinkelt werden kann.

EINSTELLUNG *10; 18 s* Der nun folgende Vorgang der eigentlichen Eiablage wird zunächst in Großaufnahme gezeigt (Abb. 3 b). Das ist hier notwendig und wichtig, damit man alle Einzelheiten gut erkennt. Man sieht z. B. genau, wie das Ei durch das Endstück der Legeröhre gleitet, aus ihr austritt und auf dem Holz abgelegt wird. Nacheinander wird das bei drei Eiern gezeigt.

EINSTELLUNGEN *11—13; zus. 38 s* In ähnlichen Einstellungen wird nun der weitere Fortgang der Eiablage gezeigt. In Einst. 12 wird zur Totalaufnahme übergegan-

EI-ABLAGE
HYLOTRUPES BAJULUS (CERAMBYCIDAE)
ENTWICKLUNGSZYKLUS

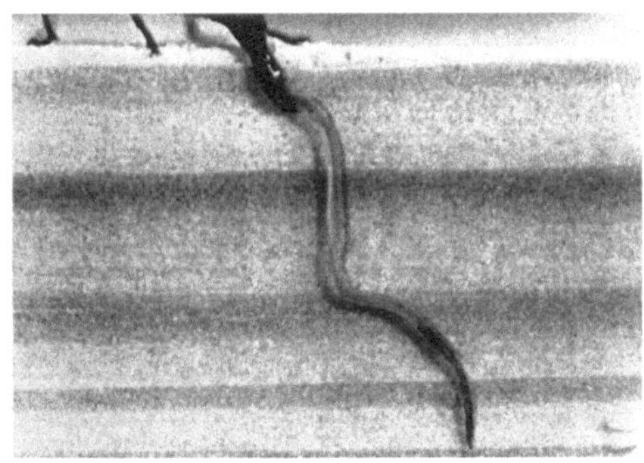

Abb. 3 a *Das Weibchen führt seine Legeröhre in einen Holzspalt ein*

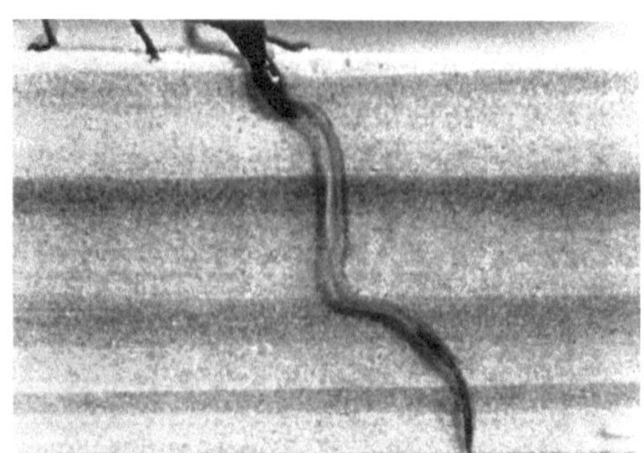

Abb. 3 b *Aus der Legeröhre des Weibchens tritt ein neues Ei aus*

Abb. 3 c *Typisches Hausbock-Gelege* Austreten eines weiteren Eies

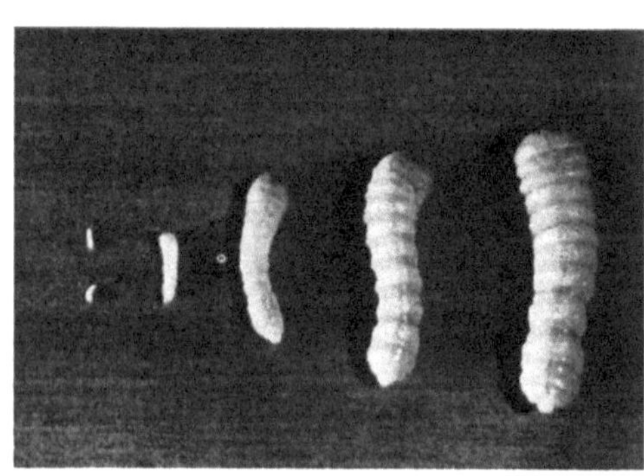

Abb. 3 d *Larven in verschiedenen Stadien des Wachstums*

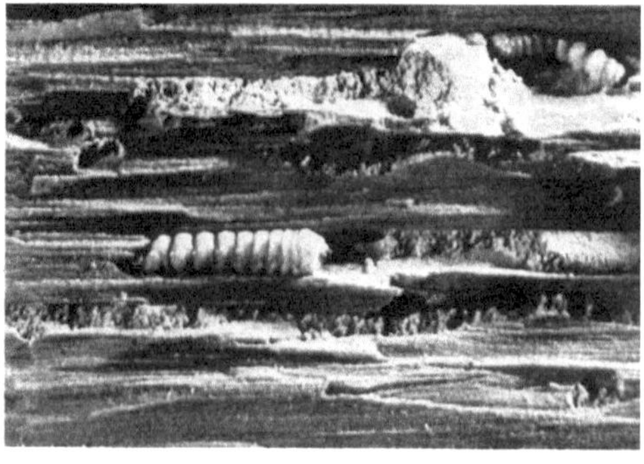

Abb. 3 e *Larven in ihren Fraßgängen im Holz*

gen, um das jetzt schon aus einer großen Anzahl von Eiern bestehende Gelege in seinem ganzen Umfang zeigen zu können (Abb. 3 c, S. 61). Dabei tritt seine sehr kennzeichnende Form auffällig hervor. Sie ist ein Beweis dafür, daß auch in dem künstlischen Spalt zwischen Holz und Glasplatte der Vorgang nicht gestört ist.

Mit einem Zwischentitel: »Schlüpfen und Einbohren der Eilarve« beginnt nun ein neuer Teil des Films, der in den

EINSTELLUNGEN *14—21; zus. 63 s* die ersten Abschnitte der Larvenentwicklung darstellt. Sie sollen hier zur Abkürzung nicht im einzelnen geschildert werden. Es sei nur noch daran erinnert, daß die gliedernden Zwischentitel in anderen Enzyklopädiefilmen weniger häufig sind, in den meisten sogar ganz fehlen. Sie treten hier nur auf wegen des als thematische Einheit gewählten ungewöhnlich umfangreichen Komplexes. Es folgt dann ein neuer Zwischentitel: »Größenvergleich verschiedener Stadien — Verhaltensweisen der Larve«, der die späteren Phasen der Larvenentwicklung einleitet. Zunächst erscheint in

EINSTELLUNG *22; 15 s* wieder eine für Enzyklopädiefilme ungewöhnliche Darstellung (Abb. 3 d), nämlich ein ruhendes Präparat von Larven verschiedenen Alters. Dieses soll zur Dokumentation des jetzt im Laufe längerer Zeit im Inneren des Holzes erfolgenden Larvenwachstums dienen. Wir glauben eigentlich nicht, daß ein solches Bild in einen Dokumentationsfilm gehört, da es keinen Bewegungsvorgang schildert und daher besser in der gedruckten Begleitschrift gebracht werden könnte. Hier ist es als eine Konzession an die Benutzung des Films im Unterricht zu betrachten.

EINSTELLUNG *23; 18 s* Die Larvenentwicklung, die je nach Temperatur- und Feuchtigkeitsbedingungen drei bis sechs Jahre dauert, wird nun in ihren verschiedenen Stadien am lebenden Tier gezeigt. Dazu mußten Vorgänge, die sich ganz im Inneren des Holzes abspielen, sichtbar gemacht werden. Das geschah dadurch, daß die Tiere jeweils mehrere Wochen vor Beginn der Aufnahme in Küvetten eingewöhnt wurden, bei denen die Fraßgänge im Holz freigelegt und durch Glasscheiben abgedeckt wurden. (Abb. 3 e). Natürlich müssen auch hier Versuche gemacht werden, die die Zulässigkeit des Verfahrens beweisen. In der Tat hat die Erfahrung gezeigt, daß die Larven unter diesen Umständen ihre Entwicklung fortsetzen und normal beenden können.

EINSTELLUNGEN *24 u. 25; zus. 18 s* In diesen Einstellungen folgt nun wieder eine Großaufnahme der im Holz fressenden Larve, wobei deren Mandibeltätigkeit sichtbar wird. Dies waren sehr schwierige Aunfahmen, da die notwendige starke Beleuchtung leicht dazu führen kann, daß die Larve nicht zu ihrer normalen Tätigkeit gehörende Abwehrbewegungen macht. Auf solche Wirkungen ist bei den Aufnahmen immer sehr sorgfältig zu achten. Wenn sie nicht zu vermeiden sind, aber trotzdem die Aufnahme im Film benutzt werden soll, dann muß darauf unbedingt in der Begleitschrift hingewiesen werden.

EINSTELLUNGEN *26—28; zus. 77 s* Diese Einstellungen beschäftigen sich mit dem Transport des Bohrmehls durch die Larve, die dabei sehr charakteristische Bewegungen

Abb. 3 f u. 3 g *Larve beim Transport von Bohrmehl*

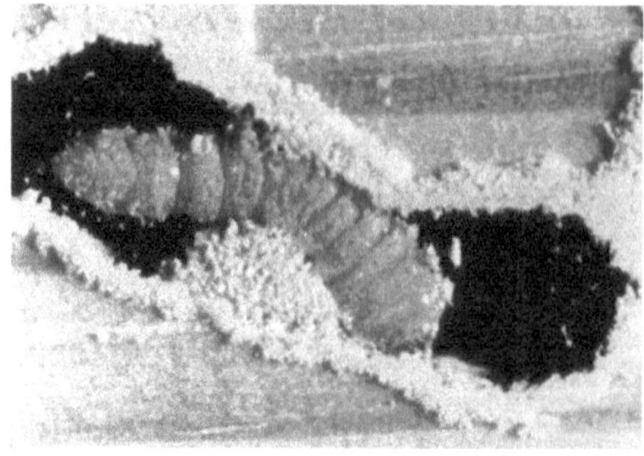

Abb. 3 f Die Larve transportiert das Bohrmehl in einer Beuge zwischen Abdomen und Thorax und bewegt sich dabei rückwärts (im Bild nach links)

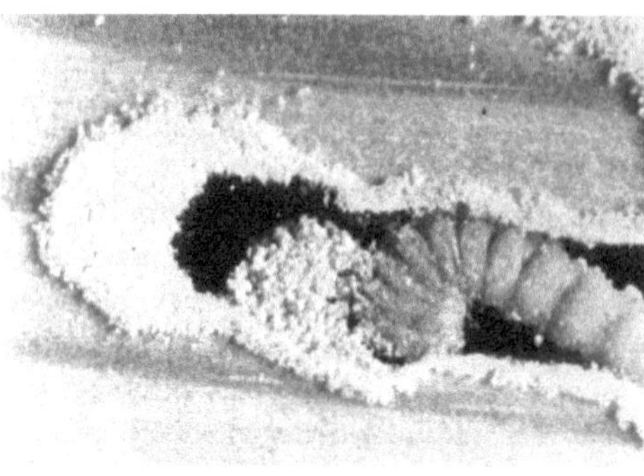

Abb. 3 g Die Larve hat sich umgedreht und befördert nun das Bohrmehl mit Kopf und Thorax in Vorwärtsrichtung bis kurz vor das Gangende (links)

Abb. 3 h *Käfer vor dem Verlassen des Holzes*

macht (Abb. 3 f u. 3 g). Dies wird in verschiedenen Phasen in mehreren Einstellungen dargestellt. Dann beginnt der letzte Komplex der Entwicklung, eingeleitet durch den Zwischentitel »Metamorphose und Schlüpfen des Käfers«. Dieses Kapitel umfaßt zunächst die

EINSTELLUNGEN *29—47; zus. 169 s,* die hier nicht im einzelnen geschildert werden sollen. Naturgemäß bringen sie auch nicht viele markante Bewegungen, sind jedoch trotzdem wichtig wegen der sich langsam im Laufe der Metamorphose vollziehenden Veränderungen. Die Larve wird zunächst in der Puppenwiege gezeigt, und nach der Beendigung der Metamorphose erfolgt schließlich das Schlüpfen des fertigen Käfers aus der Puppenhülle und das Verlassen des Holzes (Abb. 3 h).

EINSTELLUNGEN *48—50; zus. 25 s* In diesen Einstellungen sieht man, wie der Käfer damit beginnt, einen Pfropfen von Holzspänen zu entfernen, mit dem er vor der Verpuppung die Puppenwiege abgeschlossen hatte. Schließlich öffnet sich der Gang ins Freie und in den

EINSTELLUNGEN *51—53; zus. 27 s* verläßt der Käfer das Holz. Damit beginnt der im Mittel nur etwa 12 Tage währende außerhalb des Holzes verbrachte Teil des Lebenszyklus, der mit der Begattung und Eiablage sein Ende findet. Der Grund, warum dieser abschließende Teil nicht an das Ende, sondern an den Anfang des Films gesetzt worden ist, liegt darin, daß man bestrebt ist, dem Beschauer immer so bald wie möglich das zu schildernde Objekt in der am besten kennzeichnenden Form vor Augen zu bringen. Das ist in diesem Falle das ausgewachsene Insekt, die Imago, mit deren Schilderung man daher den Film begonnen hat.

Es ist natürlich nicht möglich, den ganzen Film mit dem gleichen Tier aufzunehmen. Das hätte sich schon wegen der langen Dauer der geschilderten Vorgänge (zwischen zwei und zehn Jahren) nicht machen lassen. Es sind daher für die verschiedenen dargestellten Entwicklungsstadien immer verschiedene Tiere aus der Versuchszucht eines mit der Untersuchung des Hausbocks beschäftigten Instituts genommen worden, man hat aber immer nur dann neue Tiere verwendet, wenn zu befürchten war, daß durch vorangegangene Aufnahmen Schädigungen eingetreten waren. Ein solches Verfahren ist in diesem Falle berechtigt, denn bei den hier gezeigten Tieren kann man sicher sein, daß alle wesentlichen Vorgänge nicht individuell variieren. Bei höheren Tieren ist in dieser Hinsicht aber unbedingt Vorsicht geboten, und ein Wechsel der Tiere ist hier im allgemeinen nicht zulässig, wenn er nicht im Film besonders gekennzeichnet und in der Begleitschrift ausdrücklich erwähnt ist.

Der Film endet mit dem Schlußtitel, der neben dem Institut für den Wissenschaftlichen Film das an der Arbeit beteiligte fachwissenschaftliche Institut und den verantwortlichen wissenschaftlichen Autor nennt. Außerdem werden noch der für die Filmbearbeitung verantwortliche Sachbearbeiter des Filminstituts und der Kameramann, in anderen Fällen auch der Toningenieur genannt:

Aus dem Institut für den
Wissenschaftlichen Film, Göttingen,
und dem Entomologischen Laboratorium
der Farbenfabriken Bayer
Werk Uerdingen — Abt. Holzschutz
Wissenschaftliche Leitung:
S. Cymorek
Bearbeitung: Dr. H. Kuczka
Aufnahme: K. Philipp

Eine besondere Problematik ergibt sich bei der Erfassung der Metamorphose. — Die Umwandlung von der erwachsenen Larve zur Praepuppe dauert 139 Tage. Anschließend ist die Larve nur noch zu rollenden Bewegungen des Abdomens fähig. Die Häutung zur Puppe erfolgt nach 11 Tagen. Der Häutungsvorgang selbst spielt sich in ½ bis 1 Stunde ab. Dann folgt die Puppenruhe mit 11 bis 22 Tagen. Der Häutungsvorgang von der Puppe zum Käfer benötigt etwa 1 Stunde. Das Anfärben des bräunlich-weißen jungen Käfers zur endgültigen schwarz-braunen Käferfarbe erfolgt im Laufe von 4 Tagen. —

Wir haben also lange Zeiten scheinbar völliger Ruhe und kurze Zeiten mit bestimmten Bewegungsabläufen zu unterscheiden. Um die Abläufe als Bewegungsvorgänge im vollen Umfang sichtbar zu machen, wären also unterschiedliche Aufnahmefrequenzen erforderlich. Besondere Schwierigkeiten setzen dann ein, wenn bei einem Entwicklungsprozeß gleichzeitig mehrere Vorgänge mit stark differierender Geschwindigkeit ablaufen. Der äußere Umbau der Larve vollzieht sich verhältnismäßig langsam, die Bewegungen der Gliedmaßen, die Streckungs- und Abstreifvorgänge erfolgen dagegen schnell. Hier muß man sich für eine bestimmte Frequenz entscheiden. Allenfalls könnte man auch Aufnahmen mit verschiedenen Frequenzen im Film nacheinander zusammenstellen.

Im vorliegenden Film beschränkte man sich auf kurze Einstellungen mit normaler Aufnahmefrequenz und zeigte so den Entwicklungsfortschritt. Man verzichtete auf bestimmte Komplexe, z. B. auf die Umwandlung bis zur Praepuppe, weil äußerlich »nichts geschieht«, also bisher kein Bewegungsvorgang festgestellt wurde. Welche Vorgänge im Innern vor sich gehen, zeigt der französische Enzyklopädie-Film über die Schmeißfliege: [E 198] Calliphora erythrocephala — Métamorphose (radiocinématographie directe).

Diese Feststellung, daß äußerlich nichts geschehe, müßte durch systematische Dokumentationsaufnahmen bewiesen werden. Es könnte durchaus sein, daß während dieses Stadiums sehr langsam verlaufende, vielleicht sogar periodische Bewegungen auftreten, die wegen ihrer Langsamkeit den Forschern bisher verborgen blieben. Hier könnte man im vorliegenden Film auf eine Lücke der Dokumentation hinweisen. Es ist allerdings zuzugeben, daß Rafferaufnahmen über solch lange Zeiten mit erheblichem Arbeitsaufwand verbunden sind.

Die verschiedenen erfaßten Stadien der Metamorphose wurden mit einem filmischen Gestaltungsmittel, der Schiebeblende, voneinander getrennt. Diese Blenden können als eine Konzession an die unterrichtliche Verwendung des Filmes angesehen werden. Für die forschungsmäßige Verwendung kommt ihnen keine Bedeutung zu. In der Beschreibung der Einstellungsfolge sind Hinweise auf unnatürliche Bewegungen der Tiere durch die Einwirkung des Aufnahmelichtes gegeben. Diese Hinweise sind wichtig. Es ist eine Vorbedingung für die Dokumentation, daß der wissenschaftliche Sachbearbeiter die Tiere sehr genau kennen muß. Nur dann ist er imstande, Abweichungen vom Normalverhalten zu erkennen.

Es soll an dieser Stelle noch ein anderer Punkt erwähnt werden. Es ist inter-

essant, daß dieser Film — und das kommt bis zu einem bestimmten Grade in den zitierten Erläuterungen von Cymorek zum Ausdruck — trotz seines klaren Dokumentations-Charakters fast den emotionalen Eindruck einer dramatischen Spannung hinterläßt. Es ist aber nicht eine von außen durch filmische Mittel erzeugte Spannung, sondern eine dem Vorgang innewohnende. Unter den zahllosen, den Menschen mehr oder weniger tief beeindruckenden Naturvorgängen, nimmt ein Entwicklungszyklus eine gewisse bevorzugte Stellung ein. Dieser Zyklus, als wiederkehrende Folge von gleichartigen oder ähnlichen Bewegungsvorgängen, gibt auch dem Film Veranlassung zu Einstellungen, die sich entsprechen. Es bietet sich an, eine solche Entsprechung ganz augenscheinlich zu machen, nämlich die erste und letzte Einstellung ähnlich zu halten. In der Einstellung 1 fliegt der fertige Käfer ein Stück Holz an und läuft auf ihm ein Stück entlang — die Kamera schwenkt mit. In den letzten Einstellungen (52, 53) verläßt der Käfer das Schlupfloch, läuft auf dem Holz entlang — die Kamera schwenkt mit — der Zyklus ist geschlossen. Andere Entsprechungen sind das Einbohren der Eilarve *in* das Holz (17—20) und das Schlüpfen des fertigen Käfers *aus* dem Holz (45—49).
Die sachliche Dokumentation hat keine Veranlassung, die dem Ablauf der Natur innewohnenden Spannungsmomente zu unterdrücken. Auch das wäre eine Verfälschung der Dokumentation. Aber der Dokumentierende sollte auch bei solchen Fragestellungen um die besondere emotionale Wirkung wissen und bei der Anlage der Einstellungen vorsichtig sein.

2. *Botanik*

a) *Aufgaben und Schema*

Für die Botanik kennt man Botanische Gärten, Gewächshäuser und Versuchsfelder; in den botanischen Präparatesammlungen werden die erhaltungsfähigen Teile von Pflanzen gesammelt. Während der Zoologe in den Zoologischen Gärten bis zu einem bestimmten Grade die Möglichkeit besitzt, die Bewegungen der Tiere zu studieren, liegen die Verhältnisse für den wissenschaftlichen Betrachter der Pflanzenwelt weitgehend anders. Die Lokomotion, für die Tierwelt so charakteristisch, spielt bei den Pflanzen, mindestens den höheren Pflanzen, keine Rolle. Die sonst im Pflanzenbereich auftretenden Bewegungen, z. B. periodische Bewegungen von Blättern und Blüten, laufen in einem Geschwindigkeitsbereich ab, in dem vom Menschen aufgrund seiner sinnesphysiologischen Organisation Bewegungsvorgänge nicht wahrgenommen werden.
Nur von späteren Stadien her und aus der Erinnerung an frühere Stadien kann sich der Mensch der Erkenntnis nicht entziehen, daß ein Wachstumsvorgang erfolgte. Das menschliche Auge und die menschliche Erkenntnis haben hier

immer wieder Schwierigkeiten, eine offensichtlich bestehende Lücke zu schließen.

Gelegentlich handelt es sich auch in der Botanik um die Fixierung rasch ablaufender, flüchtiger Ereignisse, z. B. des Ausschleuderns von Samen. Aber meist geht es darum, mit Hilfe der Zeitrafferaufnahme die sehr langsam ablaufenden, darum dem Menschen nicht direkt erkennbaren Vorgänge überhaupt als Bewegungsabläufe sichtbar und bildmäßig analysierbar zu machen. Allerdings ist es immer wieder überraschend, wie wenig Gebrauch bisher von diesen Möglichkeiten gemacht wurde. W. Pfeffer[1] mit seinen bahnbrechenden ersten Versuchen, schon um 1900 die Kinematographie einzusetzen, ist bis heute eigentlich ohne Nachfolger geblieben. Während Filmarchive über tierische Bewegungen und Verhaltensweisen an verschiedenen Stellen vorhanden sind, existiert nichts Ähnliches auf botanischem Gebiet.

Die Botanik beschäftigt sich mit dem Bau und den Lebensvorgängen der Pflanzen. Da die Verwendung des Filmes nur dann sinnvoll ist, wenn es sich um Vorgänge handelt, so kommt für diese Methode die Untersuchung der Lebensvorgänge in Betracht, die als bewegtes Bild sichtbar gemacht werden können und in der Physiologie des Formwechsels und der Bewegungen behandelt werden.

Die Physiologie des Formwechsels mit Wachstum, Entwicklung und Fortpflanzung bietet dem Film ein weites Anwendungsgebiet. Hierzu gehören nach unseren Erfahrungen Wachstumsvorgänge an Keim, Sproß, Blättern und Wurzeln, ferner Wachstumsvorgänge von Pflanzenindividuen über die gesamte Lebenszeit, Kern- und Zellteilung, Entfaltungsbewegungen und andere. Auch die Physiologie der Bewegungen stellt zahlreiche Aufgaben. Hierzu gehören zum Beispiel die periodischen Bewegungen von Blättern und Blüten, die autonomen Bewegungen (Turgor-Bewegungen, Nutationen von Ranken- und Windepflanzen), die Bewegung von Insektivoren, die verschiedenen Tropismen und Nastien.

Aus den bisher in der Enzyklopädie veröffentlichten botanischen Einheiten, deren Zahl noch sehr gering ist, ergibt sich über die Entwicklung in der Zukunft, über Umfang und Bauschema noch kein klares Bild. Bisher finden wir Filme über das Ausschleudern von Samen bei der Spritzgurke [E 331] und bei dem Storchschnabel [E 372], hygroskopische Bewegungen der Teilfrüchte beim Reiherschnabel [E 424] und der Grannen beim sterilen Hafer [E 423], phototropische Bewegungen der Blütenstiele beim Zymbelkraut [E 399], postflorale Bewegungen des Fruchtstiels beim wilden Stiefmütterchen [E 425] und ähn-

[1] »Kinematographische Studien an Impatiens, Vicia, Tulipa, Mimosa und Desmodium« von W. Pfeffer, 1898–1900, Bearbeitung F. Bachmann. Wissenschaftlicher Film B 450 des IWF. Forschungsfilm 3, 1959, Nr. 4, S. 187–192.

liche. Diese Einheiten sind etwa zwei bis vier Minuten lang. Bei allen handelt es sich um Schwarzweißfilme. Im einzelnen sind es sehr interessante Beiträge, aber es sind noch zu wenig, um allgemeine Schlüsse aus den bisherigen Erfahrungen zu ziehen.

Dem einzelnen Enzyklopädie-Film wurde, wie aus dem oben Gesagten hervorgeht, auch in der Botanik wiederum die kleinste thematische Einheit zugrunde gelegt (z. B. hygroskopische Grannenbewegungen, Ausschleudern von Samen usw.). Damit ist die Handlichkeit im Gebrauch, insbesondere beim analysierenden Vergleich mit ähnlichen Vorgängen, und auch die leichte Einsatzmöglichkeit im Hochschulunterricht gewährleistet.

Ähnlich wie bei der Zoologie wurde dem Gesamtschema das natürliche System der Pflanzen zugrunde gelegt und im Haupttitel sichtbar gemacht. Hier steht an erster Stelle der lateinische Pflanzenname, darunter der Familienname. Dann folgte die nähere Bezeichnung des darzustellenden Bewegungsvorganges.

Beispiel:

Avena sterilis
(Gramineae)
Hygroskopische Grannenbewegungen

Auch für die Botanik könnte das früher für die zoologische Untersektion gewählte Schema zugrunde gelegt werden (s. S. 40). In den horizontalen Zeilen würden dann an die Stelle der verschiedenen Verhaltensweisen und physiologischen Abläufe bei den Tieren die Bewegungsvorgänge bei höheren Pflanzen treten. Zum Bewegungsinventar im früher gebrauchten Sinne könnten bei Pflanzen Vorgänge folgender Art gehören:

Wachstum der Pflanze über den gesamten Lebenszyklus, Entfaltungsbewegungen, Entwicklung von Knospen, Entfaltung von Blüten, Entwicklung von Blättern, Nutationen, Torsionen, Kern- und Zellteilung, Verbreitungsmechanismen, Trockenmechanismus, Turgormechanismen, Funktion von Bestäubungseinrichtungen, periodische Bewegungen von Blättern und Blüten, Bewegungen von Insektivoren usw. Alle diese Vorgänge könnten kleinste thematische Einheiten in dem früher besprochenen Sinne darstellen. In den vertikalen Spalten würden die einzelnen Pflanzen genannt; sie übernehmen den Platz der Tierarten im zoologischen Schema. Auch hier stellt die Gesamtheit der Filmeinheiten in senkrechter Richtung das Bewegungsinventar je einer Pflanzenart dar; in horizontaler Richtung wäre der Vergleich verschiedener Pflanzen hinsichtlich eines bestimmten Vorganges möglich. Es hat aber keinen Sinn, eine solche Arbeit, die von vielen Seiten in verschiedenen Ländern betrieben werden soll, von vornherein zu stark an ein Schema zu binden. Es muß auch daran gedacht werden, daß dieses lediglich eine Hilfskonstruktion darstellt. Auch

hier kann die vorgesehene Lochkartendokumentation zur Auffindung von nicht im Filmtitel genannten Sachverhalten benutzt werden.
Im übrigen gelten auch für die Botanik der höheren Pflanzen dieselben Dokumentationsgesichtspunkte wie für die Zoologie. Die Pflanzenindividuen müssen typisch für ihre Art sein. Pathologische Reaktionsabläufe ebenso wie Experimentalsituationen sollen einbezogen werden.
Ähnlich wie bei den Aufgaben der Zoologie sind auch in der Botanik häufig Kunstsituationen unvermeidlich. Aufnahmen von Pflanzen im Freien sind nur unter Ausschaltung wenigstens eines normalen Außenfaktors, des Windes, möglich. Ein künstliche, in einem bestimmten Maße von der natürlichen abweichende Umwelt ist also notwendig. „Die potentiellen Möglichkeiten, die unter künstlichen Bedingungen manchmal zutage kommen, können wissenschaftlich durchaus wertvoll sein und sollten in der Enzyklopädie mit berücksichtigt werden." (B. Wolters)
Obwohl die Botanik sich heute meist biochemische und genetische Fragen stellt, spielt doch die *direkte* Beobachtung in der Entwicklungs- und Bewegungsphysiologie eine erhebliche Rolle. Das läßt vermuten, daß auch der Kinematographie hier noch Aufgaben gestellt werden.
Man kann zum Beispiel von einem erheblichen wissenschaftlichen und vielleicht auch praktischen Nutzeffekt überzeugt sein, wenn man etwa die 50 wichtigsten Nutzpflanzen der Menschen in ihrem normalen natürlichen Wachstum und unter Verwendung verschiedener Düngungsmethoden systematisch im Dokumentationsfilm aufnehmen und die Aufnahmen ebenso systematisch auswerten würde. Die Mühe, die solche botanischen Zeitrafferaufnahmen erfahrungsgemäß verursachen, würde sich in jedem Fall lohnen.
Neuerdings macht sich, angeregt durch die Arbeit des IWF, ein ansteigendes Interesse für den botanischen Film bemerkbar. Man kann wohl auch davon ausgehen, daß die Entwicklung der enzyklopädischen Filmdokumentation auf botanischem Gebiet, auf dem der landwirtschaftlichen, eventuell auch der forstlichen Botanik einen kräftigen Impuls erhalten wird, wenn erst einmal eine größere Anzahl gelungener Einheiten vorliegen wird.

b) *Beispiele von botanischen Enzyklopädie-Filmen*

Noch vor Beginn der botanischen Enzyklopädie-Arbeit wurden Aufnahmen durchgeführt, die als Vorläufer angesehen werden können. Auf eine dieser Arbeiten soll hier hingewiesen werden. Der Film des IWF »Wachstum von Buschbohnen in Nährlösung« [B 618] ist ein erster Versuch, in Zeitraffung Wachstumsvorgänge über eine ganze Vegetationsperiode von einem Vierteljahr, von der Keimung bis zur Fruchtbildung, zu erfassen. Das Wachstum sowohl der Wurzeln wie der Stengel, Blätter, Blüten und Früchte ist im Laufbild gut zu verfolgen; aber diese subjektive Beobachtung allein bleibt wissenschaftlich unbefriedigend. Es wurden darüber hinaus die Aufnahmen meßtechnisch ausgewertet. Der tägliche Längenzuwachs wurde für zwei Versuchspflanzen in Kurven *(Abb. 4 a–f)* zusammengestellt. Das Wachstum erfolgte in mehreren unterscheidbaren Schüben. In den Kurven ist aber auch bei der linken Pflanze (Pfl. 1) eine zehntägige Periode gehemmter Längenentwicklung, gefolgt von einem Wachstums-Stillstand über etwa drei Wochen, erkennbar. Dies wurde als eine Mangelerscheinung nachgewiesen, verursacht durch einen Fehler der Nährlösung. Dann erfolgt weiteres Wachstum. Die Messung ist hier der Beobachtung überlegen, diese kann nur den Stillstand als solchen feststellen, ohne seine Grenzen genau angeben zu können.

Die Bilder 4a–c zeigen die verschiedenen Blattstellungen der Pflanzen (um 7.00 h, 12.00 h und 20.00 h). Die Blattbewegungen wurden in Abb. 4 d ausgewertet. Abb. 4 e zeigt den schubweisen Wachstumsverlauf, unten das Längenwachstum.

WACHSTUM VON BUSCHBOHNEN IN NÄHRLÖSUNG

Abb. 4 a *Blattstellung der Pflanzen um 7.00 h*

Abb. 4 b *Blattstellung der Pflanzen um 12.00 h*

Abb. 4 c *Blattstellung der Pflanzen um 20.00 h*

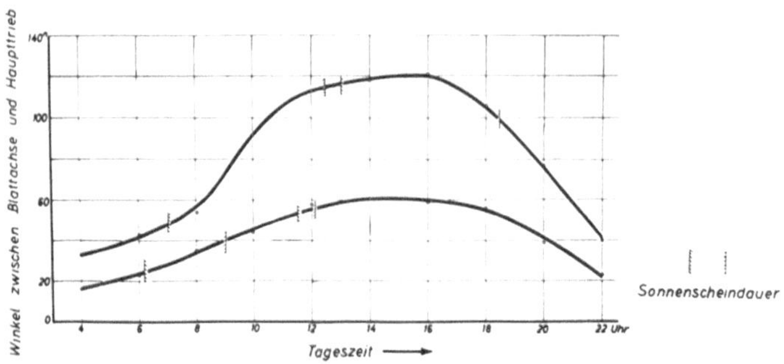

Abb. 4 d *Ausgewertete Blattbewegungen im Tagesablauf*
Die Blattbewegungen sind bei verschieden langer Sonneneinstrahlung verschieden intensiv

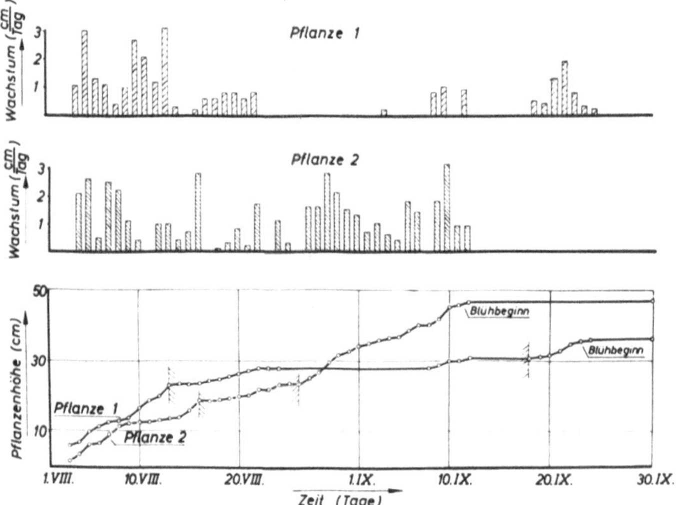

Abb. 4 e *Tägliche Längenzunahme (Wachstum) und Pflanzenhöhe über zwei Monate*
Das Wachstum erfolgt in Schüben. In den eingegrenzten Bezirken der Kurven ist die Entwicklung der Pflanze gestört

Die ersten botanischen Enzyklopädie-Filme entstanden gleichzeitig mit einer Reihe von Hochschulunterrichtsfilmen über die Verbreitung von Samen und Früchten, aus der ein Film bisher veröffentlicht wurde [C 840]. Dabei entstanden mehrere Filme für die Enzyklopädie. Einer von diesen, ein Film über die Spritzgurke *Ecballium elaterium* [E 331] macht in Aufnahmen mit hoher Zeitdehnung (8000B/B) das Ausschleudern der Samen sichtbar (Abb. 5 a—e). Die Auslösung dieses Vorganges an der reifen Gurke geschieht im Film mit einem photographischen Auslöser, der von oben her das Trennungsgewebe zwischen Gurke und Stiel leicht berührt (Abb. 5 a). Drei Phasenbilder nach dem Zeitpunkt der Berührung (nach etwa 3/8000 s) hat sich die Frucht bereits vom Stengel gelöst (Abb. 5 b). In den Bildern 5 c und 5 d erfolgt das Ausschleudern von Samen und Schleim. Abb. 5 e zeigt die ausgeschleuderten Samenkörner bei einem anderen Versuch in einem späteren Zeitpunkt.

Einen anderen interessanten Vorgang behandelt ein bei demselben Vorhaben aufgenommener Zeitraffer-Film über den Reiherschnabel *Erodium cicutarium*

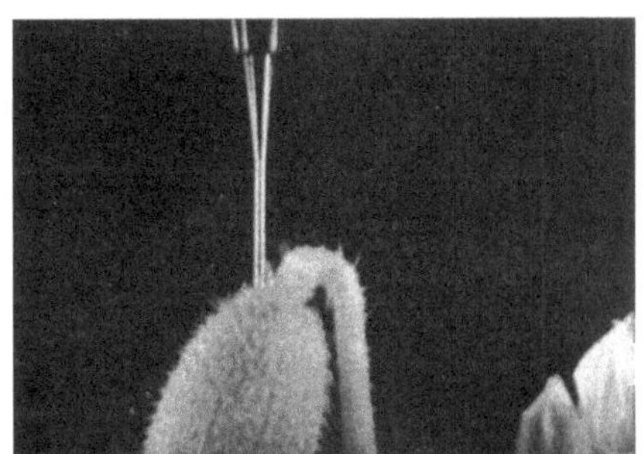
5a

5b

5c

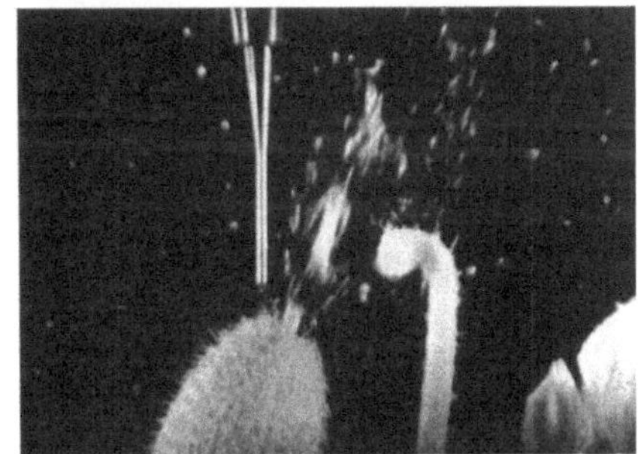
5d

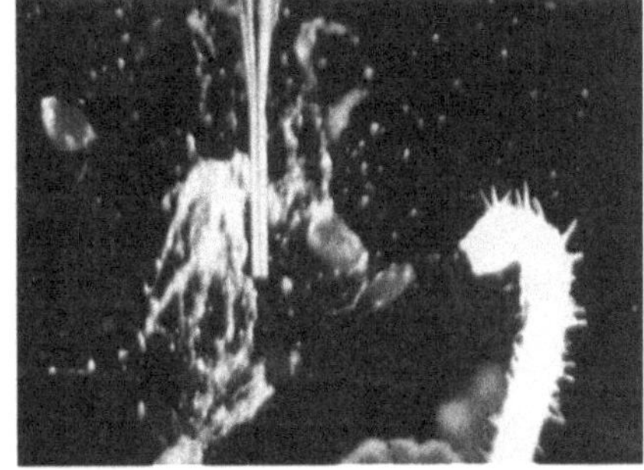
5e

Ecballium Elaterium (Cucurbitaceae)
Ausschleudern der Samen

Abb. 5 a *Einleitung des Vorganges durch Berührung der Frucht mit einem Photo-Auslöser*

Abb. 5 b *Beginn des Vorganges der Ausschleuderung.* Drei Phasenbilder nach dem Zeitpunkt der Berührung (nach 3/8000 s) hat sich die Frucht bereits vom Stengel getrennt

Abb. 5 c–e *Ausschleudern von Samenkörnern und Schleim.* In den Einzelbildern erscheinen Körner infolge der Bewegungsunschärfe weniger deutlich als im Laufbild

[E 424]. Die durch Quellen und Austrocknen hygroskopischer Teile entstehenden Ein- und Aufrollbewegungen an den Teilfrüchten führen zum Kriechen auf dem Boden. Sobald das freie Ende einer Granne Widerstand findet — im Film wird es durch ein feines Glasröhrchen gehalten —, bohrt sich die Teilfrucht selbständig in das Erdreich ein (Abb. 6a). In Abb. 6b hat sie sich weiter eingebohrt; die Großaufnahme zeigt die rückwärts gerichteten Borsten, die der Verankerung im Boden dienen.

ERODIUM CICUTARIUM (GERANIACEAE) HYGROSKOPISCHE BEWEGUNGEN DER TEILFRÜCHTE

Einbohren einer Teilfrucht

Abb. 6a Die Teilfrucht ist durch einen Wassertropfen angefeuchtet und wird durch ein Glasröhrchen am oberen Ende gehalten

Abb. 6b Der untere Teil hat sich bereits eingebohrt; die rückwärts eingerichteten Borsten sind erkennbar

Wir wollen anschließend den Aufbau eines botanischen Enzyklopädie-Filmes etwas ausführlicher betrachten. Der Film: *Linaria cymbalaria* (Scrophulariaceae) — Phototropische Bewegungen der Blütenstiele [E 399] entstand ebenfalls im Zusammenhang mit dem oben genannten Hochschulunterrichtsfilm. Das Zymbelkraut verbreitet sich nämlich dadurch, daß durch negativ phototropische (vom Licht abgewandte) Bewegungen der Blütenstiele die Früchte und damit die Samen tief in Mauer- oder Felsspalten eingebracht werden. Besonders interessant dabei ist, daß die Blütenstiele zunächst positiv phototropisch (zum

Licht gewandt) reagieren, erst in einem späteren Entwicklungszustand wenden sie sich vom Licht ab. Diese Umstimmung des Phototropismus bot sich hier als kleinste thematische Einheit für einen Film der Enzyklopädie an.

Der Film hat eine Vorführdauer von 4½ Min. und besteht aus sechs Einstellungen. In den Einstellungen 1 und 2 wird zunächst die Pflanze vorgestellt. Die Einstellung 1 (17 s) ist die Totalaufnahme eines Pflanzenbestandes in seiner natürlichen Umgebung an einer Mauer. Es erfolgt eine Heranfahrt zur Nahaufnahme von zwei Pflanzen. Die Einstellung 2 (7 s) zeigt die Blüten an einer Pflanze in Großaufnahme. Beide Einstellungen sind mit der normalen Aufnahmefrequenz von 24 B/s aufgenommen. Vor den nun folgenden Einstellungen 3 bis 6 steht der Zwischentitel:

Reaktion auf Tageslicht von links
(Aufnahmelicht: Elektronenblitze)
6 B/Std

Dieser Titel weist auf die Richtung des auf die Pflanze einwirkenden Tageslichts hin und auf die für die Aufnahme benutzte Beleuchtung. Er kündigt weiter die jetzt beginnenden Zeitraffer-Aufnahmen an. Die nun sich anschließende Einstellung 3 dauert in der Vorführung 18 s, was bei der gewählten Aufnahmefrequenz einer Aufnahmezeit von 72 Std. entspricht. Sie zeigt in einer Großaufnahme einen Teil des Hauptstengels einer Pflanze mit zwei Blättern und einem Blütenstiel vor einem felsigen, mit schattigen Spalten durchsetzten Hintergrund. Während der Aufnahmezeit wendet sich der Blütenstengel zum Licht (positiver Phototropismus), die Knospe blüht auf. Eine Schiebeblende schließt diese Aufnahme ab und verbindet sie mit der nächsten Einstellung (solche Schiebeblenden benutzt man gern dort, wo zwischen zwei Aufnahmen die Kameraeinstellung nicht geändert werden kann). In den nun folgenden Einstellungen 4 (83 s, entspr. ca. 14 Tagen) und 5 (105 s, entspr. ca. 16 Tagen) wird an verschiedenen Pflanzen der nachstehend durch Abbildungen näher erläuterte Vorgang der phototropischen Umstimmung gezeigt.

Abb. 7a zeigt die positiv phototropische Reaktion einer noch ungeöffneten Blüte. In Abb. 7b (wie alle folgenden an einer anderen Blüte aufgenommen) deutet sich die Umstimmung bereits an; die voll geöffnete Blüte ist noch einige Tage lang dem Licht zugewendet; der Blütenstengel dagegen wendet sich bereits deutlich zum Dunkel der Mauerspalte. Abb. 7c zeigt dasselbe Verhalten noch deutlicher. Auch nach dem Abfallen der Blütenblätter reagiert, wie in Abb. 7d zu erkennen ist, der junge Fruchtknoten noch positiv phototropisch. In der dann anschließenden Phase (Abb. 7e) reagiert auch der Fruchtknoten negativ. Er wächst in das Dunkel der Mauerspalte hinein. Abb. 7f zeigt den Fruchtknoten voll umgestimmt im Dunkel liegen. Der Stiel hat aufgehört zu wachsen und sich zu bewegen (wenn er später verdorrt, bleibt der Same an

LINARIA CYMBALARIA
(SCROPHULARIACEAE)
PHOTOTROPISCHE BEWEGUNGEN
DER BLÜTENSTIELE

Abb 7 a *Positiver Phototropismus:* Die Knospe befindet sich kurz vor dem Aufblühen

Abb. 7 b *Positiver Phototropismus:* Die Blüte ist voll aufgeblüht. (Aufgenommen an einer anderen Blüte als in Abb. 7 a)

Abb. 7 c *Umstimmung zum negativen Phototropismus*

Abb. 7 d *Negativer Phototropismus:* Die Blütenblätter sind abgeworfen

Abb. 7e u. 7f *Negativer Phototropismus:* Der Blütenstengel beugt sich weiter in das Dunkel der Mauerspalte; der Fruchtkörper schwillt an

Abb. 7f

der Stelle liegen, wo er abgelegt wurde). Während des gesamten Vorganges in den Einstellungen 4 und 5 zeigen die Blätter der Pflanzen tagesperiodische Bewegungen. Die extreme Einstellungslänge von fast 2 Min. Wiedergabezeit wurde zu Recht gewählt, um dem Beschauer den Gesamtvorgang ohne Sprung darzustellen.

Die 6. (letzte) Einstellung des Filmes (10 s, entspr. 40 Std.) zeigt in einer Großaufnahme das Wachsen des Fruchtknotens im Mauerspalt. Der Schlußtitel schließt den Film ab.

Der Film gibt in der knappen Form, in der er veröffentlicht ist, ein gutes Anschauungsmaterial über das Phänomen der phototropischen Umstimmung; er wird auch gern im Hochschulunterricht verwendet.

3. *Mikrobiologie*

a) *Aufgaben und Schema*

Zu diesem Teilgebiet wollen wir, wie bereits früher erwähnt, mit Rücksicht auf die filmischen Arbeitsmethoden alle mikroskopisch erfaßbaren Erscheinungen der Biologie rechnen. Hier liegen die Verhältnisse für eine filmische Dokumentation wiederum anders als in Zoologie und Botanik. Der Mikrobiologe sieht seine Objekte ausschließlich mit Hilfe des Mikroskopes (oder tot im Elektronenmikroskop), also immer nur indirekt und fast immer in einer weitgehend künstlichen Umwelt. Damit sind neue Erkenntnisse auf diesem Gebiet immer auch von der Weiterentwicklung der mikroskopischen Verfahren und der dazugehörigen Hilfsmethoden, z. B. Vitalfärbung, abhängig. Neben dem subjektiven Faktor, der bei jeder Beobachtung vorhanden ist, treten hier weitere Einschränkungen auf, die in der Methode begründet sind. Für die Mikrokinematographie stehen die verschiedenen mikroskopischen Verfahren zur Auswahl[1].

Der Film ist in Verbindung mit dem Mikroskop schon frühzeitig verwendet worden. Zur Aufnahme der Bewegungsvorgänge bei Protozoen hat er wertvolle Beiträge geliefert. Wer die Bibliographien der Arbeiten von Comandon und Kuhl[2] durchliest, wird hier schon zahlreiche frühe Arbeiten und Berichte über fertiggestellte Filme finden.

Bei Bakterien ist schon früher der Versuch gemacht worden, größere Komplexe aufzunehmen. Wyckoff[3] berichtet 1934, daß er 35 Bakterienarten in bezug auf ihre Wachstumsformen filmisch untersucht habe. Bedauerlich ist, daß viele dieser sicher mit großen Mühen aufgenommenen Filme heute schon nicht mehr vorhanden sind.

Auf anderen Gebieten, wie in der Mykologie und Zytologie, ist der Film erst jüngeren Datums, sicher auch gefördert durch die neuere Entwicklung mikroskopischer Methoden (Phasenkontrast). Allgemein dürfte die Verwendung der filmischen Methode bisher noch in keinem rechten Verhältnis zu den gegebenen Möglichkeiten stehen. So schreibt Poetschke[4] sicher mit Recht: »Eine Fülle von Formänderungen und Bewegungsabläufen sind bei Mikroorganismen bekannt, ohne daß wir sie — genau genommen — wirklich kennen. Sie sind entweder zu schnell oder zu langsam für unser Auge und — seien wir ehrlich — 90, wenn nicht 99 Prozent, verlaufen im Dunkel des Brutschrankes.« Poetschke schließt daraus, daß für die kinematographische Dokumentation ein weites Feld offen liegt und eine große Zahl noch nicht genau untersuchter Bewegungsvorgänge damit erschlossen werden könne. »Es erscheint sinnvoll, die Dokumentation dieser Fülle bekannter und unbekannter Vorgänge unter

---

[1] z. B. Durchlichtbeleuchtung im Hellfeld, zentrale Dunkelfeldbeleuchtung, Auflichtbeleuchtung, Polarisationsmikroskopie, Phasenkontrast-Mikroskopie, Interferenz-Mikroskopie, Fluoreszenzmikroskopie; ferner die Benutzung von Ultraviolett- und Infrarot-Lichtquellen. Alle diese Verfahren haben für bestimmte Aufgabestellungen Vorteile oder Nachteile aufzuweisen. Hier ist dann die Frage zu prüfen, ob für die Erfassung desselben Objektes nicht nur eine einzige, sondern mehrere mikroskopische Techniken anzuwenden sind.

[2] Forschungsfilm 1952, Vol. 1, Nr. 2, S. 32, Forschungsfilm 1955, Vol. 2, Nr. 2, S. 88.

[3] Wyckoff, R. W. G., Bacterial Growth and Multiplication as Disclosed by Micro Motion Pictures, J. exp. Med., 1934, 59, 381.

[4] Poetschke, G., Mikrobiologie, ein neues Kapitel der Encyclopaedia Cinematographica, Forschungsfilm 1959, Vol 3, Nr. 4, S. 187—192.

den Leitgedanken der Encyclopaedia Cinematographica zu stellen, d. h. Homologes und Analoges unter gleichen Gesichtspunkten und gleichen Titeln zu sammeln.«
Als wichtigste kinematographisch erfaßbare Vorgänge bei Mikroorganismen nennt er folgende:

Intrazelluläre Bewegungsvorgänge
Aktive Lokomotion (Ausbildung von Wanderformen, Funktion der Bewegungsapparate)
Ausbildung von Dauerformen (Sporen, Sporangien, Zysten)
Kopulationsvorgänge
Multiplikation
Ausbildung von Hemmungsformen
Koloniebildung
Bildungs- und Vermehrungsvorgänge bei der L-Phase der Bakterien
Zyklische Entwicklungsvorgänge
Wirkung der Bakteriophagen
Zellveränderungen durch Viren
Immunologische Vorgänge (Bildung von Antikörpern)

Während diese Vorgänge für das Gesamtgebiet der Mikrobiologie kennzeichnend sind, wollen wir jetzt noch einen kurzen Blick auf Thematik und Entwicklung einzelner Teilgebiete werfen. Wir beginnen mit den *Bakterien*, wo die obige Liste noch durch folgende Verhaltensweisen ergänzt werden könnte:

Einwirkung von Wirtsorganismen auf Bakterien
Einwirkung von Stoffwechselprodukten auf das Wachstum der Bakterien
Einwirkungen physikalischer oder chemischer Art bei Bakterien

In den letzten Jahren ist die Aufgabe begonnen worden, auch die Mikrobiologie in die Enzyklopädie einzubeziehen. Über Bakterien ist eine Reihe von Einheiten entstanden. Von Proteus, einem Objekt, das wegen seiner wandelbaren Körperformen und Bewegungsweisen besonders interessant ist, existieren vier Einheiten über Bewegungsverhalten [E 271], Vermehrung und Koloniebildung [E 396], Hemmungsformen durch Penicillinwirkung [E 272] und L-Phase durch Penicillinwirkung [E 273].
Vermehrung und Bewegung wurden auch bei *Clostridium tetani* [E 304], Vermehrung und Koloniebildung [E 397] sowie die L-Phase [E 398] wurden bei *Streptobazillus moniliformis* aufgenommen. Bei *Bacillus circulans*, das sich durch Auftreten beweglicher Kolonien auszeichnet, wurden deren Aufbau und Verhalten dokumentiert [E 183].

Diese Einheiten sind meist 4 bis 8 Minuten lang, der Film über den *Bacillus circulans* mit 20 Minuten ist als Extremfall anzusehen.
Die bisherigen Erfahrungen mit diesen Filmen sind zufriedenstellend. Überraschend gut kommen in ihnen die spezifischen Bewegungsformen zum Ausdruck, und sie werden deshalb gern im wissenschaftlichen Unterricht, besonders in Spezialvorlesungen und Praktika, verwendet. Sicherlich werden sie auch für Forschungszwecke in steigendem Maße benutzt.
In ähnlicher Weise wie für die Bakteriologie hat die Filmdokumentation Bedeutung für die *Mykologie*. H. Rieth[1] hat ihre Aufgaben für das Gebiet der pathogenen Pilze näher untersucht. Hier spielt zur Identifizierung der Krankheitskeime der Vergleich eine besondere Rolle. »Hierbei ergeben sich oft erstaunliche Überraschungen, da aus den morphologisch ähnlichen Formen des parasitären Stadiums eine Fülle verschiedenster Pilzarten mit sehr differenzierten Strukturen entstehen können.« Die vergleichende Untersuchung in der medizinischen Mykologie leidet aber besonders darunter, daß viele Lebensvorgänge sich erst nach einer Wartezeit von Wochen oder Monaten vergleichen lassen. Damit sind dem direkten Vergleich von vornherein sehr enge Grenzen gesetzt. Diese Lücke kann der Enzyklopädie-Film gut schließen, weil er alle Einzelphasen des Ablaufes jederzeit zum Vergleich bereithält, ohne daß es nötig ist, auf das Ergebnis eines Kulturversuches zu warten. Rieth geht so weit, die Aufgabe zu stellen, systematisch die gesamten Lebensvorgänge der pathogenen Pilze im Laufbild festzuhalten, um sie für die Auswertung jederzeit zur Verfügung zu haben. Nach Rieth sollten in das geplante Programm folgende Vorgänge aufgenommen werden:

Aktive Lokomotion (z. B. Schwärmsporen)
Intrazelluläre Vorgänge (z. B. Plasmaströmungen)
Wachstumsvorgänge (z. B. Entstehung von Sproßzellen)
Kopulation und Entstehung der sexuellen Fruchtformen (von entscheidender Bedeutung für die Identifizierung der Pilze)
Bildung der asexuellen, sog. Naturfruchtformen
Einwirkung von Arzneimitteln
Krankheiten der pathogenen Pilze
Alters- und Absterbevorgänge

Unter den bisher ausgeführten Filmen finden wir bei den Cryptococcaceen die Einheit »Vegetative Vermehrung bei Cryptococcus und Trichosporon« und die Einheit »Vegetative Vermehrung bei Candida« [E 376 u. 377].
Durch den zuletzt genannten Film ist es gelungen, alle Einzelphasen des Über-

[1] Rieth, H., Die Bedeutung einer systematischen Filmdokumentation auf dem Gebiet der pathogenen Pilze, Forschungsfilm 1961, Vol. 4, Nr. 2, S. 103–108.

ganges von der Hefephase zur Myzelphase zu dokumentieren und dadurch den Nachweis für die langumstrittene Anwesenheit nur eines einzigen Pilzes zu führen. Bei den Dermatophyten existieren Einheiten über die asexuelle Vermehrung (bei *Microsporum gypseum* und bei *Microsporum canis*) [E 476 u. 477], ferner eine interessante Einheit über pathologische Wuchsformen durch Griseofulvin [E 478] und andere.

Die Formulierung der Haupttitel muß auf diesem Gebiet gelegentlich modifiziert werden. Die unübersehbare Vielzahl der Arten bei Bakterien und Pilzen macht es bisweilen notwendig, in einer Einheit nicht nur eine Art zu behandeln, sondern auch wichtige nah verwandte Arten. Auch hier muß also das Schema der kleinsten thematischen Einheit mit einer gewissen Elastizität gehandhabt werden.

In ähnlicher Weise können für die *Protozoologie* als interessierende Verhaltensweisen genannt werden:

Vermehrung
Koloniebildung
Vorgänge im Zellkern
Bewegung, Bewegungsapparate
Nahrungsaufnahme
Parasitismus
Einflüsse physikalischer und chemischer Art
Einflüsse von Wirtsorganismen auf parasitäre Protozoen.

Auch das Teilgebiet der Protozoen ist in größerem Umfang bisher kaum im Film bearbeitet worden. Die wenigen Einheiten, die bisher existieren, behandeln Foraminiferen, Amöben, Sporozoen, Ciliaten u. a. Die Bewegungsthemen halten sich in dem oben angeführten Schema.

Für die *Zytologie* kommen Bewegungsvorgänge an Zellen und Geweben für die Dokumentation in Betracht. Hierzu würden etwa gehören:

Zellteilungen (normale und chemisch oder physikalisch beeinflußte Abläufe)
Phagozytose
Funktionen von Zellorganellen
Stoffwechselvorgänge
Degenerationsvorgänge

Die zytologische Dokumentation ist mit einer größeren Anzahl von Einheiten über Blutzellen und ihre Verhaltensweisen begonnen worden. Hierzu gehören die Blutzellen des Menschen wie neutrophile, eosinophile und basophile Granulozyten, Monozyten, Lymphozyten, Thrombozyten und Leukozyten; bei den letzteren speziell die Phagozytose in einer besonderen Einheit. Mehrere Einheiten beschäftigen sich mit den Leukozyten beim Wasserfrosch *Rana esculenta*. Eine von ihnen behandelt die schwer darzustellende Emigration der Leukozyten aus den Blutgefäßen in das Gewebe. Mit diesen Filmen liegen zufriedenstellende Erfahrungen für die wissenschaftliche Lehre und Forschung vor, so daß die Reihe fortgesetzt werden soll. Aussichtsreich wäre sicher auch eine filmische Untersuchung über die Entstehung der Blutzellen im Knochenmark und Lymphsystem.

Die enzyklopädische Dokumentation in der Zytologie weist bereits jetzt am Anfang noch andere Richtungen auf. Sie behandeln die morphologischen Veränderungen, die in den Zellsystemen der Tiere unter pathogenen Einflüssen zustande kommen. Hier kann eine Einheit über morphologische Veränderungen an Mäusefibroblasten unter Einwirkung von Ektromelievirus (Mäusepocken) [E 400] genannt werden. Sie zeigt u. a. die Freisetzung der Elementarkörper (Viren) außerhalb der Zellen (s. Abb. 9).

In diesen Zusammenhang gehören auch filmische Untersuchungen über das Wachstum menschlicher Krebszellen in der Kultur und ihre Beeinflussung durch verschiedene Strahlungsarten, auf die später (S. 85 f) noch kurz eingegangen werden soll. Die Bedeutung solcher Dokumentationen braucht nicht erläutert zu werden.

Im ganzen kann schon ohne eingehende Betrachtung festgestellt werden, daß die Mikrobiologie für die enzyklopädische Dokumentation ein sehr wichtiges Aufgabengebiet darstellt. Die bisherigen Erfahrungen sprechen dafür, das in der Zoologie und Botanik gewählte Baukastenschema beizubehalten (lateinischer Gattungs- und Artnahme — Vorgang). Eine Ausnahme stellen die zytologischen Einheiten dar. Hier hat, ähnlich wie in der Physiologie, die Bezeichnung des Zelltypus oder der Gewebeart den Vorzug; erst dann folgt der biologische Artname. Auf die Besonderheit bei den Pilzen, in einer Einheit nicht nur eine Art, sondern auch Art-Varianten zu behandeln, wurde schon hingewiesen. Eine weitere Besonderheit in der Mikrobiologie besteht darin, daß manchmal derselbe Mikroorganismus unter mehreren Artnamen bekannt ist. Wir haben hier versucht, diesen Umstand, wie auch sonst üblich, durch Angabe wenigstens eines Synonyms anzudeuten, z. B. *Staphylococcus aureus* (syn.: *Micrococcus pyogenes*) — Vermehrung und Koloniebildung.

Im übrigen wird gerade die enzyklopädische Dokumentation speziell der Entwicklungszyklen wesentlich zur endgültigen Identifizierung der Arten beitragen können.

Im Kapitel Zoologie wurde die Frage gestellt, wieweit pathologische Verhaltens- und Reaktionsweisen in die Enzyklopädie einbezogen werden sollen. Schon nach den ersten Überlegungen ist das für den Bereich der Mikrobiologie wegen der Bedeutung für die Medizin keine Frage. Sowohl die pathogenen Bakterien wie die pathogenen Pilze müssen durch Gegenmaßnahmen bekämpft werden. Ihre Reaktionen darauf sind wichtige Themen für die enzyklopädische Dokumentation, sie sind sogar ein wesentlicher Bestand-

teil einer solchen Erfassung. Die Einwirkung der Arzneimittel und anderer chemischer oder physikalischer Reagenzien und die dadurch ausgelösten morphologischen Veränderungen stellen wertvolle Filmthemen dar.
Rieth hat bei den pathogenen Pilzen noch auf die Krankheiten der Pilze selbst und auf die Alterungs- und Absterbevorgänge hingewiesen. Nach seiner Ansicht sollten später die Auswirkungen der pathogenen Pilze auf den Wirtsorganismus in die Dokumentation einbezogen werden. Dasselbe könnte dann auch für Bakterien und Viren gelten.
Bei der praktischen Durchführung einer Dokumentation in größerem Umfange als bisher wird man auch auf weitere Vorschläge von Poetschke[1] zurückgreifen können. Danach sollten die für die Dokumentationsaufnahmen der Encyclopaedia Cinematographica verwendeten Mikrobenstämme bei internationalen Stammsammlungen deponiert werden. Um die Vergleichbarkeit der Ergebnisse so fruchtbar wie möglich zu gestalten, empfiehlt er ferner, synthetische Nährböden oder wohlbekannte Standardnährböden zu benutzen.

b) *Beispiele von mikrobiologischen Enzyklopädie-Filmen*

Schon in den letzten Jahren vor dem Beginn der eigentlichen Enzyklopädie-Arbeit auf mikrobiologischem Gebiet hatte sich die Dokumentationsidee soweit durchgesetzt, daß zytologische Filme entstanden, die ihrer Anlage nach den heutigen Enzyklopädiefilmen bereits ähneln. Dazu gehört etwa der IWF-Film »Einwirkung des Poliomyelitisvirus auf Gewebekulturen« (W. Klöne)[2]. Er stammt aus dem Laboratorium der Stiftung zur Erforschung der Spinalen Kinderlähmung und der Multiplen Sklerose (H. Pette) und wurde 1955 aufgenommen. Hier wurden in Mikrozeitraffer-Aufnahmen die zytologischen Veränderungen dargestellt, die Epithelzellen von Affennieren *(Macacus rhesus)* in der Gewebekultur durch die Einwirkung von Poliomyelitisviren erfahren. Auch in diesem Film wird einleitend zum Vergleich das Verhalten normaler Epithelzellen in der Gewebekultur gezeigt.
Abb. 8a zeigt das normale Gewebe mit noch ungeschädigten Zellen. Abb. 8b zeigt denselben Zellenverband nach zwanzigstündiger Einwirkung der Virus-Suspension: Granula und Mitochondrien aus dem Plasma sammeln sich zentral um den Kern; dabei entsteht ein homogener Plasmasaum. Abb. 8c nach 24 Stunden: Der Zellkörper zieht sich zusammen, feine Plasmafäden werden hinterlassen. Abb. 8d: Nach 30 Stunden hat sich die Zelle völlig abgerundet; sie ist abgestorben.

---

[1] Poetschke, G., Organisatorische Voraussetzungen für die Aufnahme und Auswertung mikrobiologischer Forschungsfilme, Forschungsfilm 1962, Vol. 4, Nr. 3, S. 200–207.
[2] s. auch Klöne, W., »Einwirkung des Poliomyelitisvirus auf Gewebekulturen«, Begleitveröffentlichung des IWF zum Film B 702.

Einwirkung des Poliomyelitis-Virus auf Gewebekulturen

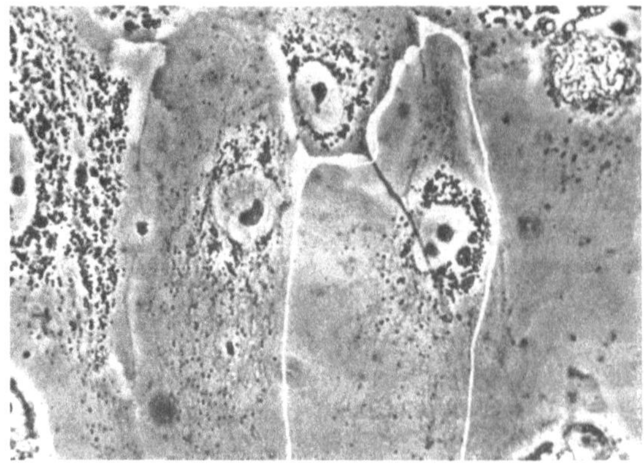

Abb. 8 a *Normales Gewebe mit noch ungeschädigten Zellen (Affennieren-Epithel):* Die betrachtete Zelle ist durch weiße Konturen bezeichnet

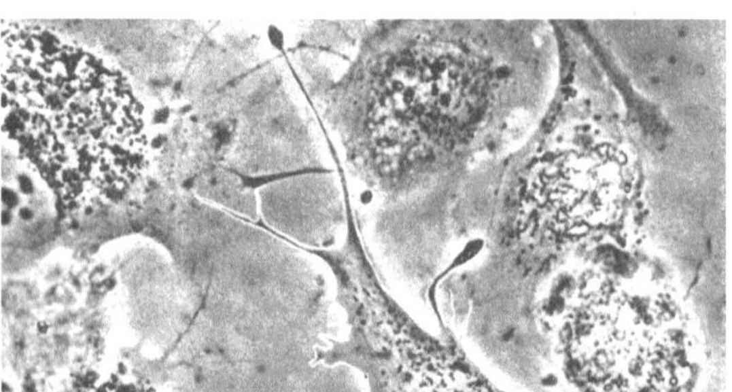

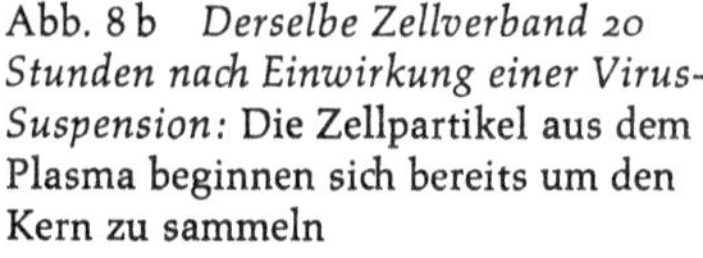

Abb. 8 b *Derselbe Zellverband 20 Stunden nach Einwirkung einer Virus-Suspension:* Die Zellpartikel aus dem Plasma beginnen sich bereits um den Kern zu sammeln

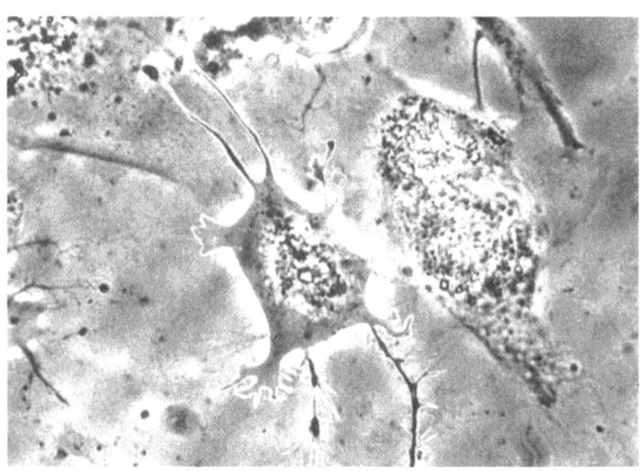

Abb. 8 c *Nach 24stündiger Einwirkung:* Der Zellkörper zieht sich zusammen, feine Plasmafäden werden hinterlassen

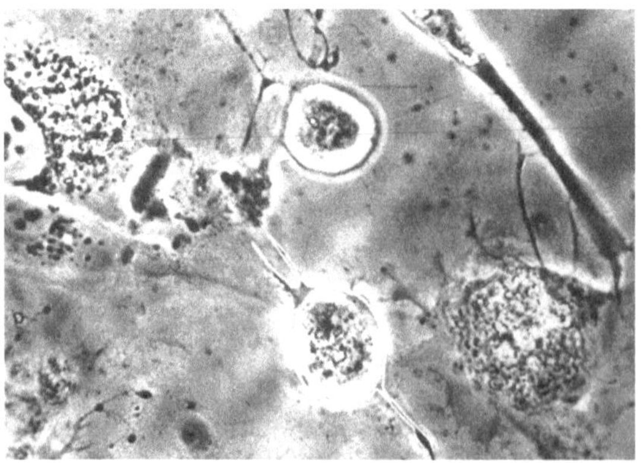

Abb. 8 d *Nach 30stündiger Einwirkung:* Die Zelle hat sich abgerundet; sie ist abgestorben

Mäusefibrolasten – Morphologische Veränderungen unter Einwirkung von Ektromelievirus (Mäusepocken)

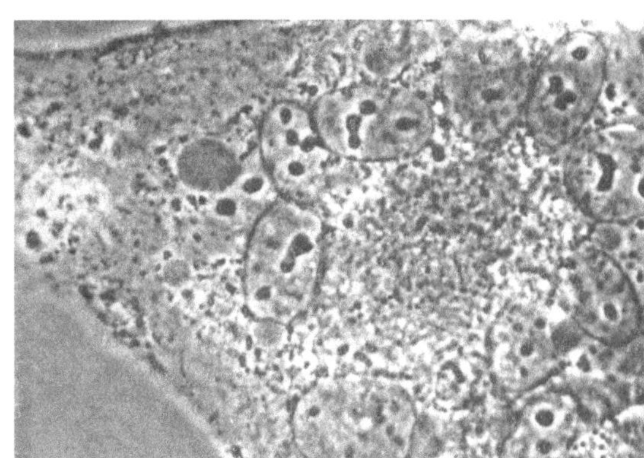

Abb. 9 a *Riesenzelle von Mäusefibroblasten, entstanden nach Einwirkung von Ektromelievirus*

Abb. 9 b–9 d *Freisetzung der Elementarkörper (Viren):* Die absterbende Zelle schrumpft. Etwa 10% der Elementarkörper werden an Plasmafäden freigesetzt; sie können infektiös werden. Der Rest geht mit der Zelle zugrunde

Abb. 9 b

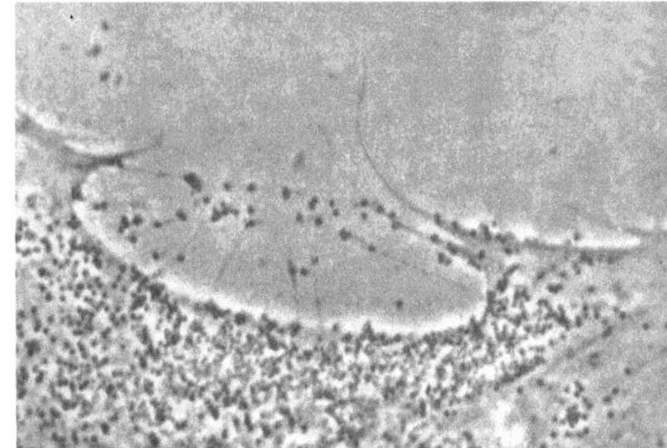

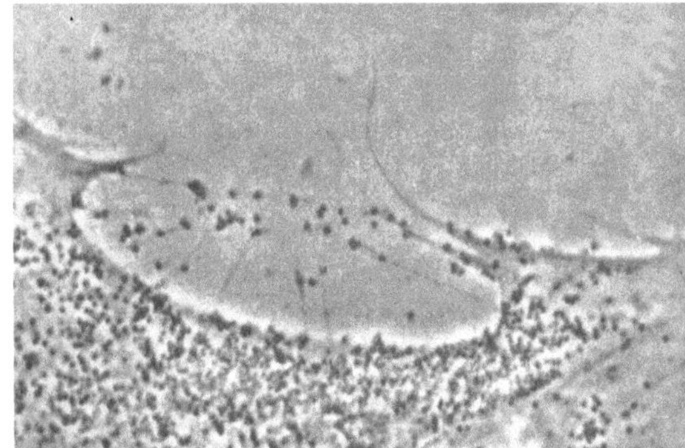

Abb. 9 c

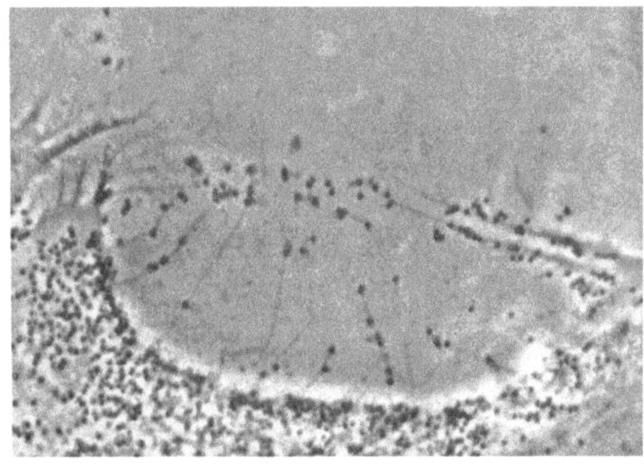

Abb. 9 d

1961, wenige Jahre später, wird der Film »Mäusefibroblasten — Morphologie und Veränderungen unter Einwirkung von Ektromelievirus (Mäusepocken)[1]« [E 400] (K.-O. Habermehl, W. Diefenthal) aufgenommen und in die Enzyklopädie eingereiht. Er weist beträchtliche aufnahmetechnische Fortschritte auf. Bemerkenswert ist, daß es gelang, die Elementarkörper (Viren) sichtbar zu machen. Nach Einwirkung des Ektromelievirus kommt es zur Bildung von Riesenzellen. Abb. 9a zeigt eine solche Riesenzelle, die durch Verschmelzung vieler Einzelzellen entstanden ist. Typisch ist die zentrale Anordnung der Granula, um die herum die Kerne gelagert sind. Abb. 9b—9d zeigen in einem späteren Stadium den mit Elementarkörpern besetzten Teil einer Zelle. Die Auszählung der Aufnahmen ergab, daß nur ca. 10% der Elementarkörper aus den Zellen freigesetzt und damit infektiös werden. Der Rest geht mit der Zelle zugrunde. Die Freisetzung erfolgt an freien Plasmafäden. Die Größe der Elementarkörper wurde zu 0,17—0,21 μm ermittelt.

Ebenfalls im Jahre 1961 werden im Zusammenhang mit einem Hochschulunterrichtsfilm über lebende Blutzellen [C 851] in der nun schon bewährten Weise gleichzeitig Dokumentationsfilme aufgenommen. Es entstehen neun Einheiten über das Verhalten menschlicher und tierischer Blutzellen.

Die Abb. 10a bis 10c zeigen Phasenbilder über den Vorgang der Phagozytose [E 449] beim Menschen. Abb. 10a stellt den Beginn der Phagozytose einer Bakterienkette durch einen neutrophilen Granulozyten dar. In Abb. 10b hat sich dieser bereits über mehrere Stäbchenzellen gestülpt. Abb. 10c zeigt, daß der Granulozyt die Bakterienkette völlig eingeschlossen hat und die Verdauung beginnt. Die im Bild sichtbaren runden Zellen sind Erythrozyten.

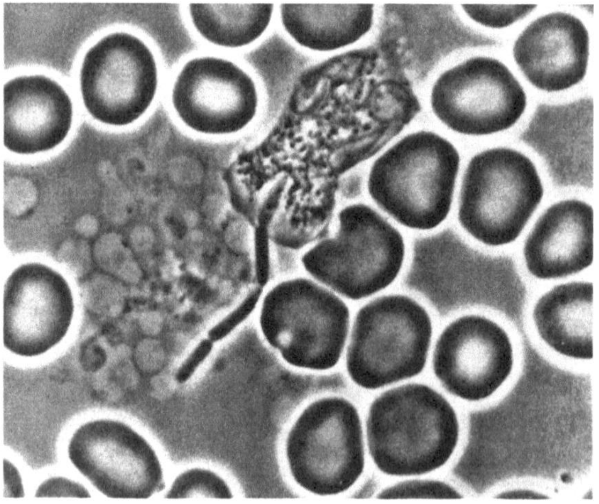

LEUKOZYTEN (HOMO SAPIENS)
PHAGOZYTOSE VON BAKTERIEN

Abb. 10a *Beginn der Phagozytose einer Bakterien-Kette durch einen neutrophilen Granulozyten*

[1] E 400.

Abb. 10 b *Der Granulozyt hat sich bereits über mehrere Stäbchenzellen der Kette gestülpt*

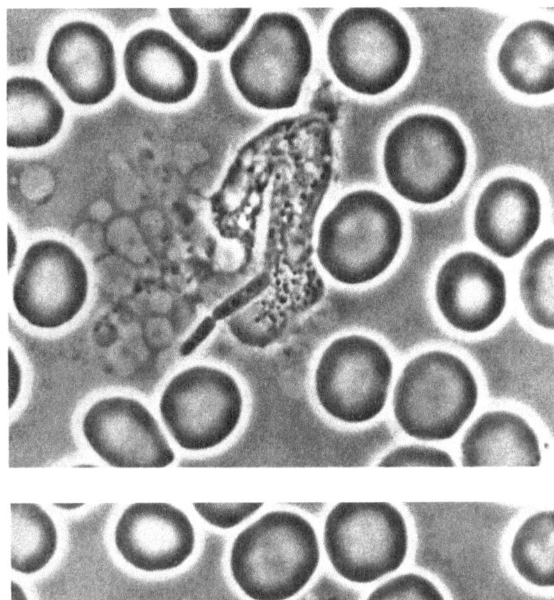

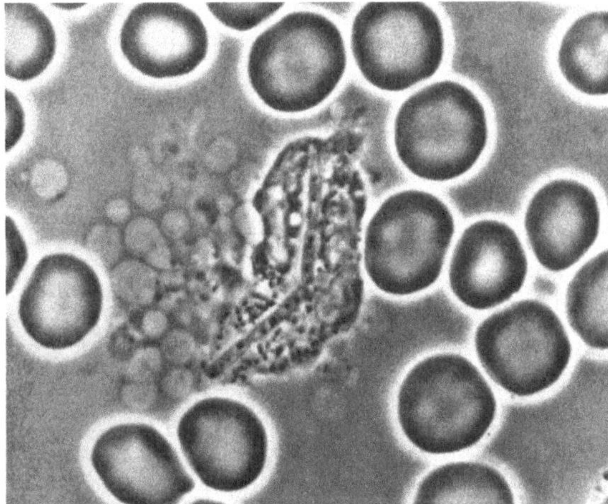

Abb. 10 c *Die Bakterien-Kette ist völlig umschlossen; die Verdauung beginnt*

Ähnlich wie in den genannten Sachgebieten entwickelt sich auch in der Krebsforschung die Benutzung der Kinematographie. 1949/50 wird der IWF-Film »Teilung von menschlichen Tumorzellen [C 600] (H. Lettré) aufgenommen und veröffentlicht. Damals war die Aufnahme von bestrahlten menschlichen Tumorzellen noch nicht möglich. 1951/52 kommt es zur Aufnahme und Veröffentlichung von drei Filmen, die die Wirkung von Röntgen- und Elektronenstrahlen an Hühnerherzfibroblasten aufzeigen[1]. In der Zwischenzeit war das

[1] C 616, Wirkung von Röntgenstrahlen und schnellen Elektronen auf Gewebekulturen (Hühnerherzfibroblasten), (H. Gärtner), 1952, IWF, B 633, Zellschädigung durch 184-kV-Röntgenstrahlen und 15-MeV-Elektronen, (H. Gärtner, K. Gund), 1952, IWF, C 634, Wirkung von ultraharten Röntgenstrahlen eines 15-MeV-Betatrons auf Gewebekulturen, (H. Gärtner, K. Gund), 1952, IWF.

Halten menschlicher Krebszellen in Kultur möglich geworden. Die später aufgenommenen Filme[1] werden von vornherein als Dokumentationseinheiten der Enzyklopädie angelegt. Aus diesen sollen jetzt einige Beispiele gegeben werden. Die Abbildungen 11 a bis 11 c zeigen aus der Einheit »Portio-Carcinom in vitro — Stamm HeLa — Homo sapiens« [E 561] Teilbilder von einer tripolaren Teilung.

Beispiele für die meßkinematographische Auswertung:

Daß die Dokumentationseinheiten mit Hilfe der Daten in den Begleitveröffentlichungen geeignet sind, an ihnen interessante messende Auswertungen auszuführen, soll an den vier z. Z. bestehenden Proteus-Einheiten[2] erläutert werden. Die Unterlagen sind dem vom Institut für den Wissenschaftlichen Film zusammengestellten Forschungsbericht (H. Heunert und B. Milthaler) Nr. 188/61 — Bakterium proteus — entnommen[3]. Mit Hilfe der messenden Auswertung sollten bestimmte Einzelheiten ermittelt werden, z. B. Größe der Bakterien, Dauer eines Generationswechsels, Volumenzunahme wachsender Kolonien, Geschwindigkeit beim Schwärmen und Schwimmen von Einzelstäbchen und kleinen Gruppen, Ausbreitungsgeschwindigkeit von Schwärm- und Wachstumszonen und die Geschwindigkeit der Geißelbewegungen. Ferner sollten die unter Einwirkung von Penicillin auftretenden Erscheinungen untersucht werden. Hierzu gehören zunächst die durch Hemmung der Zellteilung entstehenden Formen, ferner die unter der Bezeichnung »large bodies« bekanntgewordenen Umwandlungserscheinungen und deren Rückbildung in die Stäbchenform. Bei solchen bakteriologischen Aufnahmen hat es sich für die Auswertung als zweckmäßig erwiesen, die Einzelphasen auf Papier in den Umrissen nachzuzeichnen, um die Längen und Formveränderungen in Abhängigkeit von der Zeit zu untersuchen (durch Längenmessung oder Planimetrieren).

Die Größe der Bakterien läßt sich am Beginn der Wachstumsphase zu 0,5 bis 0,6 μm Durchmesser feststellen. In der Länge differieren die Stäbchen zwischen 1,7 und 2,8 μm.

Die Dauer eines Generationswechsels, d. h. der zeitliche Abstand von der Teilung eines Bakteriums bis zur Teilung der Tochterindividuen schwankt

[1] E 561–E 564, Portio-Carcinom in vitro, Stamm HeLa — Homo sapiens, mit den thematischen Einheiten:
Cytomorphologie, Zellschädigung durch Röntgenstrahlen (180 kV), Zellschädigung durch Gammastrahlen (Cobalt 60), Zellschädigung durch Elektronen (17 MeV), (H. Gärtner, K. Peters).

[2] E 271–E 273 und E 396, Proteus — Bewegungsverhalten, Hemmungsformen durch Penicillinwirkung, L-Phase durch Penicillinwirkung, Vermehrung und Koloniebildung.

[3] s. auch Poetschke, G., »Kinematographische Studien an Proteus«, Path. Mikrobiol. 24, S. 1019–1031, (1961).

Portio-Carcinom in Vitro
Stamm HeLa – Homo Sapiens
Tripolare Teilung

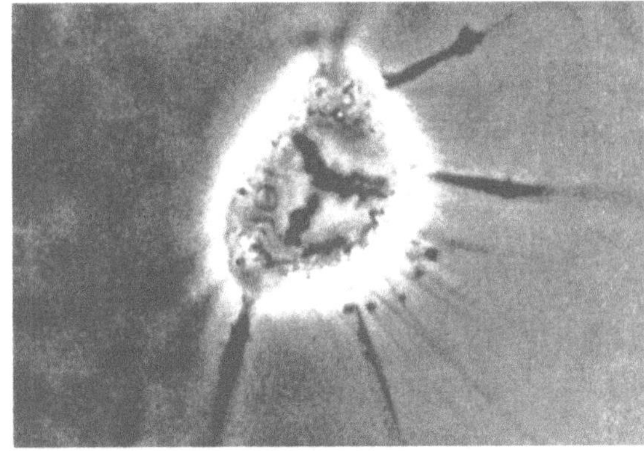

Abb. 11 a *Prophase:* Die drei Chromosomen-Garnituren haben sich sternförmig angeordnet

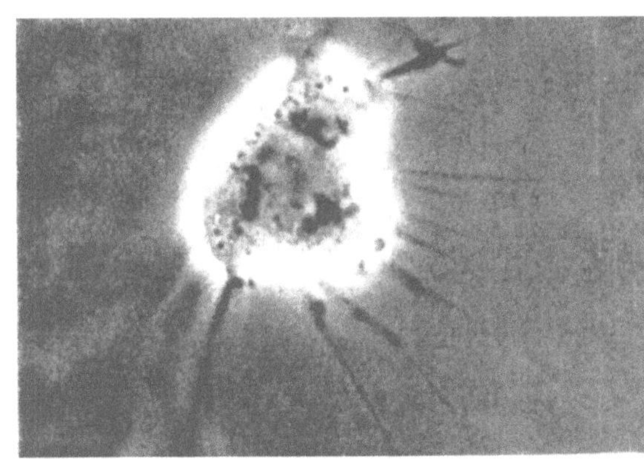

Abb. 11 b *Anaphase:* Die Chromosomen-Garnituren haben sich auseinander gezogen

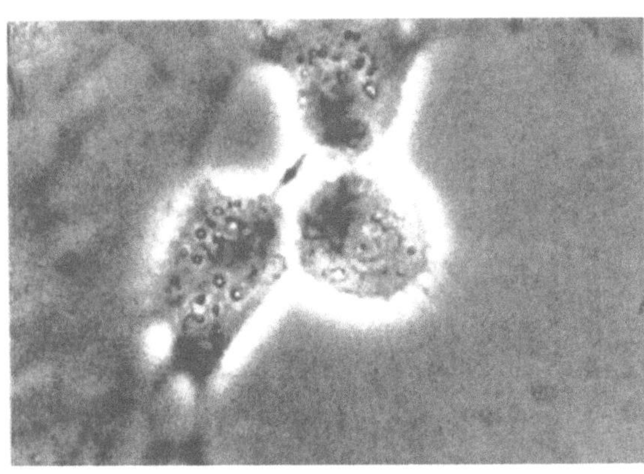

Abb. 11 c *Telophase:* Zellwände haben sich gebildet; drei neue Zellen sind dadurch entstanden

stark. Bei einem begeißelten Stamm von Proteus wurden in einer Kultur Zeiten gemessen, die von 19 Min. bis 26,8 Min. differierten (Mittelwert: 22,7 Min.). In einer Kultur, die keine Geißeln besitzt, ergaben sich Zeitabstände von 26,5 bis 55,8 Min. (Mittelwert: 40,4 Min.).

Die Volumenzunahme wachsender Kolonien (Abb. 12 a) wurde im vorliegenden Fall in den ersten 2½ Stunden erfaßt (Abb. 12 b—12 c). In Abb. 12 b wurden die Umrisse nachgezeichnet; in Abb. 12 c daraus nach Planimetrieren der Flächen der Bakterienkörper die Volumina berechnet. Bei diesen Messungen hat sich herausgestellt, daß die Zunahme des Volumens einer teilungsgehemm-

PROTEUS
VERMEHRUNG UND
KOLONIEBILDUNG

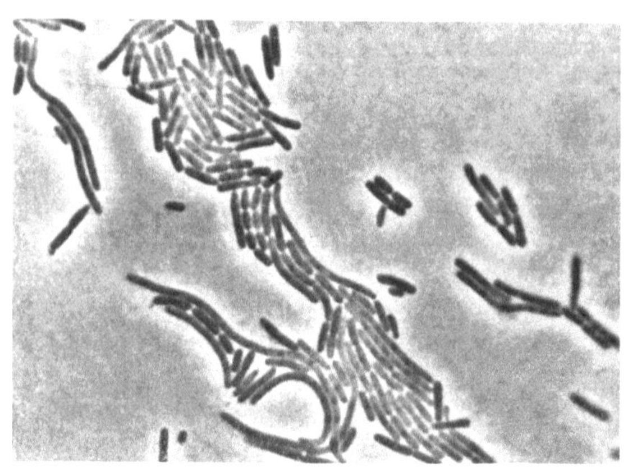

Abb. 12 a *Wachsende Kolonien von Proteus*

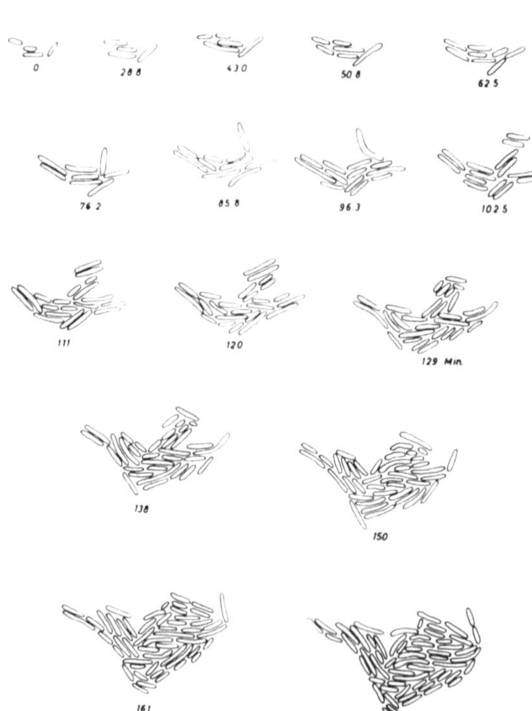

Abb. 12 b *Zunahme einer Kolonie im Laufe von 170 min.* (Umriß-Zeichnung)

Abb. 12c *Volumen einer wachsenden Kolonie:* Berechnet aus den planimetrierten Flächen von Umrißzeichnungen

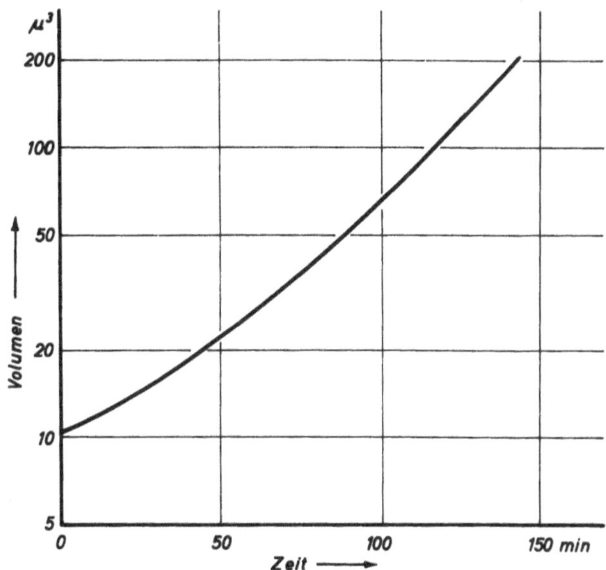

ten Kolonie (lange Fäden) gegenüber einer Kolonie mit ungehemmter Teilung im gleichen Zeitraum annähernd gleich ist. Poetschke hat die Frage aufgeworfen, ob es möglich ist, solche kinematographisch ermittelten Wachstumskurven einzelnen Spezies als Charakteristikum zuzuordnen.

Untersuchungen über die Geschwindigkeiten einzelner Bakterien und kleinerer Gruppen beim Schwärmen (auf feuchten Oberflächen) ergeben kleinere Werte als beim freien Schwimmen (in der flüssigen Phase) (Abb. 12d — Zeit-Geschwindigkeitskurve, die Pfeile in der graphischen Darstellung zeigen den

Abb. 12d *Geschwindigkeit von Bakterien bei der Fortbewegung:* Beim Schwärmen auf feuchter Oberfläche (links) und beim freien Schwimmen in der Flüssigkeit (rechts). Die Pfeile weisen auf die Übergangszone hin

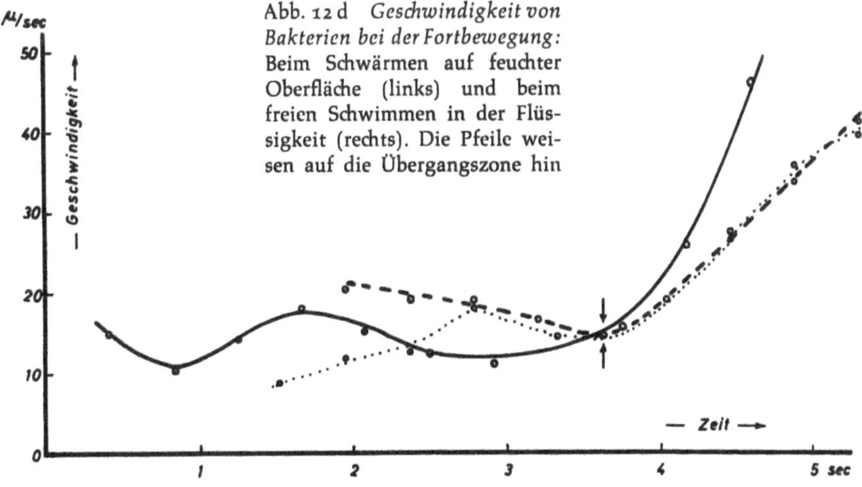

Übertritt der Bakterien von der feuchten Oberfläche in die flüssige Zone an). Die Geschwindigkeit beim Schwärmen wurde zwischen 8 und 21 μm/s gemessen. Beim Übergang zum Schwimmen nimmt sie beträchtlich zu. In einem Fall lag sie bei 43 μm/s, in einem anderen bei 47 μm/s.

Auch die erstaunliche Bildung der »large bodies« unter Einwirkung von Penicillin und ihre Rückbildung kann rasch erfolgen (Abb. 12 e bis 12 f), (12 f Umrißnachzeichnung). Nach etwa 7 Minuten haben die ersten Sphäroblasten die Bakterienhülle verlassen und wachsen dann selbständig weiter. Vergleichende planimetrische Messungen der Bildflächen ergaben, daß die Werte der »large bodies« praktisch denjenigen normaler Kolonien entsprechen. In der 90. Minute wurde beim Wachstum der »large bodies« eine Fläche von 40,3 $(\mu m)^2$ gemessen; bei den Kolonien wurden 40,5 $(\mu m)^2$ gemessen. — Das Wachstum der »large bodies« kann ebenfalls wieder in Kurven zusammengestellt werden.

Nach Abklingen der Penicillin-Einwirkung verwandeln sich die »large bodies« wieder in die ursprüngliche Bakterienform zurück (Abb. 12 g). Die gezeichneten Umrißbilder nach 10, 20, 30

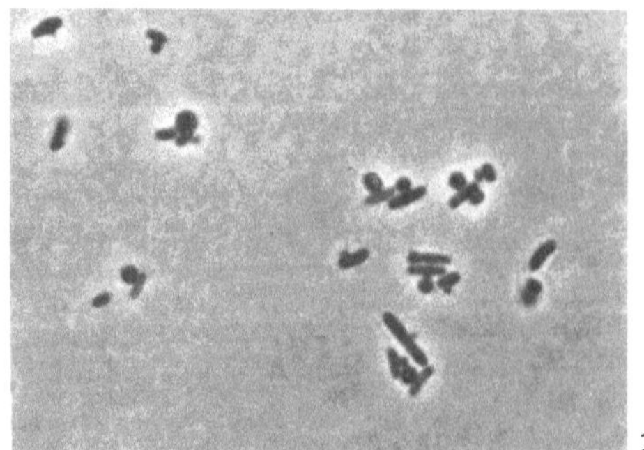
1

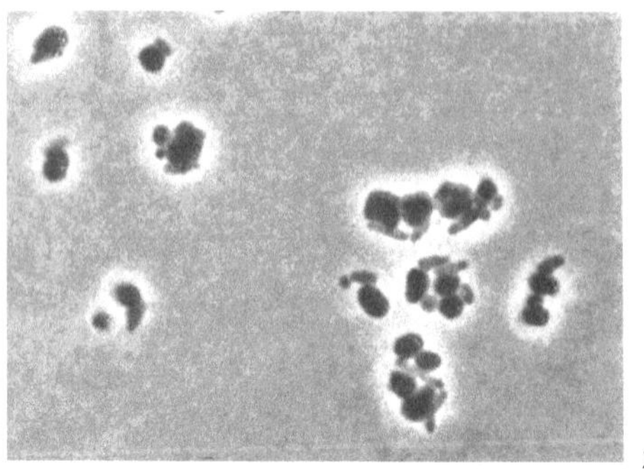
2

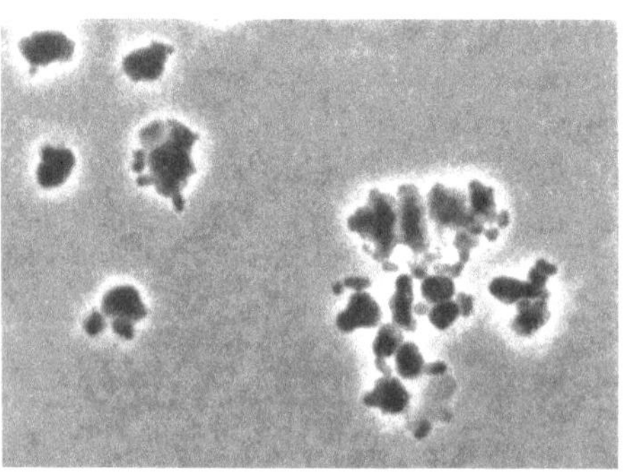
3

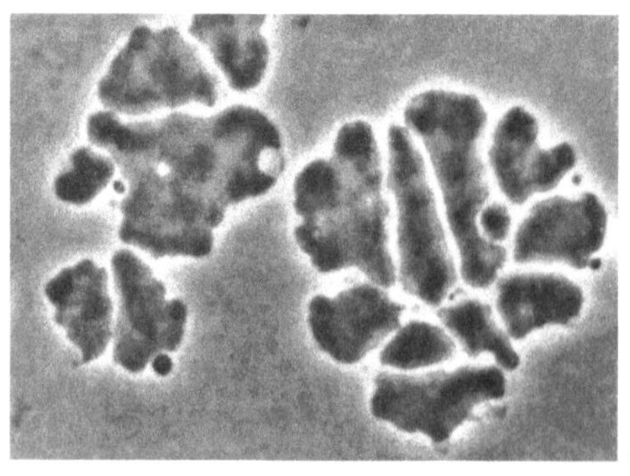
4

Abb 12 e 1–4 *Bildung von »Large Bodies« (L-Phase) unter Einwirkung von Penicillin*

bis zu 120 Min. zeigen diese erstaunliche Rückbildung (Abb. 12 h – Umriß-Nachzeichnung).

Auch die Rückverwandlung der »large bodies« in Stäbchen kann als Kurve (Zahl der Einzelelemente in Abhängigkeit von der Zeit) dargestellt werden.

Die hier kurz angedeuteten Auswertungen geben einen Hinweis auf die umfangreichen Meßmöglichkeiten, die solche Aufnahmen zulassen.

Abb. 12 f *Umriß-Zeichnungen der Bildung von »Large Bodies« (im Laufe von $5^1/_2$ Stunden)*

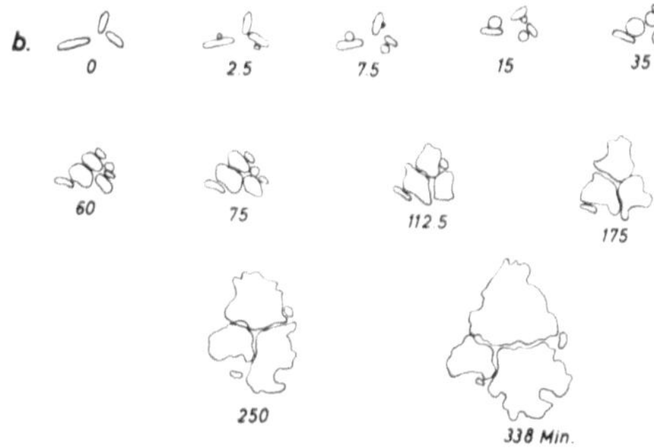

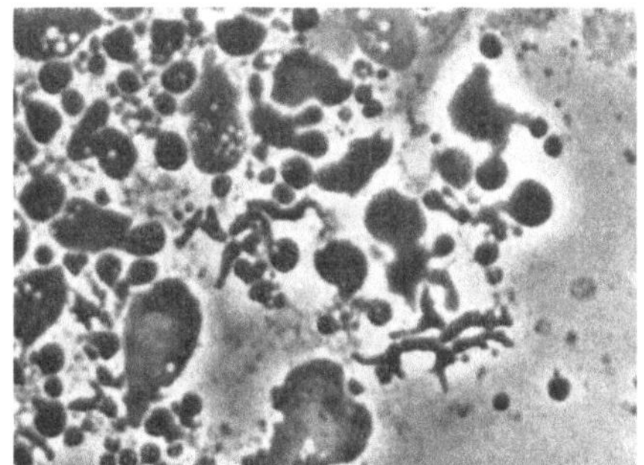

Abb. 12 g/1

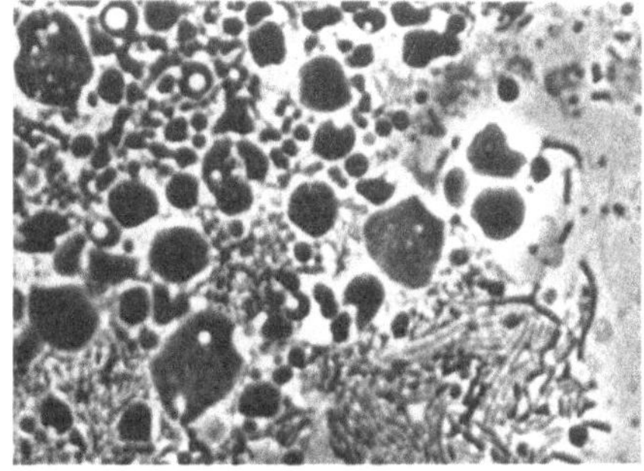

Abb. 12 g/2

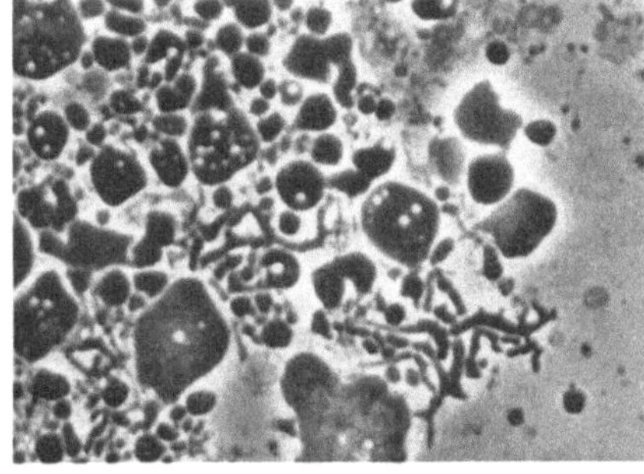

Abb. 12 g/3

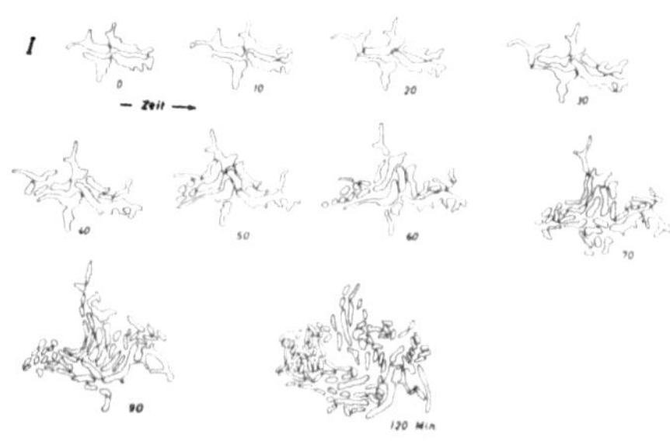

Abb. 12 g 1–3 *Rückverwandlung von »Large Bodies« in die ursprüngliche Bakterien-Form nach Abklingen der Penicillin-Wirkung*

Abb. 12 h *Umriß-Zeichnung der Rückverwandlung (im Laufe von 2 Stunden)*

D) Sektion Technische Wissenschaften

a) *Aufgaben und Schema*

Diese Sektion umfaßt die Filmdokumentation auf dem Gebiet der technischen Wissenschaften mit Einschluß der Technik. Für denjenigen, der die Möglichkeiten der wissenschaftlichen Kinematographie kennt, ist es überraschend zu sehen, wie wenig diese in der Vergangenheit hier benutzt worden sind. Neuerdings nimmt zwar die Benutzung zu; gemessen an den Möglichkeiten ist ihr Umfang aber immer noch gering.

Auf dem Gebiet der technischen Wissenschaften besteht die Aufgabe, die Bewegungsvorgänge und Verhaltensweisen der Stoffe im Film zu dokumentieren.

Wir hatten früher (S. 23) die systematische filmische Bewegungsdokumentation auf bestimmte Arten von Bewegungsvorgängen beschränkt:

1. Vorgänge, die mit dem menschlichen Auge überhaupt nicht erfaßbar sind, bei denen also die kinematographischen Methoden wie Zeitdehnung und Zeitraffung benutzt werden müssen.

   Solche Vorgänge sind in dem Bereich der technischen Wissenschaften zahlreich vertreten. Fast alle Bearbeitungsverfahren unserer Werkstoffe laufen für die direkte Beobachtung zu rasch ab.

2. Vorgänge, bei denen der Vergleich untereinander eine wesentliche Rolle spielt oder bei denen das Erinnerungsbild oder die Beschreibung allein nicht ausreichen, um diesen Vergleich direkt durchzuführen.

   Der Vergleich von Bewegungsvorgängen ist für die technischen Wissenschaften besonders dann wichtig, wenn derselbe Vorgang unter verschiedenen äußeren Bedingungen untersucht werden soll.

3. Vorgänge, deren filmische Dokumentation wichtig ist, weil sie entweder einmalig sind oder weil damit gerechnet werden muß, daß sie später unmittelbar für die wissenschaftliche Auswertung nicht mehr zur Verfügung stehen.

   Im allgemeinen sind die technischen Bewegungsvorgänge reproduzierbar. Aussterbende Vorgänge liegen nur in der Geschichte der Technik vor.

Die Sektion Technische Wissenschaften der Enzyklopädie befindet sich erst am Anfang ihres Aufbaues. Zur Zeit (1967) existieren ca. 56 veröffentlichte Einheiten. Diese Zahl ist noch zu gering, um eine Beurteilung der Entwicklung in der Zukunft zu erlauben. Bereits heute zeichnen sich jedoch einige umfangreiche Arbeitsgebiete ab. Zu ihnen gehören die Herrichtung und Bearbeitung der Werkstoffe.

Die *Werkstoffe*, mit denen es die Technik zu tun hat, sind neben Holz, Kunststoff und Stein besonders die Metalle. Mit dem Aufbau von Metallen und Legierungen, ihren Eigenschaften und deren Beeinflussung und mit den Grundlagen ihrer Verarbeitung beschäftigt sich die Metallkunde. Innerhalb der Metallkunde spielt die Metallmikroskopie eine wichtige Rolle, aber selten ist bisher hierbei der Film benutzt worden.

Dokumentationsaufgaben für den Film liegen hier vor bei der Erfassung der *Gefüge-Veränderungen* und *Umwandlungserscheinungen der Metalle* unter den verschiedenen äußeren Bedingungen (z. B. Umwandlungen über große Temperaturbereiche, Martensitkristallisation). Solche Filmaufnahmen werden meist unter Verwendung der Mikrokinematographie, aber auch in Verbindung mit dem Elektronen-Mikroskop durchzuführen sein.

Ein anderes umfangreiches Arbeitsgebiet stellt die Dokumentation des Verhaltens der Metalle hinsichtlich ihrer Festigkeit dar. Die Festigkeitswerte der Metalle sind uns bekannt; ihr Verhalten während der Beanspruchung ist bisher nicht in vollem Umfang bekannt. Bei den verschiedenartigen Beanspruchungen sollten mikrokinematographische Filmdokumentationen vorgenommen werden. Hierzu gehören solche über die statische und dynamische Festigkeit. Die dynamische Festigkeit sollte, gesondert nach Dauerfestigkeit (Schwing-, Schwell- und Wechselfestigkeit) und Schlagfestigkeit, untersucht werden. Hierzu würden weiter Untersuchungen hinsichtlich der Belastungsrichtung wie Zug-, Druck-, Biege-, Torsions- und Scherfestigkeit gehören.

Festigkeitsuntersuchungen sind im Laufe der Jahre sicher schon häufig im Film aufgenommen worden, ohne daß dies bisher wesentliche Ergebnisse erbracht hätte. Die neuerdings durchgeführten Dokumentations-Einheiten über die Zugbeanspruchung im Feingefüge beweisen, daß eine systematische Dokumentation mit Hilfe mikrokinematographischer Aufnahmen eine hier noch vorhandene Lücke schließen wird (vgl. Abb. 19 a bis 19 f, S. 109).

Einen anderen Dokumentations-Bereich einen Schritt weiter zur Technik hin stellt die *Bearbeitung der Werkstoffe* dar. Wenn wir uns bei der nachstehenden Zusammenstellung gebräuchlicher Fertigungsverfahren die Frage vorlegen, ob eine filmische Dokumentation Bedeutung haben könnte, so werden wir das fast für jedes der genannten Verfahren bejahen können.

Verfahren der Metallbearbeitung

Spanlose Formung:

Urformen: Gießen

Umformen: Walzen, Schmieden, Ziehen, Stanzen, Scheren, Schneiden, Prägen, Fließpressen

Verbinden: Nieten, Kleben, Löten, Schweißen

Trennen: Brennschneiden

Spanabhebende Formung: Meißeln, Sägen, Feilen, Schaben, Hobeln, Stoßen, Räumen, Bohren, Senken, Drehen, Fräsen, Schleifen, Behandlung durch Funkenerosion, Behandlung durch Ultraschall

Wärmebehandlung: Glühen, Härten, Anlassen, Vergüten

Oberflächenveredelung nach verschiedenen Methoden: durch Überziehen, durch Korrosion u. a.

Praktische Erfahrungen sind im IWF bei der Durchführung von Filmvorhaben über Walzen, Schweißen, Brennschneiden, Bohren, Drehen, Fräsen und über Korrosion gesammelt worden. Über die Spanbildung beim Drehen von Metallen und Kunststoffen existieren (1967) 20 Enzyklopädie-Einheiten. Alle Erfahrungen bei der Durchführung der Aufnahmen, bei ihrer Auswertung, der unterrichtlichen Verwendung, besonders der forschungsmäßigen Gewinnung neuer Erkenntnisse sprechen dafür, die systematische Dokumentation auf die Bearbeitungs-Verfahren auszudehnen.
Ein anderes außerordentlich umfangreiches Arbeitsgebiet ist die *Verfahrenstechnik*. Wenn man hier fragen würde, bei welcher Art von Verfahren der enzyklopädische Dokumentationsfilm Bedeutung hätte, so könnte man überschlägig folgende Teilgebiete nennen:

Beim mechanischen Aufteilen und Zerkleinern: Klassieren — Sieben, Mahlen, Verdüsen, Verspritzen, Zerstäuben

Beim mechanischen Abtrennen: Filtrieren, Zentrifugieren, Auspressen, Setzen

Beim thermischen Trennen: Trocknen — Verdampfen, Destillieren — Rektifizieren, Kristallisieren, Verkoken

Bei der Stoffvereinigung: Mischen, Emulgieren, Tablettieren, Brikettieren, Behandlung mit raschen mechanischen Schwingungen

Bei den thermischen Sonderverfahren: Schmelzen, Erstarren.
Praktische Erfahrungen mit der Anwendung des Forschungsfilmes wurden beim Sieben, Mahlen, Rektifizieren und Verkoken gesammelt. Enzyklopädie-Einheiten wurden (bis 1967) über die Vorgänge bei der Wurfsiebung [E 68 bis 70] und bei der Flotation [E 71 bis 73] veröffentlicht.
Die Einheiten aus der Verfahrenstechnik werden sich oft von denjenigen unterscheiden, die z. B. über die Bearbeitung von Werkstoffen entstehen. Da die Verfahrenstechnik die Anwendung physikalisch-chemischer Grundlagen der technischen Reaktions-Verfahren darstellt, sind auch diese Grundlagen, soweit es erforderlich erscheint, in die Dokumentation einzubeziehen.
So gehören z. B. zu einer vollständigen Dokumentation der technischen Vorgänge bei der mechanischen Zerkleinerung von Stoffen auch Aufnahmen, bei denen die Wirkung der an der Zerkleinerung beteiligten Kräfte (z. B. Druck, Reibung, Stoß u. a.) im Versuch einzeln sichtbar wird. Die Arbeitsweise der technischen Zerkleinerungs-Maschinen soll dagegen hier außer Betracht blei-

ben; solche Aufnahmen würden bei dem Bau verbesserter Maschinen rasch veralten.

Die genannten Aufgaben für die technisch-wissenschaftliche Sektion sollen eine ungefähre Vorstellung von dem Umfang der in Aussicht genommenen Dokumentationen vermitteln.

Bei der bisherigen Arbeit zeigten sich Ansätze zu einer über diese Aufgaben hinausreichenden Weiterentwicklung in zwei verschiedenen Richtungen.

Es müßte geprüft werden, ob eine systematische Dokumentation physikalischer Vorgänge vorgenommen werden sollte. Die beiden bisher in die Enzyklopädie übernommenen Einheiten über das Leidenfrostsche Phänomen [E 512] und über die Sichtbarmachung ferromagnetischer Strukturen [E 961] lassen vermuten, daß die Dokumentation zahlreicher physikalischer Vorgänge bedeutsam wäre. Die geplanten Einheiten auf dem Gebiet der Metallkunde berühren sich teilweise mit Fragestellungen der Metallphysik. Auch die Bedeutung, die in physikalischen Experimental-Vorlesungen der optischen Darbietung physikalischer Phänomene beigemessen wird, spricht für eine solche Dokumentations-Aufgabe.

Eine Weiterentwicklung der Dokumentation in anderer Richtung könnte die Einbeziehung der Geschichte der Technik darstellen. Die hierfür bisher veröffentlichen Einheiten behandeln alte Methoden des Stahlschmiedens [E 484], der Messerschleiferei [E 427], der Herstellung von Hackenblättern [E 658] und die Dokumentation alter Windmühlen [E 268, E 301 u. E 426]. Diese sind zwar bisher in der Sektion Völkerkunde-Volkskunde veröffentlicht, gehörten aber auch in eine vielleicht später zu schaffende Untersektion Geschichte der Technik. Bevor eine Entscheidung hierüber getroffen wird, sollte die Frage geprüft werden, ob die im Rahmen des Fachgebietes Geschichte der Technik vorhandenen Bewegungsabläufe für so bedeutungsvoll gehalten werden, daß eine Dokumentation größeren Umfanges berechtigt erscheint.

Wenn man für den Bereich der Technischen Wissenschaften versucht, ein *Bauschema* aufzustellen, so könnte man in Analogie zu dem für Zoologie und Botanik gewählten Schema vorgehen. Die Zoologie hat es mit Tieren, die Botanik mit Pflanzen, die Technik mit Stoffen zu tun. An die Stelle der Tierarten im Schema der Zoologie (S. 40) könnten die verschiedenen Stoffe, an die Stelle der Bewegungsvorgänge und Verhaltensweisen bei den Tieren würden hier die bei den Stoffen treten.

In senkrechter Richtung würde die Gesamtheit der Einheiten stehen, die einen bestimmten Stoff behandeln, sein optisch-kinematisches Bewegungs-Inventar, in waagerechter die Gesamtheit des Vergleichsmaterials über einen bestimmten Vorgang bei verschiedenen Stoffen.

Dieses Schema ist allerdings nur dann richtig durchgeführt, wenn Stoffe und Bewegungsvorgänge so fein unterteilt sind, daß kleinste thematische Einheiten gebildet werden können. In den 10 Einheiten, die Bewegungsvorgänge bei Stählen behandeln, kommen zum Beispiel 8 verschiedene Stahlsorten vor. Daher ist der Begriff »Stahl« zu umfassend für kleinste thematische Einheiten und muß weiter unterteilt werden.

Bei der praktischen Durchführung der Dokumentationsarbeit stellte sich heraus, daß oft eine Anzahl von Filmen als zusammengehörige Reihe entsteht. Aus diesem Grunde und aus Gründen der Übersichtlichkeit wurde das bisherige Titelschema insofern etwas abgewandelt, als jetzt jedem Titel ein Bewegungsvorgang, der alle Filme einer Serie kennzeichnet, als Serientitel vorangestellt wird. Darauf folgt die Nennung des Stoffes und schließlich die genauere Kennzeichnung des Bewegungsvorganges.

Beispiele:

Zugbeanspruchung von Reinstaluminium Al 99,99 R — Veränderung des Feingefüges [E 627].
oder
Zerspanen von Stahl 9 S 20 K — Spanbildung beim Drehen [E 756].

Manchmal erwies sich das Thema Spanbildung beim Drehen für die Zusammenstellung einer kleinsten thematischen Einheit als noch zu umfangreich. Dann wurde weiter unterteilt, z. B.

Zerspanen von Stahl C45W 3 — Spanbildung beim Drehen, Variation der Schnittgeschwindigkeit [E 765].
oder
Zerspanen von Stahl C45W 3 — Spanbildung beim Drehen, Variation der Spandicke [E 808].

Bei der Übernahme neuer Einheiten wird man auf den sinnvollen Ausbau des Schemas sorgfältig achten müssen.

Befaßt man sich etwas näher mit dem technisch-wissenschaftlichen Bereich, so kommt man zu dem Schluß, daß dieser Dokumentation eine erhebliche praktische Bedeutung zukommt. Ihre Aufgabe besteht in der Schaffung neuer forschungsmäßiger Erkenntnisse, in der Verwendung der Filme für den Unterricht und als Informationsquelle für die Praxis. So wie der Ingenieur heute sich in der »Hütte« oder in einem anderen Handbuch über die Konstanten eines Stoffes, die Zerreißfestigkeit oder die spezifische Wärme unterrichtet, so wird er in nicht allzu ferner Zeit die komplizierteren kinematischen Verhaltensweisen eines Stoffes bei einer bestimmten Beanspruchung aus systematisch angelegten Film-Einheiten der Enzyklopädie entnehmen. Hier befinden wir uns erst an einem Anfang, und man wird von dieser Entwicklung noch viel erwarten dürfen.

b) *Die Entwicklung zum technisch-wissenschaftlichen Enzyklopädie-Film*

Obwohl die Anwendung des Filmes im technisch-wissenschaftlichen Bereich bisher keinen breiten Raum eingenommen hat, sind doch im Laufe der Jahrzehnte kurze monographische Filme entstanden, von denen hier einige als Beispiele für die Entwicklung erwähnt werden sollen.

Im Jahre 1934 wurde von den Didier-Werken in Berlin der Film »Die thermische Zersetzung der Kohle«[1] aufgenommen. Er ist unvollständig, technisch unbefriedigend, aber er zeigt bei den dargestellten Vorgängen, die die Zersetzung und Verbrennung verschiedener Kohlensorten im Erhitzungsmikroskop behandeln, einige Ansätze der Dokumentation.

Im Jahre 1942 wurden die Aufnahmen zu dem später veröffentlichten Film »Zerstörungserscheinungen durch Spaltungskohlenstoff« (W. Baukloh)[2] durch die damalige RWU durchgeführt. Hier sind einige Fortschritte zu verzeichnen. Die technische Qualität der Aufnahmen ist besser; die Einstellungen haben eine befriedigende Länge und die zeittransformierenden Aufnahmen eine richtig gewählte Aufnahmefrequenz. Der Film zeigt in Zeitraffer-Aufnahmen Modellversuche über Zerstörungen, die durch kohlenoxydhaltige Gase hervorgerufen werden. U. a. wird ein mit Eisenpulver als Katalysator gefülltes Kupferrohr im Laufe weniger Stunden durch den entstehenden Kohlenstoff gesprengt (Abb. 13a bis 13d). Weitere Versuche werden in dem Film an Probekörpern aus dichtem Magnetit und aus Minette-Erz durchgeführt. Für die technische Praxis haben diese Erscheinungen zunächst im Hochofen-Prozeß Bedeutung, wo sie im Extremfall zu Hochofen-Explosionen führen können.

Man kann diesen Film als einen wertvollen Vorläufer bezeichnen. Man würde ihn technisch heute wahrscheinlich etwas anders aufbauen; auf jeden Fall sollte bei zukünftigen Dokumentationen die Möglichkeit überlegt werden, auch innerhalb einer thematischen Einheit die wesentlichen Reaktionen an *verschiedenen* Stoffen zu demonstrieren, wie das im vorliegenden Fall geschehen ist. Das widerspricht zwar unseren heutigen Vorstellungen, hat aber eine gewisse praktische Bedeutung. —

Als weiteres Beispiel für einen Film, der die neuerdings verfolgte Dokumentations-Richtung beeinflußt hat, kann der Film »Ratterschwingungen an Werkzeugmaschinen«[3] genannt werden. Dieser entstand im Jahr 1956 in Zusammenarbeit mit dem Institut für Werkzeugmaschinen der Technischen Hochschule München (M. Sadowy) und dem IWF. — Bei spanabhebenden Werk-

---

[1] S. auch Drawe, R., Die thermische Zersetzung der Kohle, Begleitveröffentlichung zu dem Film 108, IWF.

[2] S. auch Baukloh, W., Zerstörungserscheinungen durch Spaltungskohlenstoff, Begleitveröffentlichung zu dem wissenschaftlichen Film B 561, IWF.

[3] S. auch Sadowy, M., Ratterschwingungen an Werkzeugmaschinen, Begleitveröffentlichung zu dem wissenschaftlichen Film C 755 des IWF.

ZERSTÖRUNGSERSCHEINUNGEN DURCH SPALTUNGSKOHLENSTOFF

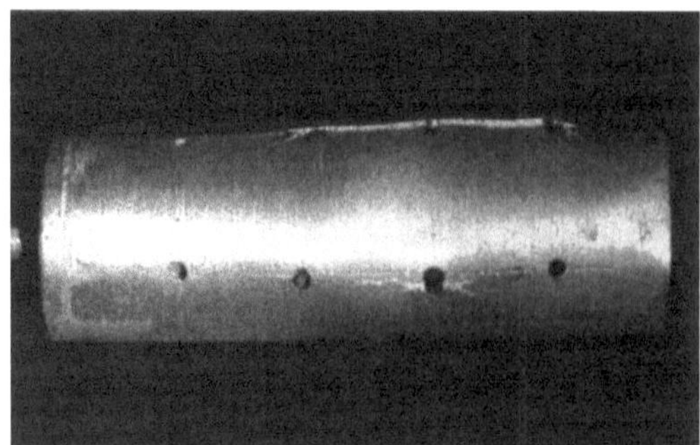

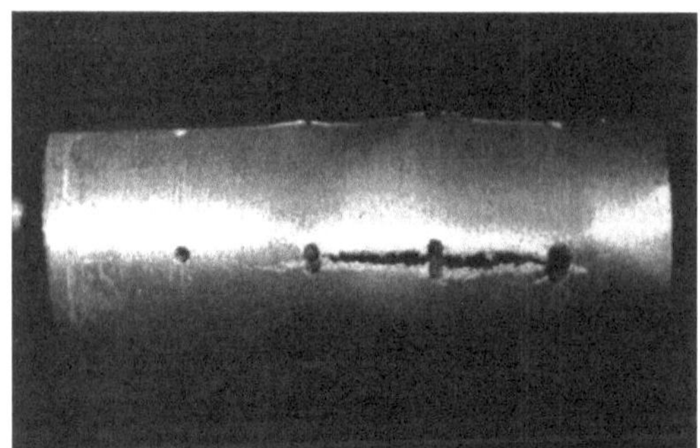

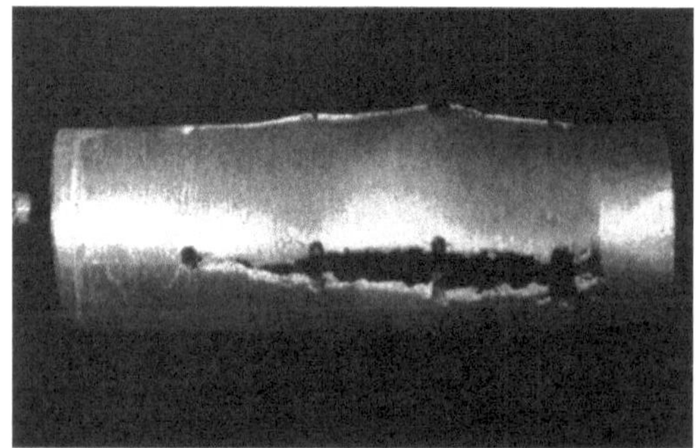

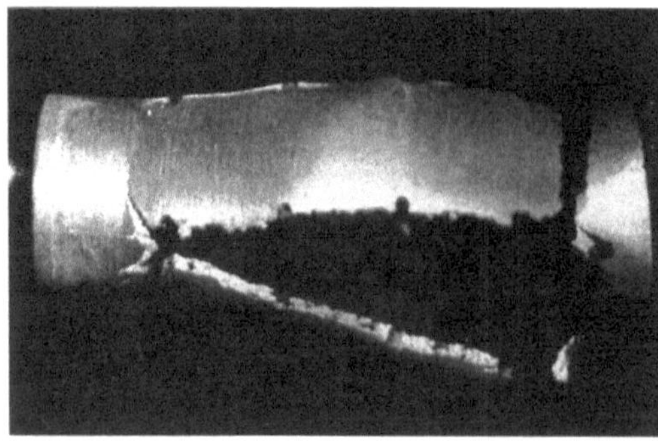

Abb. 13 a—13 d *Zerstörung eines Kupfer-Zylinders durch im Innern aus kohlenoxydhaltigen Gasen entstehenden Kohlenstoff nach Ablauf von einigen Stunden*

zeugmaschinen können unter bestimmten ungünstigen Bedingungen durch ungewollte Relativbewegungen zwischen Werkstück und Werkzeug Schwingungen der Werkzeugmaschine angeregt werden, die den Bearbeitungsvorgang stören. Dies macht sich auf der Oberfläche des Werkstückes in periodisch auftretenden sogenannten »Rattermarken« bemerkbar (Abb. 14a). Der Film

RATTERSCHWINGUNGEN AN WERKZEUGMASCHINEN

Abb. 14a *Rattermarken entstehen beim Drehen auf einem Werkstück*

zeigt in starker Zeitdehnung, wie diese fehlerhafte Oberflächen-Bearbeitung sich vollzieht, und gestattet eine Analyse in vielen Einzelheiten. Untersucht und aufgenommen wurden die Vorgänge beim Runddrehen, Plandrehen, Fräsen, Bohren und Hobeln.

Die gestörten Bewegungen des Werkzeuges oder des Werkstückes oder beider ergeben sich aus den Verformungen, die die Maschine beim Rattern erfährt. Der Film zeigt in den Aufnahmen mit 250facher Zeitdehnung in hervorragender Weise die Wechselwirkung zwischen den Bewegungen der Meißelspitze und den Bewegungen des Werkstückes (Abb. 14b und 14c). Vergrößert sich

Abb. 14b u. 14c *Wechselnde Eintauchtiefen des Drehstahls infolge von Schwingungen der Werkzeugmaschine* (aufgenommen mit 250facher Zeitdehnung). Rechts unten der Drehstahl, darüber ein sich krümmender Span. Die Kante des Werkstückes (links, mit Drehrillen von früherer Bearbeitung) wird infolge der Schwingungen unregelmäßig angegriffen

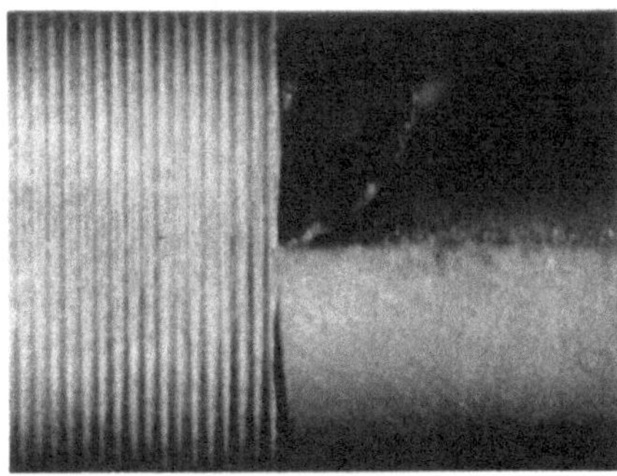

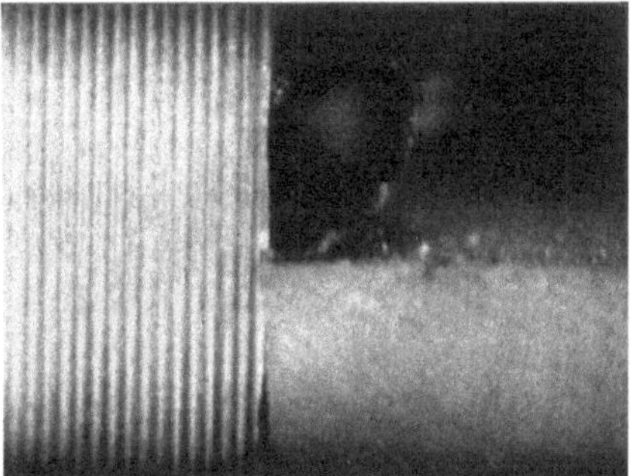

die Eintauchtiefe der Meißelspitze durch die Schwingung der Maschine, so wird die Bewegung des Werkstückes verzögert; verringert sich die Eintauchtiefe, so wird sie beschleunigt. Die größte Verzögerung (bzw. Beschleunigung) der Bewegung des Werkstückes erfolgt mit einer Phasenverschiebung gegenber der maximalen (bzw. minimalen) Eintauchtiefe des Meißels. Bei starkem Rattern kann es zu einer Verzögerung der Werkstückbewegung bis zum Stillstand kommen. Die Aufnahmen erlauben, die Dauer des Stillstandes zu messen. Während einiger hundertstel Sekunden steht das Werkstück still.
Auch beim Fräsen treten solche Ratterschwingungen auf. Hier wurden sie auch durch Ausmessen der Einzelbilder ausgewertet. In einer Kurve von Ratterschwingungen beim Fräsen dauert der Stillstand des Fräsers ca. 0,03 s (Abb. 14d).

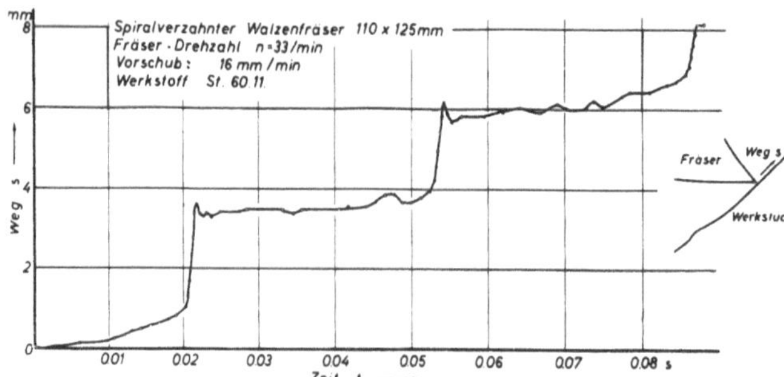

Abb. 14d *Ratterschwingungen mit kurzzeitigem Stillstand des Werkzeuges beim Fräsen.* Auswertung durch Messung

Bei der Vorführung des Filmes entsteht bei der Sichtbarmachung des kurzzeitigen Stillstandes durch die hochfrequente Zeitdehnung vor einem technisch-wissenschaftlichen Auditorium eine fast emotionale Bewegung. Der Ingenieur kann sich aufgrund seiner Erfahrung kaum vorstellen, daß ein relativ schweres, umlaufendes Werkstück mit einer erheblichen Massenträgheit kurzzeitig einige hundertstel Sekunden lang stillsteht und dann wieder weiterläuft. Hier vermittelt der Film nicht nur eine neue technische Erkenntnis, sondern er macht dieses zunächst unvorstellbare Phänomen sichtbar und erfahrbar. Wir werden solchen Fällen, deren Bedeutung nicht unterschätzt werden sollte, gerade in der technisch-wissenschaftlichen Sektion der Enzyklopädie häufiger begegnen. — Der Film »Ratterschwingungen« könnte seiner Anlage nach praktisch eine Enzyklopädie-Einheit sein, wenn man nicht daran Anstoß nehmen will, daß mehrere Arbeitsgänge, Drehen, Fräsen, Bohren und Hobeln, in einer einzigen thematischen Einheit behandelt sind. Einen besonders interessanten Anbau wird dieser Film innerhalb der Enzyklopädie dann erfahren, wenn eine geplante Filmuntersuchung der Ratterschwingungen im mikroskopischen Bereich durchgeführt sein wird.

Zu den ersten Einheiten, die in der Sektion Technische Wissenschaften veröffentlicht wurden, gehören Filme über Bewegungsvorgänge auf Wurfsieben und über die Gießstrahl-Entgasung im Vakuum [E 321].

Während die Siebung auf dem Wurfsieb bei trockenen Materialien, z. B. von Kohle oder Erz, bis zu kleinen Korngrößen von 0,1 mm bis 0,5 mm herab ohne Schwierigkeiten vor sich geht, wird das Verfahren durch Feuchtigkeit sehr beschränkt. Die Absiebung einer Kohlensorte auf einem 3-mm-Sieb ist bei 5 % Feuchtigkeit nicht mehr möglich. Es war Aufgabe einer Forschungsarbeit, die näheren Umstände zu klären[1]. Im Rahmen dieser Arbeit wurden Filmaufnahmen durch das IWF durchgeführt und 1954 zunächst als Hochschulunterrichtsfilm [C 684] veröffentlicht. Die vorliegenden drei Enzyklopädie-Einheiten über das Thema [E 68 bis E 70] sind Teile aus diesem Film.

Die Abb. 15 a bis 15 c zeigen Einzelbilder aus einer Zeitdehneraufnahme vom

Verhalten körniger Stoffe auf Wurfsieben

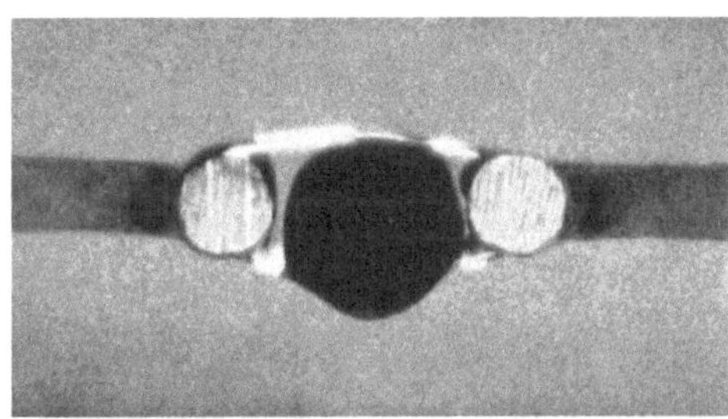

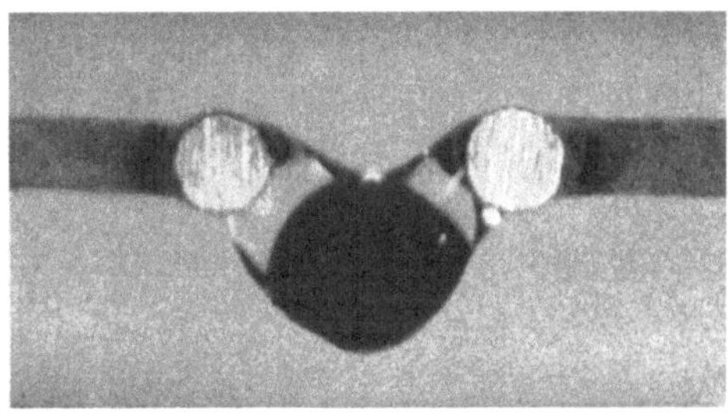

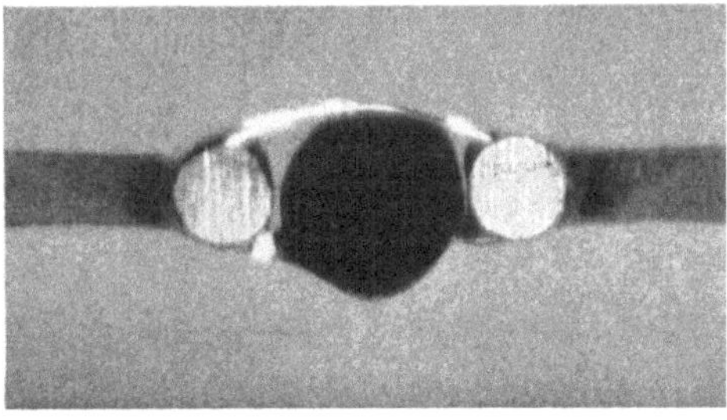

Abb. 15 a–15 c *Verhalten eines Einzelkornes bei der Feuchtsiebung:* Das Korn (schwarz) ist bereits durch die Masche hindurchgetreten, wird aber durch die Flüssigkeitslamellen gehalten und wieder zurückbewegt.
Siebschwingungsfrequenz: 50 Hz
Durchmesser des Kornes: ca. 1,2 mm

[1] Batel, W., Untersuchung zur Absiebung feuchter, feinkörniger Haufwerke auf Schwingsieben; Forschg.-Bericht NRW Nr. 262, 1956, Westd. Verlag, Köln, auch Diss. D 82, Aachen.

Verhalten des Einzelkornes bei der Feuchtsiebung. Das Korn (Durchmesser ca. 1,2 mm) ist bereits durch die Masche des Siebes hindurchgetreten, wird aber durch die Feuchtigkeitslamellen gehalten und wieder zurückbewegt. Die Siebschwingungszahl betrug 50 Hz.

Der Film »Vakuumstahl-Gießstrahlentgasung«[1] ist der erste Enzyklopädie-Film aus der industriellen Technik.

Hochbeanspruchte Werkstücke aus Stahlguß werden seit einigen Jahren aus Legierungen hergestellt, die durch eine Vakuum-Behandlung gasarm gemacht werden. Der in Zeitdehnung (1000 B/s) aufgenommene Film [E 321] hatte die Aufgabe, Einblicke in den Mechanismus der Entgasungsvorgänge zu geben. Der Stahl wurde als freifallender Strahl durch Schaulöcher des Vakuum-Behälters aufgenommen. Die Aufnahmen zeigen den in das Vakuum eintretenden Gießstrahl und seine Auflösung zu Tropfen.

Die vier Teilbilder der Abb. 16a zeigen den Beginn der Entgasung bei dem Kohlenstoff-Stahl C 35 bei 50 Torr. Das Abschnüren und Abschleudern eines Tropfens (Pfeil) ist erkennbar. Das Aufreißen des Gießstrahles ist besonders deutlich aus Aufnahmen des gasarmen Chrom-Molybdän-Stahles 15 Cr Mo 10

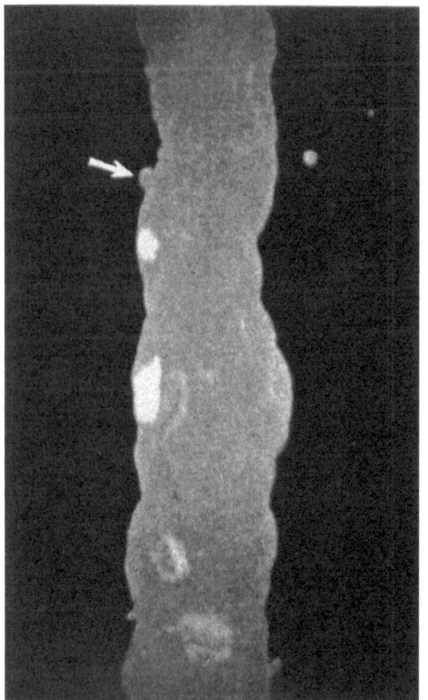

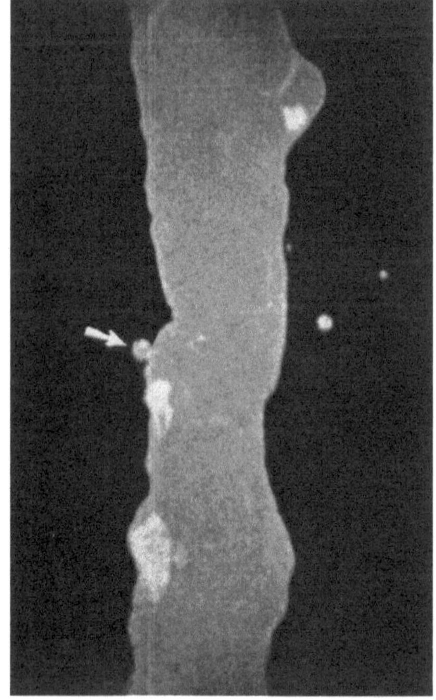

VAKUUM-STAHL – GIESS-STRAHL-ENTGASUNG

[1] Aufgenommen beim Bochumer Verein (Hüttendirektor Dr.-Ing. E. h. A. Tix). S. auch S. 34.

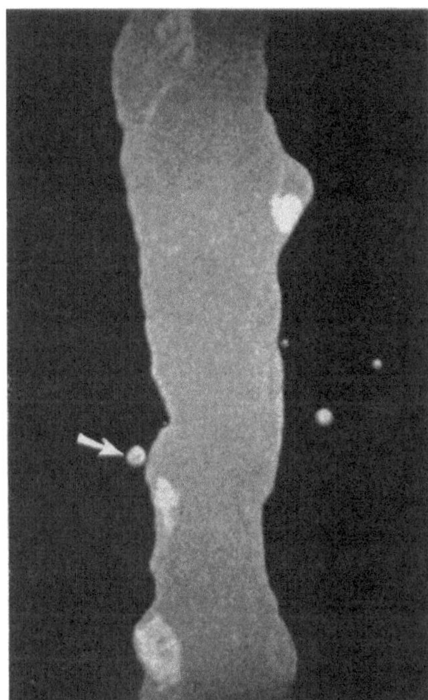
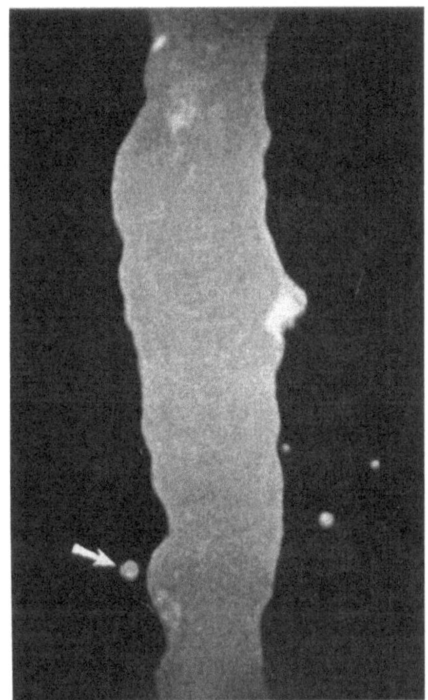

Abb. 16 a 1–4 *Gießstrahl bei Entgasung des Kohlenstoffstahls C 35 beim Druck von 50 Torr*

zu erkennen (Abb. 16b). Der Strahl hat eine schlauchartige Struktur erhalten, die Oberfläche des Schlauches hat eine dunklere Färbung. An den helleren Stellen ist die äußere Oberfläche aufgerissen. An einzelnen Stellen (Pfeil) ist der Aufreiß-Vorgang zu verfolgen. Abb. 16c zeigt eine Zeit-Weg-Kurve von dem Gießstrahl und einzelnen Tropfen.

Der Film zeigt den Vorgang der Entgasung nicht nur an einem einzigen, sondern an verschiedenen Stählen. Diese Abweichung vom üblichen Schema liegt im Thema begründet. Das liegt daran, daß das Hauptinteresse sich auf den Vorgang der Entgasung durch das Vakuum als solchen richtete, während die Wahl der Stahlsorte erst in zweiter Linie interessierte.

Schon früher hatten wir darauf hingewiesen, daß auch die physikalischen Grundvorgänge, soweit sie für die technische Wissenschaft und die Technik bedeutungsvoll sind, in die Enzyklopädie einbezogen werden sollten. Unter diesem Gesichtspunkt ist eine Einheit aus einem umfangreichen Filmmaterial der Farbwerke Hoechst entstanden unter dem Titel »Leidenfrostsches Phänomen« [E 512]. Unter diesem Phänomen versteht man bekanntlich die Erscheinung, daß kleine Flüssigkeitstropfen auf einer glühenden Platte nicht sofort verdampfen, da sie durch eine sich bildende Dampfschicht vor unmittelbarer Be-

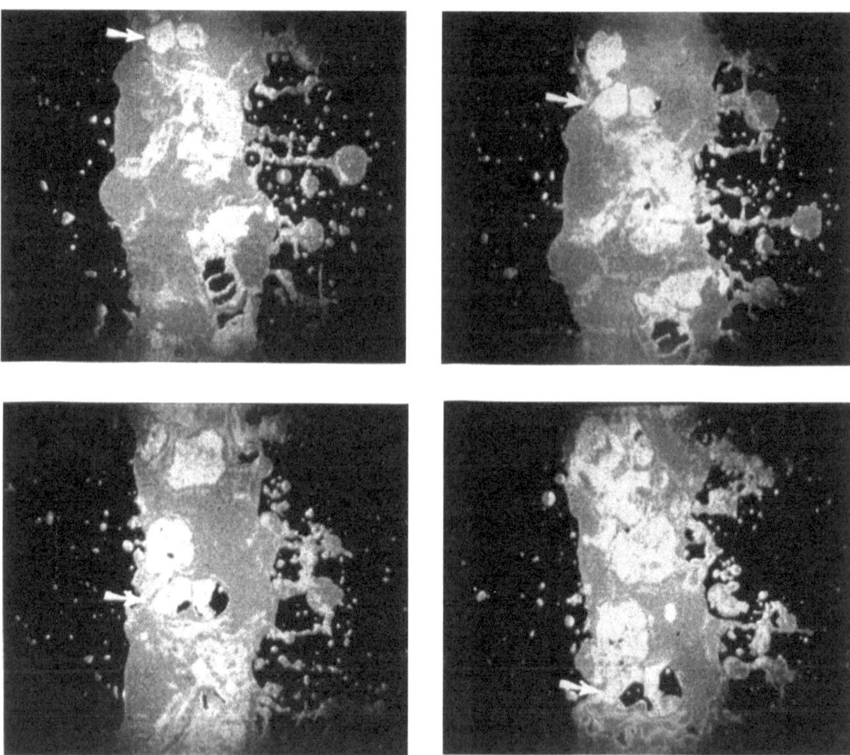

Abb. 16 b 1–4 *Aufreißen des Gießstrahles bei dem gasarmen Cr-Mo-Stahl 15 Cr Mo/10; Druck: 15 Torr*

rührung mit der Platte geschützt werden. Der Film gibt in Lupen-Aufnahmen, meist mit hoher Aufnahmefrequenz aufgenommen, einen guten Überblick über das Phänomen und macht die isolierende Dampfschicht sichtbar.

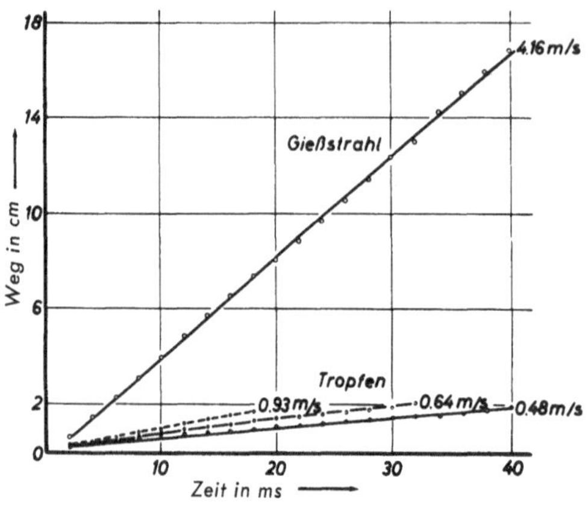

Abb. 16 c *Zeit-Weg-Untersuchung von Gießstrahl und Einzeltropfen*

Aufnahmen von Zerspanungsvorgängen sind bisher sehr oft durchgeführt worden, mikrokinematographische Aufnahmen jedoch überaus selten. Wie reagiert beispielsweise der Einzelkristallit eines Metalles auf das Zerspanungswerkzeug? Über diese und ähnliche Fragen beginnen jetzt umfangreiche Film-Dokumentationen bei verschiedenen Metallen und Legierungen[1]. Die Abb. 17a bis 17c zeigen einige Augenblicksbilder aus dem Zerspanungsvor-

Schnittvorgang in Feingefüge von Stahl bei kleinen Spandicken

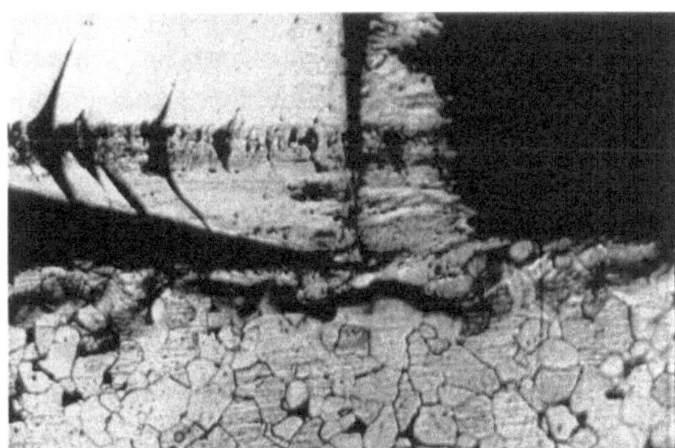

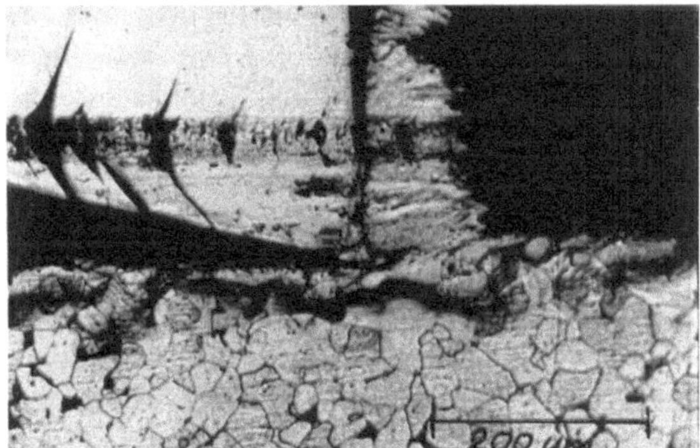

200 µm

Abb. 17a–17c *Zerspanungsvorgang bei einem polierten und geätzten Stahl (9 S 20).* Vergrößerung 110 x

[1] Gemeinschaftsarbeit zwischen dem IWF und dem Institut für Fertigung und Spanende Werkzeugmaschinen der Technischen Hochschule Hannover (Prof. Dr.-Ing. W. Osenberg).

gang bei einem polierten und geätzten Stahl (9 S 20) mit einer polierten Stahlschneide (DEW - Kobalt II) bei etwa 110facher Vergrößerung [B 885]. Werkzeug und Werkstück wurden dabei gegen eine Glasplatte gepreßt; dadurch sind auf der Glasplatte Sprünge entstanden, die auf dem Drehstahl als Hintergrund erkennbar sind. Die Zerspanungsgeschwindigkeit betrug hier etwa 10 mm/min, die Aufnahmefrequenz 48 B/s. Die Spantiefe ist, wie aus dem im Titelbild 17c angebrachten Maßstab hervorgeht, etwa 35 µm. — Die Aufnahmen weisen noch manchen Mangel auf; sie werden durch geeignete Maßnahmen verbessert werden können. Vor allem muß angestrebt werden, in den für die Technik besonders interessanten Bereich höherer Schnittgeschwindigkeiten zu gelangen.

Bei der Beschäftigung mit der Materie der Zerspanung hat sich herausgestellt, daß auch Makro-Aufnahmen und solche mit Lupen-Vergrößerung bei hoher Zeitdehnung neue Erkenntnisse vermitteln können. Aus diesem Grund sind in Zusammenarbeit mit dem genannten Institut 20 Einheiten über das Zerspanen verschiedener Werkstoffe (Stahl, Gußeisen, Temperguß, Messing, Aluminium usw.) entstanden, wobei meist die Spanbildung beim Drehen als thematische Einheit gewählt wurde.

Einen anderen Aufgabenbereich stellt der Komplex Korrosion dar. Die erste Enzyklopädie-Einheit zu diesem Thema behandelt die fadenförmige Korrosion bei unlegiertem Stahl [E 835]. Der Film entstand in Zusammenarbeit mit H. Kaesche. Er behandelt in farbigen Mikro-Zeitraffer-Aufnahmen die wichtigsten Phänomene dieses Typs der Korrosion. Die Raffungsmaßstäbe waren beträchtlich; die aufgenommenen Versuche dauerten bis zu einem Monat. Teilphasen aus dieser Einheit gibt Abb. 18a bis c wieder.

Die fadenförmige Korrosion (auch Filigran-Korrosion genannt) tritt in dem aufgenommenen Versuch an lackierten Eisenflächen bei einer relativen Luftfeuchtigkeit von 60 bis 100% auf. Die Korrosionsfäden wachsen unter der Lackschicht (Zaponlack) auf der Eisenfläche und gehen dabei von dort aufgebrachten NaCl-Partikeln aus. Der Fadenkopf besteht aus dem dabei gebildeten Elektrolyt und ist durch eine V-förmige Membran vom Fadenkörper getrennt. An dieser Membran wird das im Fadenkopf gelöste Eisen zu $Fe(OH)_3$ oxydiert und in trockener, poröser Form ausgeschieden.

Das Wachstum des Fadens kommt durch das Fortschreiten der Membran und seine Struktur durch die periodischen Bewegungen des Fadenkopfes zustande.

Abb. 18a zeigt den Faden, bestehend aus dem rostbraunen Fadenkörper und dem blauen Elektrolyt des Fadenkopfes; der Faden hebt sich bei der Aufsicht-Dunkelfeld-Beleuchtung gut von der dunklen Eisenfläche ab.

In Abb. 18b hat sich nach dem Zusammenstoß zweier Fäden aus den beiden Fadenköpfen ein neuer Faden gebildet. Ein Teil des Elektrolyten wurde dabei

Fadenförmige Korrosion
unlegierter Stahl
in feuchter Luft

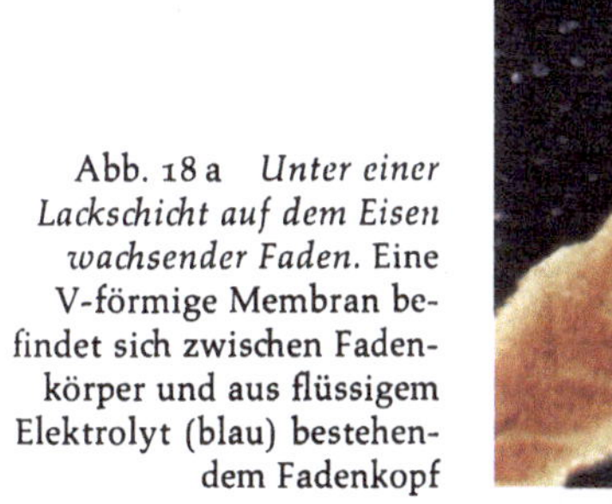

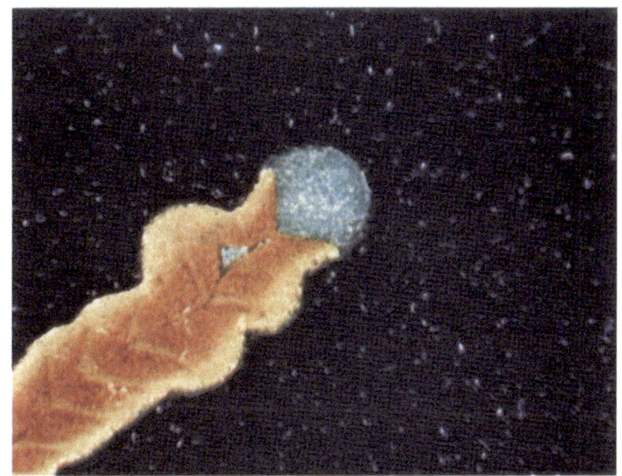

Abb. 18 a *Unter einer Lackschicht auf dem Eisen wachsender Faden.* Eine V-förmige Membran befindet sich zwischen Fadenkörper und aus flüssigem Elektrolyt (blau) bestehendem Fadenkopf

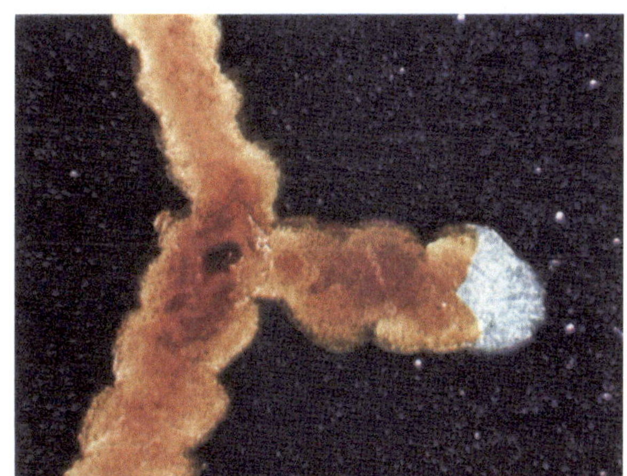

Abb. 18 b *Wachsen eines neuen Fadens nach dem Zusammenstoß zweier Fäden.* Lochfraß-Zentrum am Ort des Zusammenstoßes

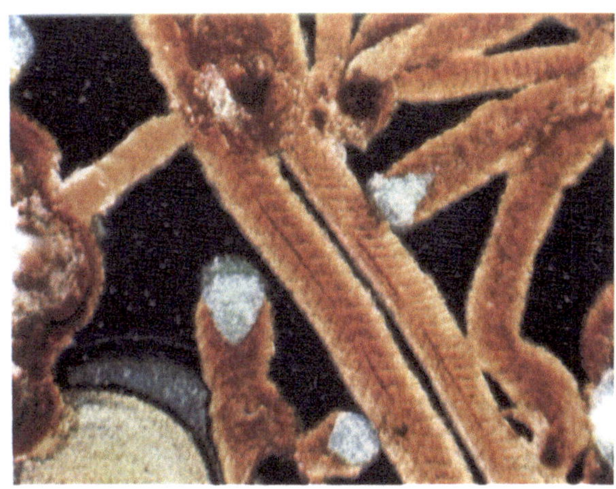

Abb. 18 c *Stark mit Korrosionsfäden bedeckte Fläche.* Ansätze zu Lochfraß-Korrosion

eingeschlossen (dunkle Stelle am Kreuzungspunkt); das kann zu der bekannten Lochfraß-Korrosion führen.
Abb. 18 c zeigt eine bereits stark mit Korrosionsfäden bedeckte Fläche, auf der es beim Aufeinandertreffen von Fäden zu Wachstumsstörungen kommt. Im oberen Drittel des Bildes sind Ansätze zur Lochfraß-Korrosion (dunkle Stellen) zu erkennen. Rechts wächst ein Fadenkopf auf den davor liegenden Faden zu. Trotz Benetzen mit der Kopfflüssigkeit wird dieser nicht überwachsen. Links ist eine Phase aus der normalen Weiterbewegung eines Fadenkopfes sichtbar.

c) *Beispiel eines technisch-wissenschaftlichen Enzyklopädie-Filmes*

Der Film »Zugbeanspruchung von Reinstaluminium Al 99,99 R«[1, 2] zeigt in mikrokinematographischen Aufnahmen mit verschiedener Vergrößerung die Veränderung des Feingefüges während der Zugbeanspruchung bis zum Bruch (s. auch Abb. 19 a bis 19 f, S. 109 u. 110).

Einstellungsfolge:

Einst. Nr. (Dauer)	Titel	Bildbeschreibung
	Haupt-titel:	Zugbeanspruchung von Reinstaluminium Al 99,99 R Veränderung des Feingefüges
	Zwischen-titel 1:	Zugrichtung horizontal 16 B/s
	Zwischen-titel 2:	Dunkelfeldbeleuchtung Bildbreite etwa 2300 µm
		Übersichtsaufnahme, Vergrößerung 45 x
1 (61 s)		Die Zugbeanspruchung setzt kurz nach Aufnahmebeginn ein. Bei der Dunkelfeldbeleuchtung sind an der polierten und geätzten Probe anfangs nur die Korngrenzen (und Verletzungen der Oberfläche) sichtbar. Mit zunehmender Zugbeanspruchung drehen sich einzelne Kristalle aus ihrer Lage und reflektieren nun nicht mehr Licht in das Objektiv. Bei stärkerer Verformung kommt es zu einer starken Aufrauhung der Oberfläche und entsprechender Abdunklung einzelner Bezirke. In der Endphase sind die starke Einschnürung der Metallprobe und der Bruch zu erkennen.

[1] E 627; 16-mm-Stummfilm, schwarz-weiß, 9 Min., Aufn. auf Normalfilm 35 mm.
[2] Steffens, H.-D. und Hummel, G., Mikrokinematographische Studien an Metallgefügen unter Zugbeanspruchung, Forschungsfilm Vol. 5, 1964, S. 118–126.

Zugbeanspruchung von Reinstaluminium Veränderung des Feingefüges

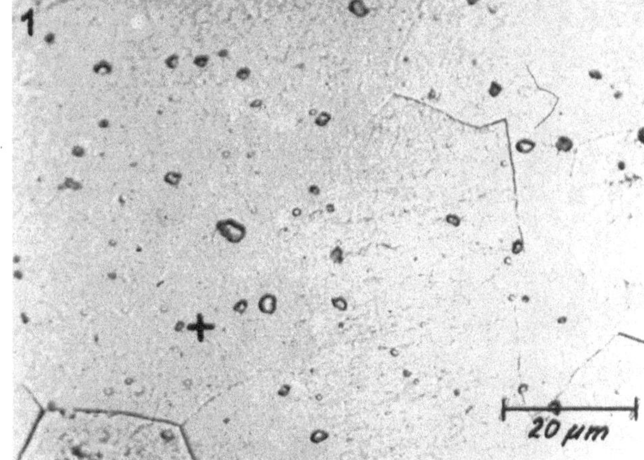

Abb. 19 a *Aluminium-Probe bei Beginn der Beanspruchung*

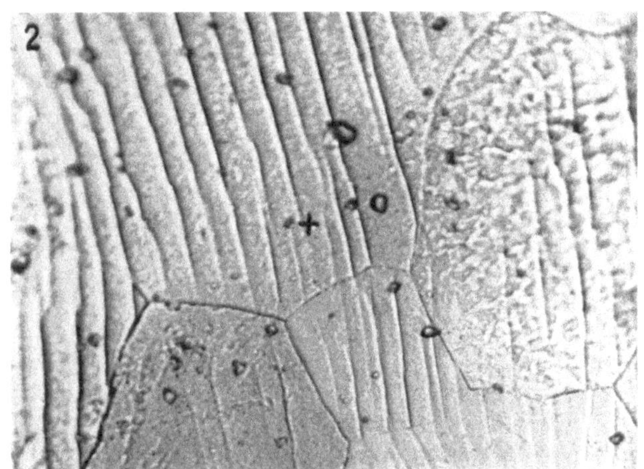

Abb. 19 b *Ausbildung von Gleitlinien*

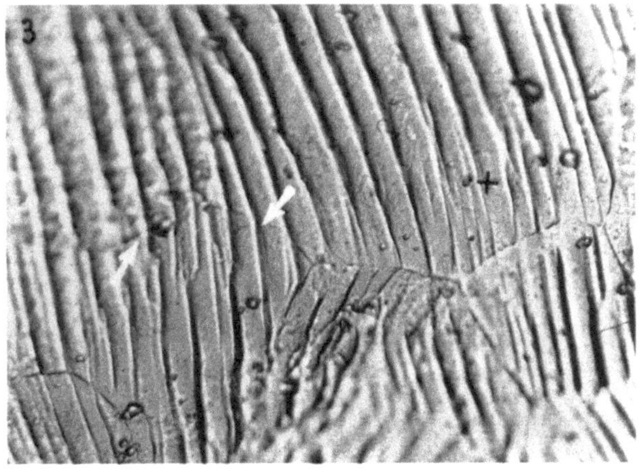

Abb. 19 c–19 e *Mehrere Gleitlinien setzen sich auch jenseits der Korngrenzen in einem Nachbarkristallit fort (Pfeile)*

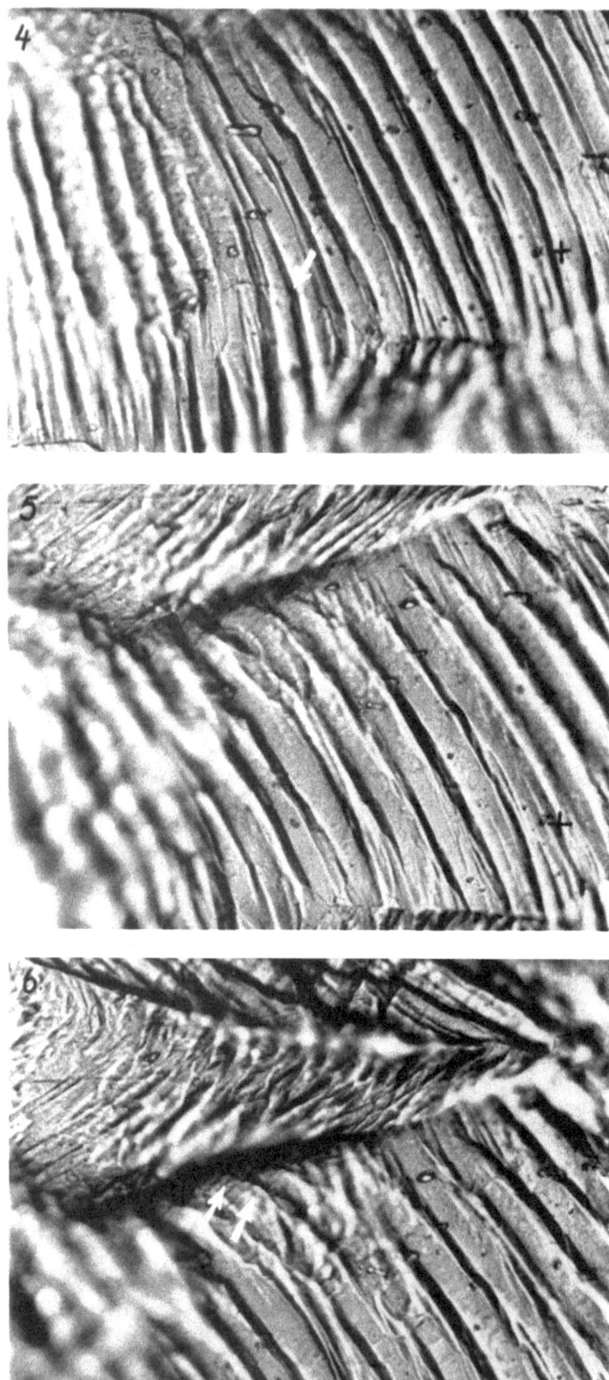

Abb. 19f *Breite Gleitlinien biegen an einer Korngrenze ein (Korngrenzen-Verfestigung) (Pfeile)*

Einst. Nr. (Dauer)	Titel	Bildbeschreibung
	Zwischentitel 3:	Hellfeldbeleuchtung Bildbreite etwa 250 µm
2 (136 s)		Im Hellfeld werden bei 400facher Vergrößerung die Veränderungen im Gefügeverband und auf den einzelnen Kristalliten gut sichtbar. Die Tiefenschärfe muß in einigen Phasen nachgestellt werden; durch Lageveränderungen verschiedener Kristallbereiche während der Beanspruchung geraten diese aus dem Schärfebereich.
	Zwischentitel 4:	Bildbreite etwa 100 µm
3 (124 s) 4 (133 s)		In beiden Einstellungen mit 1000facher Vergrößerung biegen die relativ breiten Gleitlinien (Gleitbänder von etwa 5 µm Breite) teilweise an den Korngrenzen ein (Korngrenzenverfestigung bei steigender Zugbeanspruchung). Vereinzelt ist auch die Fortsetzung einer Gleitlinie über die Korngrenze hinweg in den benachbarten Kristallit zu erkennen. Unregelmäßigkeiten im Verlauf der Gleitlinien deuten auf Störungen im Gitter hin.
	Schlußtitel:	Aus dem Institut für Werkstoffkunde der Technischen Hochschule Hannover (Prof. Dr.-Ing. A. Matting) Dr.-Ing. H.-D. Steffens und dem Institut für den Wissenschaftlichen Film, Göttingen Dr.-Ing. G. Wolf Aufnahme: Ing. G. Hummel

Die Abb. 19a bis 19f zeigen Einzelbilder aus den Einstellungen 3 und 4. Die Vergrößerung beträgt etwa 1000 ×. Im Teilbild 19a ist ein Maßstab eingezeichnet. In diesem Teilbild sind noch keine Gleitlinien erkennbar; sie beginnen, in Abb. 19b zu entstehen und verstärken und verbreitern sich während der gesamten Bildfolge bis Abb. 19f. Durch Herausgehen aus dem relativ kleinen Tiefenschärfenbereich werden einzelne Bezirke in den Bildern unscharf. In den Bildern 19c und 19d ist zu erkennen, wie mehrere Gleitlinien sich auch jenseits der Korngrenzen in einem Nachbarkristallit fortsetzen (Pfeile). In Abb. 19f sieht man, daß breite Gleitlinien an einer Korngrenze einbiegen (Pfeile), was auf eine Korngrenzenverfestigung hindeutet. Aus der

Bildfolge geht ferner hervor, daß die Zerreiß-Apparatur relativ symmetrisch arbeitet; während der Bildfolge verschiebt sich das eingezeichnete Kreuz nur um etwa 60 μm.

Dieser Film ist ein typisches Beispiel für die neuere Arbeitsrichtung der technisch-wissenschaftlichen Sektion. Der untersuchte Vorgang ist von prinzipieller Bedeutung für die Technik, und er kann nur mit Hilfe des Filmes sichtbar gemacht werden. Aus kinematographischen Gründen wurden besondere Zerreißproben angefertigt, die in ihren Maßen von den üblichen abweichen.

»Die mikrokinematographische Studie der plastischen Verformung unterschiedlicher Metalle vermag über das Verhalten der Kristallite an ihren Korngrenzen bei unterschiedlicher Korngröße wertvolle Aufschlüsse zu liefern. Es ist hierdurch möglich, den Zeitpunkt und den Ablauf der Verformung in einzelnen Gleitebenen, das Auftreten weiterer Gleitbereiche in höheren Verformungsstadien, das Eindrehen einzelner Kristallite in günstige Verformungsrichtungen unter erheblicher Verzerrung der Korngrenzenbereiche u. ä. deutlich herauszustellen.«[1]

Von besonderer Bedeutung sind hier die Möglichkeiten zum Vergleich mit anderen Werkstoffen. Über die Veränderung des Feingefüges während der Zugbeanspruchung existieren bereits Einheiten von Gußeisen GGG-50, Kupfer Sf - Cu, Tiefziehblech St VII 23, Feinzink Zn 99,99 und Stahlblech St 60. Eine weitere Unterteilung wurde bei Feinzink vorgenommen. Hier existieren nebeneinander die Einheiten über Feinzink Zn 99,99, geglüht, und Feinzink Zn 99,99, gewalzt.

Einige Anbaurichtungen zeichnen sich bereits ab: Wie sieht die Beanspruchung unserer wichtigsten Maschinen-Werkstoffe bei höherer Temperatur, etwa im Bereich von 800 bis 1000° C aus? Die Ergebnisse der oben genannten Einheiten fordern aber auch dazu heraus, die Beanspruchungen selbst zu modifizieren, also beispielsweise auf eine schwingende Beanspruchung überzugehen, deren Kraft und Richtung wechselt. Damit wird der experimentelle Aufwand jedoch ständig größer. Bei den vorliegenden Aufnahmen mußte bereits eine besonders symmetrisch arbeitende Zerreiß-Vorichtung entwickelt werden, die es gestattet, die Zugbeanspruchung von beiden Seiten so gleichmäßig vorzunehmen, daß selbst bei einer Bildbreite von nur 100 μm eine Auswanderung der Probenmitte kaum auftritt. Der höhere Aufwand solcher Untersuchungen ist dadurch gerechtfertigt, daß diese wichtigen Vorgänge ohne Filmaufnahmen als Bewegung nicht sichtbar zu machen sind. Auch bei den vorliegenden Filmen handelt es sich unseres Wissens um in dieser Art erstmalige Untersuchungen.

---

[1] Steffens, H.-D. und Hummel, G., Mikrokinematographische Studien an Metallgefügen unter Zugbeanspruchung, Forschungsfilm Vol. 5, 1964, S. 118–S. 126.

Die durchgeführten Aufnahmen lassen es wünschenswert erscheinen, ähnliche Versuche über die lichtoptisch möglichen Vergrößerungen hinaus im elektronen-mikroskopischen Bereich vorzunehmen[1].

E) Sektion Völkerkunde und Volkskunde

a) *Aufgaben und Schema*

Das Jahr 1895 ist das Jahr der ersten öffentlichen Projektion von Filmen überhaupt — in diesem Jahr macht Regnault[2] erste Aufnahmen von einer Negerin beim Töpfern, andere Aufnahmen schlossen sich in den nächsten Jahren an. Im Jahr 1900 — fünf Jahre danach — faßt der International Ethnographic Congress in Paris folgende Entschließung[3]: »All anthropological museums should add suitable film archives to their collections. The mere possession of a potter's wheel, a number of weapons or a primitive loom is not sufficient for a full understanding of their functional use; this can only be handed down to posterity by means of precise cinematographic records.«

Diese Entschließung, in der Frühzeit der Kinematographie von einer internationalen wissenschaftlichen Gesellschaft gefaßt, kann nur mit Bewunderung zur Kenntnis genommen werden. Sie zeugt von einer Urteilsfähigkeit, die erstaunlich ist. — Freilich ist von dieser ersten Begeisterung schon nach kurzer Zeit offenbar nur wenig übriggeblieben. Immer wieder wird im Laufe der folgenden Jahrzehnte von verschiedenen Ethnologen auf die besondere Bedeutung des Filmes und auf die dringende Notwendigkeit hingewiesen, die sich laufend verändernden Kulturen mit seiner Hilfe festzuhalten. Mehrfach wurde auch der Versuch gemacht, völkerkundliche Filmarchive aufzubauen. Alle diese Aufrufe, Entschließungen, Empfehlungen und sonstigen Versuche haben sich jedoch nicht ausgewirkt — von den zahlreichen Filmaufnahmen der ersten Zeit ist kaum etwas verblieben.

Das IWF begann mit seiner völkerkundlichen Film-Arbeit in der Mitte der fünfziger Jahre. Es wurde ein Referat für Völkerkunde geschaffen, das von G. Spannaus, dem späteren Ordinarius für Völkerkunde an der Universität Göttingen, wahrgenommen wurde. Er hat sich um die Erweiterung der Grundlagen des völkerkundlichen Filmes und um die Interessierung der Völkerkundler besonders verdient gemacht, und von ihm stammen die Leitsätze zur

---

[1] Interessant in diesem Zusammenhang ist die Tatsache, daß sich bereits Elektronen-Mikroskope im Bau befinden, bei denen von vornherein eine Dehnungsvorrichtung für Metalle sowie eine Filmkamera im Vakuum vorgesehen sind.

[2] Regnault, F., Poterie crue et origine du tour, Bull. Soc. Anthrop., Paris 1895, S. 743.

[3] nach A. R. Michaelis: Research Films in Biology, Psychology and Medicine, 1955, Academic Press New York, S. 193.

völkerkundlichen und volkskundlichen Film-Dokumentation. In seiner Antrittsvorlesung hat er 1960 eine Übersicht über Entwicklungsstand, die Probleme und die Zukunftsaufgaben gegeben[1]. Es gelang, die Völkerkundler erneut mit der Bedeutung des Filmes vertraut und die völkerkundliche, später auch die volkskundliche Filmarbeit zu einem Arbeitszweig der in der Zwischenzeit gegründeten ENCYCLOPAEDIA CINEMATOGRAPHICA zu machen. Eine Entschließung, die 1960 von 60 Völkerkundlern unterzeichnet wurde, gibt in ihrem Wortlaut ein gutes Bild der sich stellenden Aufgaben und der Gründe für die Dringlichkeit ihrer Durchführung:

> »Der Forschungsgegenstand völkerkundlicher Wissenschaft, die Kultur der schriftlosen Völker, ist immer einem Wandel ihres Gehaltes und ihrer Erscheinungsformen unterworfen gewesen. In der Gegenwart vollzieht sich dieser Wandel infolge des Einflusses der abendländischen Zivilisation und nach dem Willen dieser Völker selbst mit zunehmender Geschwindigkeit, die ursprünglichen Formen und Inhalte der naturvolklichen Kulturen werden ausgelöscht. Dadurch verliert die Völkerkunde die lebendige Grundlage ihrer Wissenschaft, aus der ihr bisher Forschungsunterlagen zuflossen. Es ist damit zu rechnen, daß heute noch mögliche Beobachtungen bei Volksstämmen, die verhältnismäßig unbeeinflußt von der europäischen Zivilisation leben, in wenigen Jahren nicht mehr durchführbar sein werden.
>
> Die neuzeitliche Technik gibt dem Völkerkundler Mittel in die Hand, die heute noch vorhandenen Erscheinungen nicht nur im stehenden Bild, sondern auch als Bewegungsvorgänge mit Hilfe des Filmes festzuhalten.
>
> Durch die bisher bearbeiteten völkerkundlich-wissenschaftlichen Filme ist die Überlegenheit der Kinematographie gegenüber den älteren Methoden: Beschreibung, Zeichnung und Photographie bei der Erforschung bestimmter Vorgänge erwiesen. Bewegungsvorgänge, auch aus dem Bereich der Völkerkunde, können überhaupt nur mit Hilfe des Films forschungsmäßig ausgewertet werden. Vor allem aber können mit Hilfe des Films bei den heute noch vorhandenen Naturvölkern Vorgänge erfaßt und in ihrem Bewegungsablauf erhalten werden, die nach wenigen Jahren in der Wirklichkeit für immer verschwunden sein werden. Dem Filmbild, das eine Art zweiter Wirklichkeit liefern kann, kommt deshalb eine heute noch gar nicht abzuschätzende Bedeutung für die zukünftige völkerkundliche Forschung zu.
>
> Die Völkerkunde fühlt sich auch den Völkern der Entwicklungsländer gegenüber verpflichtet, so viele filmische Forschungsunterlagen über deren Volkskultur wie nur irgend möglich zu sammeln. Heute erkennen erst wenige einsichtige Vertreter dieser Länder die Werte, die ihnen aus der eigenen Vergangenheit erwachsen. Die Völkerkunde will versuchen, diese Werte der Volkskultur auch in Zukunft noch mit Hilfe des Filmes erkennbar werden zu lassen.

[1] Spannaus, G., Der wissenschaftliche Film als Forschungsmittel in der Völkerkunde, in: Der Film im Dienste der Wissenschaft, Festschrift zur Einweihung des Neubaues für das IWF, 1961.

> Die unterzeichnenden deutschen Völkerkundler machen die Deutsche Forschungsgemeinschaft (DFG) und das Institut für den Wissenschaftlichen Film (IWF) auf diese Tatsache ausdrücklich aufmerksam. Beide Institutionen haben bereits durch das bisher gezeigte Verständnis die Aufnahme und wissenschaftliche Bearbeitung von rund 120 völkerkundlichen Forschungsfilmen ermöglicht. Der rasche Wandel der Kulturen verlangt es jedoch, Forschungsunterlagen in Form von Filmen in noch wesentlich größerer Zahl als bisher herzustellen . . .«

Die besonderen Schwierigkeiten auf dem Gebiet der völkerkundlichen Filmarbeit bestanden damals darin, daß die bereits vorhandenen wie die neu entstehenden Aufnahmen fast sämtlich von Filmamateuren stammten. Nur in Ausnahmefällen war ein Ethnologe zugleich wissenschaftlicher Kameramann, oder konnte ein solcher eine völkerkundliche Expedition begleiten. Um auf die Aufnahme neu entstehender Filme im Rahmen des Möglichen Einfluß zu nehmen, hat das Institut damals versucht, in Kursen für Hochschullehrer und wissenschaftliche Assistenten oder in einer Kurzausbildung vor Beginn einer Expedition Herstellungsgrundlagen wissenschaftlicher Filme zu vermitteln.
Wahrscheinlich hat dies dazu beigetragen, daß zunehmend Bemühungen um thematisch erschöpfende und technisch bessere Erfassung der Filmthemen festzustellen waren; das gleiche gilt für die Verbesserung des Wirklichkeitsgehaltes und erläuternde Daten in den Film-Begleitveröffentlichungen.
Das Arbeitsergebnis dieser ersten Phase besteht aus etwa 200 Enzyklopädie-Filmen, die bei rund 100 Stammesgruppen aufgenommen waren. Diese Phase ist gekennzeichnet durch die Aufnahmetätigkeit einzelner (manchmal in einem Kursus vorbereiteter) Völkerkundler und durch meist mißlungene Versuche zur Zusammenarbeit mit Kulturfilm-, später mit Fernsehfilm-Herstellern bei der Herstellung populär-wissenschaftlicher Filme.
Eine zweite, noch andauernde Arbeitsphase wurde durch die oben zitierte Entschließung der deutschen Völkerkundler und die daraus resultierenden Förderungsmaßnahmen eingeleitet. Sie ist dadurch charakterisiert, daß die Herstellung von Filmdokumenten erheblich erweitert und wesentlich bessere technische und wissenschaftliche Qualität angestrebt wurde, ferner dadurch, daß auf völkerkundliche Expeditionen wissenschaftliche Kameraleute mitgenommen, ja daß endlich besondere Expeditionen mit der ausschließlichen Aufgabe der völkerkundlichen Filmdokumentation durchgeführt werden. Ihr Ziel ist die möglichst vollständige Dokumentation der Kulturen.
Das erste bis jetzt beispielhafte Ergebnis einer solchen Gesamtdokumentation sind die Filme von G. Koch über die Kultur der Bewohner der Gilbert-Inseln in Mikronesien. Diese Filmarbeit wurde im Rahmen einer allgemeinen, systematischen ethnologischen Aufnahme über den Gilbert-Archipel durchgeführt, die bis dahin noch ausstand. G. Koch weist darauf hin, daß er dabei gezwungen war, sich mit den verschiedenen Seiten der Kultur intensiv zu beschäftigen,

und so Gelegenheit hatte, alle filmbaren Bereiche kennenzulernen und gleichzeitig sowohl mit der herkömmlichen Arbeitstechnik als auch mit der Kamera konsequent zu erfassen[1].

In neuester Zeit sind auch durch das Institut für den wissenschaftlichen Film eigene Dokumentationsfilm-Expeditionen nach der Republik Tschad, Thailand und Südarabien durchgeführt worden. Die Ergebnisse werden zur Zeit ausgewertet und stehen vor der Veröffentlichung. Es können insgesamt etwa 140 Einheiten erwartet werden. Darunter befindet sich auch erstmalig eine größere Anzahl von Tanzfilmdokumentationen mit synchroner Tonaufnahme. Von der Arabien-Expedition wurde die vollständige Dokumentation aller von Männern ausgeübten Handwerke mitgebracht, die 1966 in der südarabischen Stadt Tarim (Wadi Hadramaut) noch anzutreffen waren[2].

Auf dem Gebiete der *Volkskunde* wurden in Deutschland während einer ersten Entwicklungsphase Filme durch heimatkundlich orientierte Institutionen, z. B. Bildstellen, Institute, Museen oder auch Laien, aufgenommen. Die Zahl der Filme, die Anspruch erheben können, als Dokumentationen im wissenschaftlichen Sinne zu gelten, ist sehr gering. Eine zweite Phase wurde dadurch eingeleitet, daß mit Hilfe von größeren Spendenmitteln mit der systematischen Erfassung volkskundlich wichtiger Vorgänge im deutschen Sprachraum durch das IWF begonnen wurde. Auf breiterer Basis wurde sachliches Interesse geweckt durch eine Arbeitstagung der Volkskundler über das Thema »Volkskunde und wissenschaftliche Bilddokumentation«, die 1962 im Institut für den Wissenschaftlichen Film in Göttingen stattfand[3]. Von wesentlicher Bedeutung war dabei, daß zum erstenmal die Frage nach dem Wirklichkeitsgehalt durchdacht und in den Mittelpunkt der Arbeit gestellt wurde. Tonfilmaufnahmen wurden für bestimmte Aufgaben für unbedingt erforderlich gehalten. Sie genügen aber nur dann, wenn Bild und Ton synchron sind. Neben der Erfassung technologischer Vorgänge, die übrigens auch für die Geschichte der Technik, des Handwerks und der Industrie interessant sein können, wurde der Übergang zu Aufgaben mit psychologischer und soziologischer Themen-

---

[1] Die Themen sind: Sammelwirtschaft und Fischfang (10), Anbau, Nahrungszubereitung (13), Textiltechniken (17) und weitere handwerkliche Arbeiten (7), Krankenbehandlung, Kampfmethoden, Schwimmstile (5), Spiele von Kindern und Erwachsenen (11), Tanz (7) (s. auch Tabelle I, S. 119) (in Klammern: Zahl der entstandenen Filme).
G. Koch schreibt hierzu: »Aufnahmen alter Festbräuche waren nicht möglich, weil sie im Zuge der Christianisierung der Inseln eliminiert wurden. Zauberische Praktiken finden nur noch insgeheim statt und würden nur als gestellte Szenen filmbar sein.« Hinsichtlich synchroner Bild- und Ton-Aufnahmen weist er darauf hin, daß der Aufwand an Kosten im richtigen (in diesem Fall unbefriedigenden) Verhältnis zum voraussichtlichen Ergebnis stehen müßte; daher erscheint die Publikation der wenigen Tanzfilme mit getrenntem Tonband sinnvoll.

[2] Vergl.: W. Dostal, Ethnographische Dokumentation in Südarabien. Bustan, H 4, 1966.

[3] Volkskunde und wissenschaftliche Bilddokumentation, 1. Arbeitstagung des Arbeitskreises für Volkskunde, Manuskript 1962, 105 S.

stellung für wichtig gehalten. Das bedingt in der Zukunft die Hinwendung zur (möglichst) unbemerkten Aufnahme.

Wir hatten früher die systematische Bewegungsdokumentation der Enzyklopädie auf bestimmte Arten von Bewegungsvorgängen beschränkt, die wir hier kurz noch einmal unter den besonderen Gesichtspunkten der völkerkundlichen Arbeit aufzählen wollen:

1. Vorgänge, die mit dem menschlichen Auge nicht mehr erfaßbar sind, bei denen also die kinematographischen Methoden wie Zeitdehnung und Zeitraffung benutzt werden müssen.

   Solche Vorgänge, bei denen die Zeittransformation erforderlich ist, sind in der Völkerkunde und Volkskunde zwar auch vorhanden (z. B. Herstellungstechniken, Tänze, Spielen von Musikinstrumenten o. ä), jedoch sind sie selten.

2. Vorgänge, bei denen der Vergleich untereinander eine wesentliche Rolle spielt und bei denen das Erinnerungsbild oder die Beschreibung allein nicht ausreicht.

   Solche Vorgänge sind in der Völkerkunde und Volkskunde sehr zahlreich. Hierzu gehören beispielsweise die handwerklichen Tätigkeiten. Während bisher nur die Endprodukte einer Fertigung direkt zu vergleichen waren, mußte der Vergleich von Herstellungstechniken auf Beschreibungen beschränkt bleiben.

3. Vorgänge, deren filmische Dokumentation wichtig ist, weil sie entweder einmalig sind oder weil damit gerechnet werden muß, daß sie später für die völkerkundliche Auswertung nicht mehr zur Verfügung stehen.

   Es ist ein Charakteristikum der Völkerkunde und der Volkskunde, daß ein überaus großer Teil der für die Forschung interessanten Gegenstände und Vorgänge heute durch das Vordringen der technischen Zivilisation schnell verwandelt wird oder überhaupt ausstirbt.

Wir ersehen daraus deutlich, daß die Völkerkunde und Volkskunde einen Hauptbereich für die wissenschaftliche Filmdokumentation darstellen. Es ist deshalb nicht verwunderlich, daß hier schon in den Anfangszeiten der Kinematographie eine systematische Verwendung des Filmes gefordert wurde, die eigentlich erst jetzt, ein halbes Jahrhundert später, durch die Enzyklopädie verwirklicht wird.

Am Anfang der *völkerkundlichen Enzyklopädie-Arbeit* standen Überlegungen über das zu verwendende *Schema*. Schon früher haben wir darauf hingewiesen, daß es kaum möglich ist, einen Dokumentationsfilm über einen größeren Gesamtkomplex wie etwa »Das Leben der Dschammar-Beduinen« herzustellen. Darum haben wir uns auch hier bemüht, das schon in früheren Abschnitten dargestellte Prinzip der kleinsten thematischen Einheit für die einzelnen Filme zugrunde zu legen. Die über 400 völkerkundlichen Filme, die Ende 1965 in der Enzyklopädie existieren, sind nach diesem Prinzip gestaltet worden.

Als erster Ordnungsgesichtspunkt wurde der Name der ethnischen Gruppe gewählt. Er steht im Haupttitel an erster Stelle. Es folgt die regionale Einordnung durch Angabe des zugehörigen größeren und kleineren geographischen Raumes. An dritter Stelle wird als zweiter Ordnungsgesichtspunkt die dokumentierte Tätigkeit genannt, z. B. [E 589]

Angas (Westafrika, Nordnigerien)
Bau einer Floßzither

Nicht immer ist eine eindeutige Angabe der Stammesbezeichnung möglich. Dann wird man sich (wie bei den volkskundlichen Einheiten) meist auf eine Bezeichnung des geographischen Raumes beschränken.

Die Ordnungsgesichtspunkte entsprechen also in gewisser Weise denjenigen, die in der Sektion Biologie zugrunde gelegt wurden. An die Stelle der Tiernamen treten die Stammesnamen. Wie die Gattungs- und Artnamen der Tiere durch ihre Familiennamen näher gekennzeichnet werden, so erhalten die Stammesnamen nähere Erläuterungen durch geographische Hinweise.

Für den zweiten Ordnungsgesichtspunkt, die dokumentierten Vorgänge selbst, beginnt sich ein Unterschied zum biologischen Schema abzuzeichnen: Im völkerkundlichen Bereich gibt es im allgemeinen wesentlich mehr Dokumentationsthemen aus der Kultur eines Stammes als etwa im zoologischen über die Lebensäußerungen einer Tierart.

Die Gesamtheit aller möglichen Filmeinheiten von einem Stamm, die »vertikale« Richtung des Schemas, stellt das optisch-kinematisch erfaßbare Bewegungsinventar dieses Stammes dar. In »horizontaler« Richtung können die Sachthemen mit denen anderer Stämme verglichen werden; die Gesamtheit aller Einheiten in dieser Richtung stellt das zu einem dieser Sachthemen vorhandene Vergleichsmaterial dar.

Die Frage, welche *Themen* bei einem Stamm dokumentiert werden sollten, sowie die nach der kleinsten thematischen Einheit muß etwas ausführlicher behandelt werden. Hier liegt für den Editor und das IWF eine erhebliche Verantwortung (mit nicht unbeträchtlichen finanziellen Konsequenzen), wenn Expeditionen vor ihrer Ausreise beraten und ihnen bestimmten Themen und Themengruppen zur Durchführung empfohlen werden.[1]

Wir wollen diese Fragen anhand der in den folgenden Tabellen I bis III zusam-

[1] Die im folgenden gewählte Darstellung in tabellarischen Übersichten soll die gewählten Arbeitsrichtungen deutlich erkennen lassen, die nach zahlreichen Überlegungen schließlich eingeschlagen wurden. Bei einer derartig umfangreichen Aufgabenstellung muß auch der finanzielle Gesichtspunkt berücksichtigt werden, an dem wahrscheinlich die immer wieder geforderte Dokumentation früher gescheitert ist.

mengestellten Filmeinheiten untersuchen, die jeweils von einem Forscher bei einem einzigen Stamm oder auf einer einzigen kleinen Insel aufgenommen wurden[1].

Tabelle I: Von G. Koch während seiner Expedition nach den Gilbert-Inseln 1963/64 auf der Insel Nonouti aufgenommene Filme

Für alle folgenden Einheiten gleichbleibender Teil des Haupttitels:

Mikronesier (Gilbert-Inseln, Nonouti)

Lfd. Nr.	Dokumentations-Thema (Zweiter Teil des Haupttitels)	Vorf.-Dauer Min.	Film-Nr. der Enzyklopädie
1	Sammeln von Meerestieren	18	1006
2	Fangen und Sammeln von Meerestieren auf dem Ostriff	6	870
3	Fangen von Krebsen (Lysiosquilla maculata) im Lagunenwatt	6½	1007
4	Gemeinschaftlicher Fischfang durch Absperren einer Lagunenbucht	11	846
5	Anfertigen eines Schlingenstabes für den Aalfang auf dem Ostriff	3½	871
6	Bau einer Reuse für den Muränenfang	26½	845
7	Sammeln und Zubereiten von Portulak	7½	848
8	Pflanzen einer Kokosnuß	3	849
9	Bereiten von Palmsaft-Sirup	4½	851
10	Ernten und Verzehren junger Kokosnüsse	3	852
11	Pflanzen von Pandanus	3	853
12	Pflanzen des Feigenbaumes Ficus tinctoria	2½	856
13	Pflücken und Zubereiten der Früchte des Feigenbaumes Ficus tinctoria	5½	857
14	Zubereiten von Taro im Erdofen	6	859
15	Bereiten der Taro-Speise »buatoro«	11½	860
16	Herstellen und Benutzen des Feuerpfluges	3	861
17	Binden und Abbrennen einer Fackel	3	862
18	Flechten einer Kokosblatt-Fächers	4½	814
19	Flechten des Fischerkorbes »baene ni kibe«	10	818
20	Flechten eines Vorratskorbes	8½	819
21	Flechten einer Sitzmatte	20½	821
22	Flechten eines Fischerhutes	3½	823
23	Anfertigen eines Kopfschmuckes	8½	824
24	Herstellen von Kokosfaserschnur	9	825
25	Herstellen eines Kokosfaserseiles	8	826

[1] Vgl.: G. Koch, Erfahrungen bei der filmischen Gesamtdokumentation einer Kultur (Gilbert-Inseln). Forschungsfilm Bd. 6, H 5, 1966, S. 599–603.

Lfd. Nr.	Dokumentations-Thema (Zweiter Teil des Haupttitels)	Vorf.-Dauer Min.	Film-Nr. der Enzyklopädie
26	Knüpfen eines Kokospalmblatt-Schurzes	12½	828
27	Herstellen eines Keschers	11	829
28	Knüpfen eines Erdsiebes	8	830
29	Bau eines Floßbootes	11	832
30	Bereiten von Kokosöl zur äußerlichen Anwendung	9½	873
31	Krankenbehandlung (Massage, Zahnbehandlung)	5½	937
32	Kinderspiele	3	875
33	Flechten eines Balles	3½	936
34	Ballspiel der Mädchen »warebwi«	1½	876
35	Steinwurfspiel »katua«	4½	878
36	Ballspiel der Männer »boiri«	3	879
37	Anfertigen eines Balles mit Steinkern	6	880
38	Ballspiel der Männer »oreano«	3	881
39	Hahnenkampf	3	882
40	»tirere«-Tanz »ngeaba«	3	919

Tabelle II: Filme von der Expedition des Lindenmuseums, Stuttgart, nach Afghanistan, 1963 (F. Kußmaul und P. Snoy). Aufgenommen von Kameramann H. Schlenker

Gleichbleibender Teil des Haupttitels:

Tadschiken
(Afghanistan – Badakhshan)

Lfd. Nr.	Dokumentations-Thema	Vorf.-Dauer Min.	Film-Nr. der Enzyklopädie
1	Gerben einer Steinbock-Haut	18½	741
2	Anfertigen von Stiefeln	15	742
3	Lockern und Spinnen von Yak-Wolle	5	680
4	Weben eines Teppichs	34	719
5	Korbflechterei	16	746
6	Töpfern von Gefäßen	32	747
7	Formen und Eisengießen	38	748
8	Schmieden eines Hufeisens, Hufbeschlag	10½	681
9	Holzkohle-Gewinnung	12	743
10	Herstellen von Schwarzpulver	15	744
11	Herstellen eines Kugelbogens	16	745
12	Bau einer Brücke	20	716
13	Aufbauen von Heckenzäunen	9	709

Lfd. Nr.	Dokumentations-Thema	Vorf.-Dauer Min.	Film-Nr. der Enzyklopädie
14	Frühjahrs-Feldbestellung	12½	710
15	Feldbewässerung	10½	711
16	Weizenschnitt	4½	712
17	Dreschen und Worfeln von Weizen	23½	713
18	Mahlen von Getreide	6	714
19	Brotbacken	10	715
20	Vier Männertänze	14	718

Tabelle III: Filme, die von H. Schultz 1964 auf einer Expedition nach Zentral-Brasilien aufgenommen wurden
Gleichbleibender Teil des Haupttitels:

Waurá
Brasilien (Oberer Xingú)

Lfd. Nr.	Dokumentations-Thema	Vorf.-Dauer Min.	Film-Nr. der Enzyklopädie
1	Anfertigen eines Maniok-Reibebrettes	9	984
2	Flechten eines Feuerfächers	6	985
3	Anfertigen eines Federkopfschmuckes	7½	986
4	Anfertigen eines Kopfschmuckes für Knaben	5½	987
5	Anfertigen eines Halsschmuckes aus Schneckenhaus-Scheibchen	11½	988
6	Wasserholen	3½	989
7	Ernte und Verarbeitung von Maniok, Fladenbacken	16	990
8	Salzgewinnung aus Wasserpflanzen	18	991
9	Gewinnung des Farbstoffes »urukú«	8	992
10	Körperbemalung	6	993
11	»javarí«-Kampfspiel (Übungen)	11	994
12	Ringkampf	5½	995
13	Ringkampf der Frauen während der »jamurikumã«-Zeremonie	2	996
14	Maskentreiben der »sapokuyauá«-Gestalten	3½	997

Wenn wir die vorstehenden Tabellen hinsichtlich der Themen untereinander vergleichen, so fällt zunächst die relative Einheitlichkeit der Thematik auf. Auch unter Berücksichtigung der geographischen und ethnographischen Verschiedenheiten und der verschieden langen Zeiten, die die einzelnen Forscher zur Verfügung hatten, geben diese Ergebnisse ein im ganzen einheitliches Bild. Bei jeder der drei Expeditionen überwiegt die Darstellung handwerklicher Vorgänge; am meisten bei der Expedition nach Afghanistan (19 von 20) und bei den Filmen von Nonouti (32 von 40), am wenigsten bei der Expedition zu den Waurá (9 von 14). Jedem der Filmautoren ist es außerdem gelungen, auch einige seltener vorkommende Tätigkeiten zu erfassen, z. B. den gemeinschaftlichen Fischfang durch Absperren einer Lagunenbucht (I — 4), Herstellen von Schwarzpulver, Bau einer Brücke (II — 10, 12), Salzgewinnung aus Wasserpflanzen (III — 8). Auch aus dem nicht handwerklichen oder wirtschaftlichen Bereich konnten seltener vorkommende Vorgänge erfaßt werden, z. B. Krankenbehandlung (I — 31), Ringkampf der Frauen (III — 13). Ähnliche Erfahrungen über die Bevorzugung von handwerklichen Themen, aber auch der Erfassung seltener Bewegungsabläufe wurden mit anderen Expeditionen gemacht.

Die Filme stellen die kleinste thematische Einheit dar. So ist das Thema »Fischfang«, bei einer Inselbevölkerung in vielen Varianten vorkommend, in mehrere Einheiten aufgeteilt (I — 2, 4), andere auch auf Nonouti vorkommende Fangweisen wurden auf anderen Inseln aufgenommen, ebenso das Thema »Flechten« (I — 18, 19, 20, 21, 22, 33; II — 5; III — 2).

Die Forscher haben dabei die aus der völkerkundlichen Arbeit des IWF resultierenden Richtlinien immer wieder befolgt. Das Ergebnis als Ganzes ist sehr zufriedenstellend. Die in Tabelle I zusammengestellten 40 Einheiten sind ein Teil von etwa 70 Einheiten, die nach Mitteilung von G. Koch praktisch die vollständige Bewegungs-Dokumentation der Gilbert-Inseln darstellen. Die von H. Schlenker aufgenommenen 20 Einheiten der Tabelle II können die Kultur der Tadschiken zwar nicht in allen Erscheinungen wiedergeben, sie vermitteln aber trotzdem einen hervorragenden Einblick, denn zweifellos ist es hier gelungen, einen nicht unbeträchtlichen Teil aller interessierenden Vorgänge festzuhalten. Dasselbe können wir von den von H. Schultz aufgenommenen 14 Einheiten bei den Waurá (Tab. III) feststellen. Diesen Einheiten kommt dadurch besondere Bedeutung zu, daß dieser Stamm, der weniger als hundert Menschen umfaßt, vom Aussterben bedroht ist.

Aus diesen Arbeitsergebnissen kann aber auch der Schluß gezogen werden, daß die der völkerkundlichen Enzyklopädie-Arbeit zugrunde gelegten Arbeitsrichtlinien sich als richtig erwiesen haben. Es sollte deshalb auch in Zukunft bei der Auswahl der Themen und bei deren Aufteilung in kleinste thematische Einheiten in ähnlicher Weise vorgegangen werden.

Wenn wir uns bei fortschreitender systematischer Dokumentation im Einzelfall gelegentlich einer gewissen Vollständigkeit bei einem Stamm nähern (in senkrechter Richtung des Schemas), so wird das Vergleichsmaterial in horizontaler Richtung kaum jemals vollständig werden können.

In der folgenden Tabelle IV sollen Einheiten zusammengestellt werden, die sich für einen Vergleich untereinander anbieten. Wir wollen dabei ein Thema aus der materiellen Kultur (Töpfern) und eines aus dem immateriellen Bereich (Initiation) wählen.

Zum Vergleich geeignete Einheiten zu einem gegebenen Thema:

Tabelle IVa. Thema: Komplex Töpferei[1, 2]

Lfd. Nr.	Dokumentations-Thema	Stamm	Vorf.-Dauer Min.	Film-Nr. der Enzyklopädie
1	Töpferei in Treibtechnik	Rif-Berber (Nordafrika-Marokko)	6	142
2	Töpfern eines Gefäßes	Nalu (Westafrika — Guineaküste)	5	337
3	Töpfern eines Wassergefäßes	Baga (Westafrika — Guineaküste	21	381
4	Töpfern eines Kruges	Djonkor (Zentralafrika — Süd-Wadai)	10	351
5	Töpferei in Treibtechnik	Zapoteken (Mittelamerika, Oaxaca)	9	462
6	Töpfern eines Kochgefäßes	Javahé (Brasilien, Araguaia-Gebiet)	11	440
7	Töpferei in Spiralwulsttechnik	Azera (Austro-Melanesier) (NO-Neuguinea, Oberer Markham)	10	184
8	Töpfern von Krügen	Katla (Ostafrika, Kordofan)	29	668
9	Töpfern von Gefäßen	Tadschiken (Afghanistan, Badakhshan)	32	747
Übergang zur Benutzung von entsprechenden Einheiten der Volkskunde				
10	Volkstümliche Töpferei in Westfalen	Westfalen	22½	155
11	Töpferei	Mitteleuropa Burgenland	12	317

[1] Vgl. Schmitz, C. A., Das Problem der Töpferei und der Forschungsmöglichkeiten mit Hilfe des wissenschaftlichen Filmes; Forschungsfilm, Vol. 3, Nr. 1, 1958, S. 45–50.

[2] Harms, V., und Hohnschopp, H., Versuch einer Terminologie der Töpferei-Techniken an Hand völkerkundlicher Filme; Forschungsfilm, Vol. 5, Nr. 3, 1965, S. 233–241.

Tabelle IVb: Thema: Komplex Initiation

Lfd. Nr.	Dokumentations-Thema	Stamm	Vorf.-Dauer Min.	Film-Nr. der Enzyklopädie
1	Initiationstänze	Bassari (Westafrika, Futa Dyalo)	4½	342
2	Mutproben der Jünglinge (Scharo)	Fulbe (Westafrika, Nordnigerien)	7	585
3	Cérémonies d'Excision	Banda (Afrique Centrale, Basse Kotto)	9½	458
4	Narbentätowierung der Mädchen	Bäle (oder Bideyat) (Südost-Sahara, Ennedi)	4	180
5	Exzision	Omar-Araber (Zentralsudan, Süd-Wadai)	10	910
6	Zirkumzision (Tonfilm)	Haddad (Zentralsudan, Süd-Wadai)	16½	950 T
7	Skarifizierung der Mädchen	Djonkor (Zentralsudan, Süd-Wadai)	14	960
8	Beibringen von Ziernarben	Masakin (Ostafrika, Kordofan)	21	700
9	Riten bei der Mädchen-Initiation	Mbunga (Ostafrika, Süd-Tanganjika)	11	144
10	Beschneidung eines jungen Mannes	Mbunga (Ostafrika, Süd-Tanganjika)	5	145
11	Riten bei der Knaben-initiation	Kambrambo (Neuguinea, Unterer Sepik	5½	502
12	Initiationsfest	Pasum (Papua) (NO-Neuguinea, Oberer Rumu)	15½	185

Aus Tab. IV a können wir ersehen, daß die Vergleichs-Themen relativ leicht aufzufinden sind; die Thematik »Töpferei« geht aus den Titeln gut hervor. Der Übergang zu Einheiten aus der Volkskunde schließt sich ohne Schwierigkeit an. Die Bedeutung des enzyklopädischen Vergleiches wird aus der Tatsache deutlich, daß die Töpferei für die Identifizierung und Terminierung völkerkundlich interessanter Sachverhalte eine besondere Rolle spielt. Eine neuere Untersuchung der Töpferei-Techniken[1] anhand von fünf Filmen hat gezeigt, daß die früheren Methoden der einmaligen Beobachtung und darauf folgen-

[1] S. Fußnote [2] S. 123.

den Beschreibung solcher Vorgänge nicht ausgereicht haben, um diese mit der nötigen Genauigkeit in allen Einzelheiten zu erfassen und zu unterscheiden. Die Analyse der fünf Filme hat »zu zahlreichen neuen Entdeckungen bei diesen anscheinend schon so gut bekannten Techniken geführt«.

Aus Tab. IV b ergibt sich, daß es bei dem Themenkomplex »Initiation« nicht so leicht ist, die heranzuziehenden Vergleichs-Einheiten herauszufinden. Aus den Haupt-Titeln geht dies manchmal nur indirekt hervor. Auch bestehen bisher noch zu wenige Filme, die etwa in ähnlicher Weise wie die Töpferei-Einheiten untereinander verglichen werden können. Besser als aus dieser tabellarischen Zusammenstellung ist der Wert des Vergleiches aus der Filmbesichtigung selbst zu ersehen. Wer solche hervorragenden Dokumentationen wie die »Zirkumzision« oder die »Exzision« (IV b — 6, 5) gesehen hat, zweifelt weder an dem Wert der dokumentationsmäßigen Erfassung solcher Vorgänge, noch an der Bedeutung einer Verwendung zu Vergleichszwecken.

Durch das zugrunde gelegte Bau-Schema ist die Gewähr dafür gegeben, daß die Vergleichsmöglichkeiten bei weiterem Ausbau zunehmen. Auch in diesem Zusammenhang spielt die geplante Lochkarten-Dokumentation der nicht aus den Haupttiteln hervorgehenden Sachverhalte eines Filmes eine wichtige Rolle.

Wenn wir jetzt auf die eingangs gestellten Fragen (S. 118) zurückkommen, dann können wir zunächst feststellen, daß etwa die in Tabelle I gegebene Zusammenstellung (mit entsprechender Ergänzung durch die auf anderen Gilbert-Inseln aufgenommenen Einheiten) eine vollständige Übersicht über die bei Mikronesiern vorkommenden, für den Film geeigneten und völkerkundlich wichtigen Vorgänge enthält. Man könnte also bei künftigen Expeditionen in diesem Gebiet die zu erwartenden Aufnahmen voraussehen. Da diese Aufnahmen im Zusammenhang mit einer ethnographischen Gesamterfassung durchgeführt wurden, geben sie auch eine gewisse Gewähr dafür, daß sie eine nahezu vollständige Dokumentation der Bevölkerung darstellen. Die hier gefundene Einteilung in kleinste thematische Einheiten entspricht den früher entwickelten Vorstellungen, die in den Leitsätzen für die völkerkundliche Dokumentation ihren Ausdruck gefunden haben. So kann man sagen, daß diese Leitsätze mindestens für den vorliegenden Fall sich als zweckmäßig erwiesen haben. Man kann daher auch erwarten, daß sie bei richtiger Anwendung auch für künftige Expeditionen in andere Gebiete eine erfolgversprechende Arbeitsgrundlage bilden werden.

Wenn man die Titel der bisher veröffentlichten Einheiten durchgeht, so fällt neben der Vielfalt auch die Differenzierung der Titelformulierung bei anscheinend derselben Thematik auf. Zu dem thematisch eng begrenzt erscheinenden Komplex »Brandrodungsfeldbau« finden wir zum Beispiel Einheiten mit folgenden Titeln: Brandrodung, Bestellen eines Brandrodungsfeldes, Brandrodungsfeldbau, Brandrodungsfeldbau (Ernte und Feldvorbereitung), Zeremonieller Beginn einer Brandrodung. Diese Vielfalt der Titelformulierung ist manchmal bedingt durch die Verschiedenheit der aufgenommenen Arbeitsmethoden, die landschaftlich nicht selten stark differieren. Oftmals handelt es sich auch um Tätigkeiten, die von Opfern oder sonstigen Riten begleitet werden und nicht ohne weiteres mit den wissenschaftlich geprägten Arbeitsmethoden des Abendlandes zu vergleichen sind. Manchmal hat sich aber auch bei schon bestehenden Filmaufnahmen herausgestellt, daß für ein sehr spezielles Thema zu wenig Material aufgenommen worden war. War dieses noch wissenschaftlich hinreichend wertvoll, um trotzdem eine Veröffentlichung zu rechtfertigen, so wurden die thematischen Einheiten weiter gefaßt, was dann in der Titelformulierung zum Ausdruck kommt.

Man kann auch in Zukunft nicht erwarten, daß solche Einheiten, von verschiedenen Autoren unter den verschiedensten, manchmal recht schwierigen Bedingungen aufgenommen, völlig gleich gebaut sind. Das ist nicht möglich, aber auch gar nicht erforderlich.

Die *Länge* der Einheiten ist sehr unterschiedlich; sie hängt von dem Thema und der individuellen Art seiner Behandlung durch den Aufnehmenden ab. Eine Einheit über Feuerbohren [E 128] dauert drei Minuten, etwa so lange wie der Vorgang selbst. Die Einheiten über den Bau eines Schlafhauses [E 409], den Bau eines großen Auslegerbootes [E 408] und die Sagogewinnung [E 529] haben Vorführzeiten von 51, 50 und 43 Minuten. Allerdings dauern dann die abgebildeten Vorgänge selbst häufig längere Zeit, manchmal mehrere Wochen.

Auch für die Filmarbeit in der *Volkskunde* wurde die kleinste thematische Einheit zugrunde gelegt. Sie hat sich auch hier im allgemeinen bewährt, jedoch hat sich gezeigt, daß manche Einheiten trotzdem verhältnismäßig lang werden. Zum Beispiel hat die Einheit »Mitteleuropa, Westfalen, Herstellen eines Spinnrades« [E 690] eine Vorführzeit von 52 Minuten. Da es sich um ein nicht mehr unterteilbares Thema handelt, wäre es jedoch falsch gewesen, diesen Film stark zu kürzen oder in mehrere Teile zu teilen. Die Bemühungen um eine ausführliche Dokumentation solcher aussterbenden Vorgänge machen sich hier gegenüber den schwieriger erreichbaren Vorgängen der Völkerkunde in einer größeren Zahl der Einstellungen und damit größerer Filmlänge bemerkbar. Insofern liegen bei manchen volkskundlichen Themen besondere Bedingungen vor. Es existieren aber auch die üblichen kurzen Einheiten.

Bei der Titelwahl mußte auf eine Stammesbezeichnung wegen der heutigen starken Vermischung der Bevölkerung verzichtet werden. An ihre Stelle wurde hier eine geographische Bezeichnung gesetzt, z. B. Nordeuropa, Südnorwegen — Herstellen von Silberfiligran oder Mitteleuropa, Südbaden — Überlinger Schwertletanz.

Die Zahl der möglichen Themen ist durch den fortgeschrittenen Zivilisationsprozeß beschränkter als in der Völkerkunde. Dazu kommt, daß sich erfahrungsgemäß die volkskundliche Filmdokumentation bisher meist auf solche Fälle beschränkt hat, in denen ein Handwerk voraussichtlich bald aufgegeben werden sollte. Trotzdem bleiben die bearbeiteten Themen vielgestaltig genug wie die folgende Tabelle zeigt.

Thematik volkskundlicher Einheiten

Tabelle Va: Handwerke

Lfd. Nr.	Dokumentations-Thema	Landschaft	Vorf.-Dauer Min.	Film-Nr. der Enzyklopädie
1	Schneiden von Brettern in einer wassergetriebenen Hochgang-Säge	Nordeuropa Westnorwegen	7½	482
2	Herstellen von Messern	Nordeuropa Ostnorwegen	13½	483
3	Drehen von Hartgras-Stricken zum Reetdachdecken	Mitteleuropa Schleswig	4	540
4	Schneiden und Trocknen von Binsen in Aventoft	Mitteleuropa Schleswig	17	542
5	Weben einer Matte aus geflochtenen Binsen	Mitteleuropa Schleswig	9	544
6	Anfertigen von Schuhen aus geflochtenen Binsen	Mitteleuropa Schleswig	10½	545
7	Bäuerliches Reepschlagen (Seilerei)	Mitteleuropa Holstein	9½	539
8	Anfertigen von Holzschuhen	Mitteleuropa Westfalen	17½	392
9	Flechten eines Bienenkorbes	Mitteleuropa Westfalen	15	394
10	Herstellen eines Spinnrades	Mitteleuropa Westfalen	52½	690
11	Schleifen von Messerklingen in einem Solinger Kotten	Mitteleuropa Rheinland	20	427
12	Stahlschmieden in einem bergischen Wasserhammer	Mitteleuropa Rheinland	25	484

Lfd. Nr.	Dokumentations-Thema	Landschaft	Vorf.-Dauer Min.	Film-Nr. der Enzyklopädie
13	Anlegen einer Lehmtenne	Mitteleuropa Rheinland	20	728
14	Feldbrandziegelei	Mitteleuropa Rheinland	51	729
15	Herstellen eines Hackenblattes in einer wassergetriebenen Hammerschmiede	Mitteleuropa Württemberg	19½	658
16	Herstellung einer Ratsche in Ebnet	Mitteleuropa Baden	16½	934

Tabelle Vb: Brauchtum

T = Tonfilm

Lfd. Nr.	Dokumentations-Thema	Landschaft	Vorf.-Dauer Min.	Film-Nr. der Enzyklopädie
1	Spielen auf der Hardanger-Geige	Nordeuropa Ostnorwegen	2	494 T
2	Anlegen der Kopftracht auf Fanö	Nordeuropa Jütland	5½	929
3	Feuerräderlauf in Lügde	Mitteleuropa Weserbergland	14	481
4	Anlegen der Mardorfer Festtagstracht	Mitteleuropa Oberhessen	4½	373
5	Bemalen von Ostereiern	Mitteleuropa Oberhessen	6	379
6	Münchener Schäfflertanz	Mitteleuropa Südbayern	17	565 T
7	Böhmerwälder Schwerttanz	Mitteleuropa Württemberg	11½	537 T
8	Fronleichnamstag in Neuhausen auf den Fildern	Mitteleuropa Württemberg	25	753 T
9	Heische-Umgang am Okuli-Sonntag in Ailringen an der Jagst	Mitteleuropa Baden-Württemberg	12½	775 T

Lfd. Nr.	Dokumentations-Thema	Landschaft	Vorf.-Dauer Min.	Film-Nr. der Enzyklopädie
10	Heische-Umgang am Okuli-Sonntag in Zaisenhausen an der Jagst	Mitteleuropa Baden-Württemberg	12	776 T
11	Pfingstbubenspiel in Fußbach	Mitteleuropa Baden	5	789 T
12	Überlinger Schwertletanz	Mitteleuropa Südbaden	29	536 T
13	Fastnacht der Elzacher Schuddig	Mitteleuropa Südbaden	24½	652 T
14	Karwoche-Ratschen in Ebnet	Mitteleuropa Baden	5½	935 T

Nach dem Gesamt-Eindruck ist die Thematik, wie sie sich in den Tabellen V a und V b nach einigen Jahren Dokumentations-Arbeit darbietet, uneinheitlich. Teilweise hängt das damit zusammen, daß es sich neben Neu-Aufnahmen auch um ausgewertetes und veröffentlichtes älteres Film-Material (V a — 1, 2; V b — 1, 2, 3) oder um Aufnahmen von Museen (V a — 3, 4, 5, 6, 7) mit ihrer besonderen Arbeitsrichtung handelt. Zum anderen Teil mag die Uneinheitlichkeit auch daher rühren, daß die Zeit der Beschäftigung mit dieser Materie noch zu kurz ist. Die Auswahl solcher Vorhaben ist deshalb auch nicht einfach, weil bei den Volkskundlern selbst noch häufig verschiedene Meinungen darüber bestehen, welche Aufgaben vordringlich sind. Manche sind an der Dokumentation aussterbender Handwerke weniger interessiert, andere halten sie für bedeutungsvoll und vordringlich. Die Handwerksfilme sind im allgemeinen auch für die Geschichte der betreffenden Handwerke interessant, andere darüber hinaus für die Geschichte der Technik (V a — 1, 11, 12, 15). Zahlreiche andere berühren die Geschichte der Landwirtschaft, insbesondere des Ackerbaues, und sind natürlich gut mit den völkerkundlichen Einheiten über landwirtschaftliche Themen vergleichbar.

Auch bei den in Tabelle V b genannten brauchtümlichen Themen läßt sich noch keine klare Entwicklungslinie erkennen. Sobald auch hier mehr Erfahrungen vorliegen, werden die hier genannten Tonfilme nicht nur für die volkskundliche Brauchtumsforschung, sondern auch für die Tanzforschung auswertbar sein. Ebenso deuten Ansätze darauf hin, daß solche Filme später einmal für Dokumentations-Aufgaben in der Religionskunde wichtig werden können (V b — 8, 14).

Der Eindruck eines Mangels an Geschlossenheit hängt sicher auch damit zusammen, daß es in dem bisher hauptsächlich bearbeiteten deutschen Sprachraum kaum noch Gebiete gibt, die eine Dokumentation größeren Umfanges möglich machen. Ein solches Zentrum wurde in Südtirol (Italien) gefunden, wo in den Jahren 1963/65 die Einheiten aufgenommen wurden, die in der Tabelle VI zusammengestellt sind.

Tabelle VI: Im Ahrntal und Gsiestal (Südtirol) aufgenommene Filmeinheiten

Lfd. Nr.	Dokumentations-Thema	Vorf.-Dauer Min.	Film-Nr. der Enzyklopädie
1	Almauftrieb von Großvieh über den Krimmler Tauern	20½	720
2	Almabtrieb von Großvieh über den Krimmler Tauern	19½	999 T
3	Bergheuernte	11	842
4	Heuzug von einer Hochalm	15½	843
5	Roggenernte (Schnitt mit Sicheln)	16½	674
6	Roggendrusch mit Flegeln	15	730 T
7	Bäuerliches Brotbacken (Einjahrsbacken)	22	676
8	Flachsernte	7½	790
9	Flachsverarbeitung; Riffeln — Brechen — Hecheln	25½	793
10	Flachsverarbeitung; Spinnen	7½	791
11	Flachsverarbeitung; Reinigen des Garns	16½	792
12	Weben von Leinentuch	37½	794
13	Weben eines Bandes	4½	795
14	Flechten eines Tragkorbes	32	675
15	Schnitzen einer Teufelsmaske	20	980

Diese Liste unterscheidet sich von einer völkerkundlichen Themenauswahl (Tab. I — III) dadurch, daß sie nur einen kleinen Teil aller handwerklichen Tätigkeiten umfaßt, nämlich diejenigen, die vom Verschwinden und Aussterben bedroht sind. Sie bewegen sich fast ausschließlich im bäuerlichen hauswirtschaftlichen Bereich und weisen hier allerdings eine Vollständigkeit auf, die wir bei volkskundlichen Themen sonst bisher nirgends finden. Beispielsweise wurde der Komplex Flachs vom Anbau über die verschiedenen Stadien der Verarbeitung bis zum Weben in sechs Einheiten fortlaufend erfaßt.

Fruchtbarer, als die Vollständigkeit der dokumentierten Bewegungsvorgänge eines Dorfes oder Distriktes — in vertikaler Richtung — anzustreben, ist es jedoch, für bestimmte Themen für genügend gutes Vergleichsmaterial in horizontaler Richtung zu sorgen.

Der Redaktions-Ausschuß der ENCYCLOPAEDIA CINEMATOGRAPHICA hat deshalb die internationale Gemeinschaftsaufgabe gestellt, solche Dokumentationen durchzuführen. Begonnen wurde mit dem Thema »Bäuerliches Brotbacken«.

Tabelle VII: Bisheriges Arbeitsergebnis des internationalen Gemeinschaftsthemas »Bäuerliches Brotbacken« (1966) und vergleichbare Filme aus der Völkerkunde

Lfd. Nr.	Dokumentations-Thema	Landschaft	Vorf.-Dauer Min.	Film-Nr. der Enzyklopädie
1	Bäuerliches Brotbacken	Mitteleuropa Westfalen	17	393
2	Bäuerliches Brotbacken (Einjahrsbacken)	Mitteleuropa Tirol	22	676
3	Cuisson rustique du pain	Europe Occidentale Auvergne	15	786
4	Bäuerliches Brotbacken	Mitteleuropa Oberösterreich	19	975
5	Bäuerliches Brotbacken	Mitteleuropa Graubünden	9½	495
6	Bäuerliches Brotbacken	Nordeuropa Norwegen	(im Erscheinen)	
7	Bäuerliches Brotbacken	Nordeuropa Fünen	10½	931
8	Bread Baking in a Rural Household	USA Pennsylvania	12½	1021
9	Bread Baking in a Rural Household	South America Uruguay	8	1099
10	Bäuerliches Brotbacken (Halbjahrsbacken)	Mitteleuropa Lombardei	18	1100
11	Brotbacken in einer Landbäckerei	Nordeuropa Bornholm	12½	932
12	Bretzelbacken in einer Landbäckerei	Nordeuropa Bornholm	3½	933
Weiterführung in völkerkundlicher Arbeitsrichtung, z. B.				
13	Brotbacken	Tadschiken (Afghanistan, Badakhshan)	10	715

Lfd. Nr.	Dokumentations-Thema	Landschaft	Vorf.-Dauer Min.	Film-Nr. der Enzyklopädie
14	Brotbacken	Paschtunen (Afghanistan, Badakhshan)	9	685
15	Backen von Fladenbrot	Perser (Iran, Teheran)	4	252
16	Zubereitung eines großen Maniokkuchens aus Anlaß eines Festes	Krahó (Brasilien, Tocantinsgebiet)	10½	101
17	Backen von Hirsefladen	Djonkor (Zentralsudan, Süd-Wadai)	15	959
18	Zubereiten von Sagospeisen	Me'udana (Neuguinea, Normanby-Island)	11	530

Aus Tabelle VII ist zu ersehen, daß diese internationale Zusammenarbeit bereits zu einem erfreulichen Ergebnis geführt hat. Sie zeigt zugleich die guten Anbau-Möglichkeiten zur Völkerkunde. Das Institut für den Wissenschaftlichen Film hat deshalb auch den völkerkundlichen Einzelforschern und filmenden Expeditionen dieses Thema als empfehlenswerte Aufgabe mitgegeben. So entstehen auch in diesem Bereich laufend Vergleichseinheiten. Es ist auch sinnvoll, wenn die Aufgabe der Herstellung des »täglichen Brotes« dann in den einzelnen Gegenden der Erde entsprechend modifiziert und angepaßt wird. An die Stelle des Brotes tritt in vielen Gegenden Afrikas der Hirsefladen, in Ostasien der Reis, in Neuguinea die Sago-Speisen, in Südamerika der Maniok.
Diese Ergebnisse können auch etwas aussagen zu der Frage, wo die Grenzen einer systematisch betriebenen Dokumentation von Vergleichseinheiten liegen sollten. Es wäre sicher nicht sinnvoll, Filme herzustellen und zu veröffentlichen, die sich in bezug auf die dargestellten Bewegungsvorgänge nicht oder nur ganz wenig voneinander unterscheiden. Diese Gefahr, daß über ein und dasselbe Thema nur wenig differenzierte Einheiten entstehen, liegt gerade bei einer solchen internationalen Zusammenarbeit nicht vor.

b) *Gesichtspunkte für die praktische Durchführung der völkerkundlichen und volkskundlichen Filmdokumentation*

Wir haben in der ENCYCLOPAEDIA CINEMATOGRAPHICA uns früher mit der Zoologie, der Botanik, der Mikro-Biologie und den Technischen Wissenschaften befaßt. Bei der Völkerkunde und der Volkskunde begegnen wir zum erstenmal der Aufgabe, den Menschen in die Dokumentation einzubeziehen. Damit tritt eine Reihe neuer Gesichtspunkte auf[1]. Sie hängen damit zusammen, daß der Mensch im Gegensatz zu anderen Objekten der Forschung die Aufnahme auch als Subjekt erlebt. Es ist eine Erfahrungstatsache, daß der Mensch sich leicht anders verhält, wenn er weiß, daß er photographisch oder filmisch aufgenommen wird. Die Unbefangenheit des Aufzunehmenden kann noch durch weitere Faktoren, die mit der Filmaufnahme verbunden sind, beeinträchtigt werden. Sehen wir uns an, wie ein Spielfilm entsteht: Die gesamte Handlung ist aus einer Vielzahl kleiner und kleinster Szenen (Einstellungen), die manchmal nur wenige Sekunden dauern, sinnvoll zusammengesetzt. Der Filmschauspieler hat eine Einstellung, die das Drehbuch vorschreibt, immer wieder zu üben, manchmal Dutzende von Malen, dann wird sie meist mehrmals aufgenommen. Erst beim Schnitt, nach Entwickeln und Kopieren der Aufnahmen, entscheidet man, welche der aufgenommenen Einstellungen gewählt werden. Während der Theaterschauspieler sich von den Reaktionen seines Publikums beeinflussen lassen, während er ein Stück in einem Zuge zu Ende spielen und dabei in seiner Darstellungskunst wachsen kann, ist dies dem Filmschauspieler nicht möglich. Die Aufnahme erfordert den »Einstellungswechsel«, d. h. die Aufnahme von einem anderen Standort, gegebenenfalls mit einem anderen Objektiv. Da mit dem Wechsel der Einstellung meist auch die Beleuchtung verändert werden muß, pflegt man beim Spielfilm aus Ersparnisgründen Szenen der gleichen oder ähnlicher Bildeinstellung zusammenzufassen.

Eine solche Aufnahmeweise in Einzeldarstellungen, die vielleicht nicht einmal dem normalen Ablauf entsprechen, ist für eine Dokumentation vom Menschen und seinen Verhaltensweisen wenig geeignet und reicht höchstens aus, objektive Vorgänge aufzunehmen. So ist es zu verstehen, daß in der ersten Entwicklungsphase des völkerkundlichen und volkskundlichen Filmes die Arbeit meist auf die Erfassung der Handwerke und Fertigungsprozesse gerichtet war. Hier hatte man gerade noch die Möglichkeit, dem Handwerker verständlich zu machen, daß er mit seiner Tätigkeit anzuhalten habe, damit der Einstellungswechsel vollzogen, vielleicht die Beleuchtung umgestellt werden könnte, darauf wurde ihm gesagt, daß er mit seiner Arbeit fortfahren könne, und dann die nächste Einstellung aufgenommen. Dieses Verfahren ist auch heute noch zu benutzen, wenn ein Herstellungsverfahren selbst technisch möglichst gut und lückenlos erfaßt werden soll. Auf diese Weise sind auch viele völkerkundliche Filme entstanden; auch Eingeborene, deren Sprache man nicht verstand, konnte man durch diese notwendige »Regie« dirigieren.

[1] Vgl.: F. Simon; Volkskundliche Filmdokumentation. Forschungsfilm Bd. 5 Nr. 6, 1966 S. 604–611.

Eine neue Richtung der völkerkundlichen und volkskundlichen Filmarbeit verlangt, den Menschen im Mittelpunkt zu sehen, nicht so sehr das, was er macht, sondern wie er reagiert und wie er sich verhält. Dafür ist die oben beschriebene Technik der Filmherstellung jedoch nicht geeignet.

Damit haben wir zu unterscheiden: Vorgänge, die es zulassen, daß sie zum Zwecke der Dokumentationsaufnahmen unterbrochen und mit Einstellungswechsel aufgenommen werden, von solchen, die diese Aufnahmeweise nicht zulassen. Hierzu gehören alle Erscheinungen, die das psychische Erleben von Menschen wiedergeben.

Man steht manchmal bei einem brauchtümlichen Vorgang, etwa bei einem Volkstanz, vor der Frage, den ganzen Bewegungsablauf lediglich zum Zwecke der Filmaufnahme unter besonders günstigen technischen Voraussetzungen zu wiederholen. Auf diese Weise ist der Film »Überlinger Schwertletanz« [E 536] entstanden. Wenn es sich um einen brauchtümlichen Ablauf handelt, muß man jedoch besonders auf die Echtheit der »Atmosphäre« Wert legen, und hier müssen zweifellos Wünsche offen bleiben.

Zu empfehlen ist vielmehr, dann auf die thematische Vollständigkeit zu verzichten, den Original-Vorgang möglichst gar nicht zu dirigieren und mit mehreren leicht beweglichen Aufnahme-Gruppen zu erfassen. Das hat Unvollständigkeit und Fragmentcharakter, aber auch einen höheren Wirklichkeitsgehalt zur Folge. Auf diese Weise ist der Film »Fronleichnamstag in Neuhausen« [E 753] aufgenommen worden. Hierbei ist auch die Stimmung des Festes mit erfaßt worden. Interessant in diesem Zusammenhang ist ein Vergleich von zwei völkerkundlichen Einheiten. Der Film »Buduma — Bau einer Harfe« [E 573] ist in der üblichen Weise mit Unterbrechung des Vorganges zum Zwecke des Einstellungswechsels entstanden; bei dem etwa zur gleichen Zeit entstandenen Film »Angas — Bau einer Floßzither« [E 589] wurde der Ablauf der Vorgänge überhaupt nicht beeinflußt. Man sieht hieran, wie neuerdings auch bei der Aufnahme von handwerklichen Vorgängen zugunsten menschlicher Reaktionen die Erfüllung aufnahmetechnischer Anforderungen zurückgestellt wird. Die letztere Entwicklungsrichtung wird sich verstärken, je mehr die Völkerkunde ihre Aufnahmen auch zur Erfassung psychologischer Fragestellungen benutzen will. Für die Psychologie selbst geht ja die Entwicklung dahin, möglichst ohne Beeinflussung Aufnahmen vorzunehmen, was durch die Anwendung des Fernseh-Prinzipes und durch andere Maßnahmen bis zu einem bestimmten Grade ermöglicht wird. Auf jeden Fall erfordern solche brauchtümlichen Aufnahmen wie die eines Festes, einer Prozession o. ä. Aufnahmevorbereitungen besonderer Art, mehrere sehr bewegliche Aufnahmegruppen, leichte Bedienbarkeit der Apparaturen, also das Gegenteil der bisher auf Messung und Analyse sorgfältig eingeübten Aufnahmegruppen. Wesentlich ist dabei, daß trotz der Beweglichkeit der Einzelgruppen die wissenschaftlichen Daten der

Aufnahmen ebenso genau erfaßt und protokolliert werden wie bisher. Im ganzen ist zu dieser Veränderung des Aufnahmecharakters eine erhebliche Erziehungsarbeit bei allen an der Aufnahme Beteiligten erforderlich.

Bei einem komplexen brauchtümlichen Ablauf längerer Dauer stellt sich darüber hinaus manchmal die Frage, wie weit es sinnvoll und vertretbar erscheint, eine möglichst vollständige Dokumentation überhaupt anzustreben. Erfahrungen in dieser Richtung wurden bei dem volkskundlichen Filmvorhaben »Gildefest in Krempe« gesammelt, das in den Jahren 1963/64 mit synchronem Ton durch mehrere Aufnahme-Gruppen aufgenommen wurde. – Hierbei handelt es sich um einen alten brauchtümlichen Festablauf, der etwa eine Woche dauert und die folgenden Komplexe umfaßt: Silberputzen (als Festvorbereitung), Säbelaustragen, Kranzbinden, Einladung zum Fest, Fahnenschwenken, Absetzen des alten Königs, Scheibenschießen, Proklamation und Einholen des neuen Königs, Kaffeezug und Königstafel und Gildeball. Aufnahmen zu den meisten dieser Komplexe wurden zunächst in einer Fassung von 40 Minuten Vorführdauer zusammengestellt. Dabei ergab sich, daß ein solcher Film als repräsentative Dokumentation der gesamten Festlichkeit thematisch nicht ausreicht. Daher wurde mit der für eine Enzyklopädie-Einheit anzustrebenden Ausführlichkeit nur das Fahnenschwenken [E 867] vorgesehen. Eine hinreichend vollständige Dokumentation des Gesamtablaufes durch eine größere Zahl von Einheiten hätte einen Aufwand erfordert, der in keinem vertretbaren Verhältnis zur volkskundlichen Bedeutung des Themas gestanden hätte.

Noch stärkere Bedenken bestehen gegenüber der Rekonstruktion nicht mehr lebendigen Brauchtums, wie sie bei dem Film »Böhmerwälder Schwerttanz« [E 537] durchgeführt wurde. Nach den jetzigen Erfahrungen sollte man eigentlich nur in besonderen Ausnahmefällen auf eine solche Rekonstruktion zurückgreifen.

Dies möge illustriert werden durch das nachfolgende Gutachten, das H. Petri[1] zu bestimmten Filmen[2] abgegeben hat. Er schreibt: »Über den dokumentarischen Wert der drei Schwarz-Weißfilme wäre folgendes zu bemerken: Die drei Streifen wurden im Bereich der Millingimbi-Mission bei Cape Arnhem – gedreht. Die Darsteller in ihrer überwiegenden Mehrzahl, wenn nicht in ihrer Gesamtheit, sind missionierte Eingeborene, die unter normalen Umständen europäische Kleidung tragen, auf der Missionsstation arbeiten oder zumindest von dort ihre Rationen erhalten. Unter der Regie wissenschaftlich geschulter Filmoperateure spielen sie also eine Lebensform, die im günstigsten Falle nur zu bestimmten Zeiten des Jahres noch die ihre ist, die viele von ihnen viel-

[1] Petri, H.: Gutachtliche Stellungnahme, nicht veröffentlicht

[2] Primitive Peoples – Australian Aborigines I – The Nomads
Primitive Peoples – Australian Aborigines II – The Hunt
Primitive Peoples – Australian Aborigines III – The Corrobboree

leicht schon unter dem Einfluß der Christianisierung vollkommen aufgegeben haben. Jedem Kenner australischen Eingeborenenlebens wird beim Betrachten dieser Filme sofort auffallen, wie sicher und selbständig sich die Darsteller vor der Kamera benehmen. Lange Proben müssen diesen Aufnahmen vorangegangen sein. Nicht kameraerprobte Eingeborene pflegen sich anders zu verhalten, und technisch wäre es kaum möglich, sie in ihrem täglichen Daseinsablauf so auf die Bildstreifen zu bannen, wie es in den drei Filmen geschah. — Wenn auch die Filme aus den dargelegten Gründen als ›gestellt‹ zu bezeichnen sind, ihr Wert als Lehr- und Anschauungsmaterial bleibt unbestreitbar, denn unter Vermeidung aller billigen filmischen Effekte bieten sie ein einwandfreies Bild von einer wildbeuterischen Lebensform, die in nicht allzuferner Zukunft vielleicht zur Gänze verschwunden sein wird. Allerdings ist es zweifelhaft, ob sie als ethnographisches Forschungsmaterial in Frage kommen, da sie nicht die spontanen Lebensäußerungen der Eingeborenen als solche, sondern nur ihr Widerspiel, darstellen.«

In der gleichen Mitteilung äußert sich Petri über den Film »Tjurunga, the Story of Stone age Men«. »... auch sie ›spielen‹ vor der Kamera ihre eigene Vergangenheit, und zwar, wie es mir scheint, sogar fehlerhaft. Beispielsweise zeichnen einige Männer bei einem Palaver unter Verwendung konventioneller Motive eine Kartenskizze in den Sand. Nach Beendigung des Palavers sehen wir die Männer aufstehen und weggehen, ohne die Sandzeichnung auszulöschen, wie es Stammesgesetz und Überlieferung vorschreiben. Bei der Demonstration einer steinernen Tjurunga wird dieses Kultobjekt von seinem Besitzer hinter dem Rücken hervorgeholt und vor einer auf dem Boden sitzenden Gruppe älterer Männer auf die nackte Erde gelegt. Auch das entspricht nicht ganz den traditionellen Gepflogenheiten, denn steinerne oder auch hölzerne Tjurunga, die nach den esoterischen Überlieferungen der Männer als sichtbare Manifestationen und als Träger der Lebenskräfte dieser Gestalten gelten, dürfen niemals mit der nackten Erde in Berührung kommen, sondern müssen stets auf einer Unterlage aus Gras, Blättern oder Zweigen gebettet werden. Auch ist es nicht üblich, die Tjurunga in vollem Sonnenlicht zu demonstrieren, was hier wahrscheinlich nur geschah, um sie im Film deutlich sichtbar werden zu lassen.«

Diese Stellungnahme ist eine unter vielen, die in den letzten zehn Jahren über völkerkundliche Filme abgegeben wurden, die zur Übernahme für wissenschaftliche Zwecke angeboten wurden. Sie beurteilten die Filme für Anschauungs- und Lehrzwecke in ähnlicher Weise wie die erwähnte als geeignet und wichtig, lehnten sie aber als Forschungsunterlage ab. Daraus geht die Notwendigkeit hervor, die Wissenschaftler zur Benutzung des Filmes als Quelle zu erziehen. Zu groß ist hier die Gefahr — und die Suggestivität des Filmes trägt dazu bei —, solche Filme auch als Forschungsunterlage zu benutzen. Daraus ergibt sich aber auch die Verantwortung der Sektion Völkerkunde der ENCYCLOPAEDIA CINEMATOGRAPHICA, in die solche Filme aus den dargelegten Gründen nicht übernommen werden.

Bevor schon existierende Aufnahmen fremder Herkunft völkerkundlichen Inhalts in die ENCYCLOPAEDIA CINEMATOGRAPHICA übernommen werden, wird immer versucht, möglichst viel über ihr Zustandekommen und dessen Begleitumstände zu ermitteln. Die nachfolgenden Fragen, die in einem bestimmten Fall an einen Operateur gerichtet wurden, geben einen Eindruck von der Art und Richtung solcher Ermittlungen.

1. Mit welchem Gerät und mit welchem Filmmaterial wurden die Aufnahmen durchgeführt?
2. Wann wurden die Aufnahmen gemacht? *(Tag oder Woche)*
3. In welchem *Dorf (Bezirk)* wurden die Aufnahmen gemacht?
4. Wer sind die *aufgenommenen Personen?* (Stamm, Familie, Einzelperson, möglichst für die verschiedenen Teile des Festablaufes)
5. Welchen *Anlaß* hatte das Schweineopferfest?
6. Woher wußten Sie von der Durchführung des Festes?
7. Haben Sie das Fest durch Geschenke oder Bezahlung veranlaßt?
8. Haben Sie den Zeitpunkt des Festbeginns oder den Zeitpunkt bestimmter Festhandlungen bestimmt oder beeinflußt?
9. Haben Sie bestimmte Phasen des Festes für die Aufnahmen wiederholen lassen?
10. Haben Sie bestimmte Abweichungen von dem üblichen Festverlauf wahrgenommen. die durch Ihre Anwesenheit bedingt waren?

Über diese konkreten Fragen hinaus wäre eine Schilderung der Gesamtsituation während der Anwesenheit der Kameragruppe in dem betreffenden Dorf, insbesondere vor und während der Aufnahmen erwünscht.

Diese Fragen machen deutlich, wie mühevoll es im einzelnen ist, nachträglich wesentliche Daten zu erhalten, um sie einer eventuellen Veröffentlichung zugrunde zu legen. So ist es auch verständlich, daß in der zweiten Entwicklungsphase des völkerkundlichen Filmes angestrebt wird, den Völkerkundler durch einen mitgesandten wissenschaftlichen Kameramann zu entlasten. Die Erfahrungen der neuerdings ausschließlich zur Filmdokumentation unternommenen Expeditionen (Dokumentations-Expeditionen) sollen der weiteren Entwicklung zugrunde gelegt werden. Auf jeden Fall ist es erforderlich, daß der Völkerkundler, der eine solche Expedition leiten soll, mit den wichtigsten Problemen des wissenschaftlichen Filmes und speziell des völkerkundlichen Filmes vertraut ist; insbesondere muß er die Problematik des Wirklichkeitsgehaltes übersehen.

Zu den Dokumentationsgesichtspunkten, die dem Völkerkundler mitgegeben werden, gehört auch die Erfassung der Landschaft, der Umwelt, des Milieu.

Wir wollen nicht einen dokumentierten Bewegungsablauf in vitro, sondern wir möchten auch etwas von dem Hintergrund sehen, auf dem sich die Vorgänge abspielen. Michaelis betont mit Recht, daß solche back-ground-Aufnahmen von der Landschaft, von dem Dorf der Eingeborenen usw. bald nach der Ankunft aufgenommen werden sollen, bevor das Vertrautwerden die Wahrnehmung unempfindlich gemacht hat.

Grenzen der Dokumentation liegen nicht nur im technischen, sondern auch im menschlichen Bereich: Die menschliche Intimsphäre darf nicht verletzt werden. Es muß dem Takt des Aufnahmeleiters überlassen bleiben, was hier noch aufgenommen werden darf. Es ist zu unterscheiden, ob etwa das Gebet einer Bäuerin in einer Nah-Aufnahme aufgenommen und im Film veröffentlicht werden darf oder nicht. Wir haben dabei auch zu berücksichtigen, daß wir geneigt sind, religiöse Handlungen anderer Rassen mit anderen Augen zu betrachten als die unserer eigenen. Wenn man bei einer volkskundlichen Dokumentation versucht, das Mittagsgebet einer bäuerlichen Familie während der Arbeit in der üblichen Filmherstellungs-Weise in verschiedenen Einstellungen zu erfassen, wiederholen zu lassen usw., dann ist nicht nur die Intimsphäre berührt, sondern auch der Gehalt für die wissenschaftliche Auswertung weitgehend wertlos. In diesem Zusammenhang sei noch auf die Selbstverständlichkeit hingewiesen, daß vor der Durchführung der Aufnahmen die Zustimmung der aufgenommenen Personen zu der Aufnahme und ihrer Veröffentlichung vorliegt. Bei unbemerkten Aufnahmen ist diese Zustimmung nachträglich einzuholen.

Mit technischen Einzelheiten bei der Aufnahme und ihrer Vorbereitung hat dieses Buch sich nicht zu befassen. Es soll hier aber noch kurz auf die Bedeutung des »Aufnahmeplanes« hingewiesen werden. Der Spielfilm kennt das Drehbuch als Unterlage für die durchzuführenden Aufnahmen. Das IWF hat bei den bisher stattgefundenen Kursen für Wissenschaftler aller Fachrichtungen — auch für Völkerkundler — immer wieder betont, daß zur Aufnahmevorbereitung die Zusammenstellung eines Aufnahmeplanes erforderlich ist. — Die Erfahrungen mit zahlreichen Völkerkundlern gehen aber dahin, daß nur in seltenen Ausnahmefällen ein solcher Aufnahmeplan aufgestellt wird. Man weist manchmal mit Recht darauf hin, daß häufig die Ereignisse unvorhersehbar seien; aber auch in Fällen, in denen es möglich wäre, wird oft kein Plan aufgestellt. Diese negative Erfahrung sollte nicht hindern, die Forderung immer erneut zu erheben. Allerdings nicht in dem Sinne, daß man sich sklavisch an diesen Plan halten müsse. Das wird nur ausnahmsweise möglich sein, und der Vergleich eines solchen Planes mit der Einstellungsfolge des fertigen Filmes wird immer ganz erhebliche Verschiedenheiten aufweisen. Das ist auch nicht notwendig. Wichtig ist vielmehr, daß der Aufnehmende gezwungen ist, sich intensiv mit dem zu dokumentierenden Vorgang zu beschäftigen, ihn sinnvoll in Einstellungen zu gliedern, überhaupt sich mit ihm filmisch auseinanderzusetzen. Dieser erzieherische Zwang kommt der Dokumentation später zugute.

Ein anderer Gesichtspunkt für die völkerkundliche Filmdokumentation ist die Forderung, aus unserer eigenen zur zweiten Natur gewordenen wissenschaftlichen Haltung umzudenken. Wir sind geneigt, technische Vorgänge mit den Augen unserer Zeit zu sehen, die an die wissenschaftliche Technik gewöhnt sind. Die völkerkundliche Dokumentation hat es aber vielfach mit vorwissenschaftlichen Techniken zu tun.

Wir betrachten dazu einen Enzyklopädie-Film über die Herstellung eines Pfeiles mit Knochenspitze [E 156]. Der Film zeigt, wie ein Indianer die Befiederung des Pfeiles herstellt; dabei denkt er gar nicht daran (wie wir es tun würden), bei der Herstellung der Rillen die Länge der unterzubringenden Feder abzumessen und die Rillen danach zu fertigen. So muß er immer wieder aufs neue probieren, bis die notwendige Länge gerade erreicht ist. Das ist ein Beispiel dafür, daß die Techniken dieser Eingeborenen vielfach von den unseren nicht nur graduell, sondern prinzipiell verschieden sind. Diese Menschen befinden sich noch in einem Stadium der vorwissenschaftlichen Technik (wie übrigens wohl auch die Kinder).

Es ist interessant, daß dem Autor dieses Filmes, M. Schuster, wie er uns mitteilte, der vorwissenschaftliche Charakter dieses Herstellungsprozesses erst aus dem Film besonders deutlich wurde.

Auch die bei manchen Negerstämmen mit Opfern an Geister verbundene Eisenherstellung gehört zu den vorwissenschaftlichen Techniken und ist mit unseren diesbezüglichen streng rational und naturwissenschaftlich ausgerichteten Herstellungsmethoden nicht ohne weiteres zu vergleichen. Darauf hat sich die Dokumentation einzustellen. Es wäre ein grober Verstoß, wenn etwa Vorgänge, die im Sinne der rationellen Technik als »Fehlhandlungen« erscheinen, beim Schnitt ausgelassen würden.

Wir haben schon früher darauf hingewiesen, daß die Völkerkunde den Vergleich der Gegenstände der materiellen oder immateriellen Kultur dazu benutzt, den Standort von Kulturen innerhalb größerer Kulturzusammenhänge zu bestimmen. Dieses Verfahren hat zu vielen Erfolgen geführt, scheint aber nicht immer eindeutige Ergebnisse zu haben. Der Vergleich fertiger Erzeugnisse läßt nicht immer darauf schließen, auf welchem Wege und mit welchen Methoden sie erzeugt wurden. Zur Bestimmung des »Standortes« können aber manchmal diese Methoden wesentlicher sein als das fertige Endprodukt. Auch können oft gleiche Endprodukte auf verschiedenen Wegen und unter Anwendung verschiedener Methoden erzeugt werden. Das bedeutet aber, daß es wichtiger sein kann, die Wege, auf denen es zum Endprodukt kommt, zu vergleichen, als die fertigen Produkte selbst.

Das gilt ganz allgemein auch ohne Hinblick auf den Film; aber der Film ist wesentlich als das erfassende und bewahrende Element für diesen Weg zum Endprodukt. Bei den Aufnahmen zum Film »Volkstümliche Töpferei in Westfalen« [E 155] fiel es dem gerade anwesenden Vertreter des zuständigen Landesmuseums nach seinen eigenen Worten wie Schuppen von den Augen. Er erkannte plötzlich, daß der Vergleich dynamischer Fertigungsmethoden wichtiger sein kann als der Vergleich fertiger Töpferei-Gegenstände.
Ein weiterer wichtiger Gesichtspunkt für die Dokumentation betrifft die Einbeziehung des *Tones*, und zwar als synchron zum Film aufgenommener Ton[1]). Wer sich kritisch mit wissenschaftlichen Filmaufnahmen beschäftigen muß, ist zunächst geneigt, einen Vorgang durch das Bild allein für hinreichend dokumentiert und den Ton für entbehrlich zu halten, insbesondere auch, weil bisher vielfach die synchrone Aufnahme zu schwierig war.
Wir wollen uns aber einmal einen Film ansehen, wie etwa die Einheit »Nuna Widderopfer am Grabe des Gaugründers« [E 224]. Dieser ist zwar ohne Ton aufgenommen, doch besteht von dem gesamten Vorgang ein gesondert aufgenommenes Tonband. Im Stummfilm sieht man zunächst eine Gruppe Eingeborener anscheinend ohne große innere Beteiligung bei der Vorbereitung eines Opfers sitzen, scheinbar in wenig bewegtem Gespräch. Dann wird ein Widder geschlachtet. Kurz danach schließt der Film ab. Nun lassen wir den Film mit dem Tonband zusammen vorführen. Das Band ist nicht synchron zum Film aufgenommen, daher kann auch eine annähernd synchrone Vorführung trotz Bemühung nicht erzielt werden. Trotzdem ist man überrascht über die vielfach gesteigerte Wirkung. Die stark zunehmende Erregung der Teilnehmer am Opfer, die optisch überhaupt nicht in Erscheinung tritt, ist akustisch durch die in ihrer Stärke zunehmenden Lautäußerungen besonders deutlich. Wir hatten den stummen Film falsch beurteilt. Bewußt oder unbewußt neigen wir dazu, auch Bewegungsvorgänge wie Tänze, Kämpfe, Spiele usw. mehr oder weniger pantomimisch aufzufassen. Das ist bei diesen stark emotional gebundenen Vorgängen oft unrichtig, und erst der Ton setzt uns dann in die Lage, wesentliche Fehlbeurteilungen zu vermeiden.
Das Ideal für den völkerkundlich-volkskundlichen Film ist selbstverständlich der von vornherein in vollem Synchronismus zum Bild aufgenommene Ton. Nur damit wird eine befriedigende Auswertung möglich. Aus diesem Grunde ist auch bei der Übernahme von Tonfilmen in die Enzyklopädie der Synchronismus zur Bedingung gemacht worden. Da oft eine synchrone Tonaufnahme nicht möglich war, hat man die Tonereignisse für sich auf ein Tonband aufgenommen. Wenn man dieses Band in der oben beschriebenen Weise gleichzeitig

---

[1] Vergl. hierzu: G. Bauch, Erfahrungen bei der Herstellung von völkerkundlichen synchronen Tonfilmaufnahmen. Forschungsfilm Bd. 5, H 6, 1966, S. 611–616.

mit der Bildprojektion ablaufen läßt, dann wird zwar der Vorgang nicht synchron wiedergegeben, aber immerhin wird ein akustischer Eindruck von dem Rhythmus der Tänze, dem Klang der Musikinstrumente usw. vermittelt, der in vielen Fällen aufschlußreich sein kann. Dies hat daneben den Vorteil, daß man in Erinnerung behält, daß es sich nicht um eine synchrone Aufnahme handelt. Trotzdem sollte sowohl in der Begleitveröffentlichung wie im Tonband selbst ausdrücklich hierauf hingewiesen werden. In der völkerkundlich-volkskundlichen Sektion der ENCYCLOPAEDIA CINEMATOGRAPHICA gibt es bereits eine Anzahl Filme, zu denen ein Tonband gehört. Dagegen gibt es bisher nur wenige synchron aufgenommene völkerkundliche Filme.

Eine besondere Frage stellt sich noch bei der Dokumentation von für die Brauchtumsforschung wichtigen Volkstänzen. Hierzu gehören einerseits objektiv die Schritte und Figuren und der Rhythmus, andererseits aber auch die Wirkung des Tanzes auf die Tänzer selbst und auf die Zuschauer; es ist also eine sehr komplexe Aufgabenstellung, einen solchen Tanz unter allen Aspekten zu dokumentieren. Wir kennen keinen Film, der unter beiden Gesichtspunkten wirklich vollständig und exakt aufgenommen worden ist. Man wird hier wohl auch die Aufgabe beschränken müssen. Steht die emotionale Wirkung und die Wechselwirkung zwischen Tänzern und Zuschauern im Mittelpunkt des Interesses, so wird man die Choreographie vernachlässigen können; man wird dann mit mehreren leicht beweglichen Kameras die interessierenden Vorgänge aufnehmen müssen. Geht es aber um die Choreographie, dann wird man diese Aufgabe in den Mittelpunkt zu stellen haben und eventuell mit einer Studio-Aufnahme zufrieden sein können, die dafür die besseren Möglichkeiten zur Vollständigkeit und technischen Qualität bietet. Darüber liegen aber noch keine geeigneten Aufnahmen und Erfahrungen vor. Die Erfahrungen mit den früher schon zitierten Filmen »Überlinger Schwertletanz« und »Böhmerwälder Schwerttanz« reichen für eine abschließende Beurteilung dieses Komplexes noch nicht aus. Eines dürfte man bereits heute feststellen können: Tanzaufnahmen nur zur choreographischen Analyse sollten sich auf kompliziertere Vorgänge beschränken, sonst würde sich der erforderliche Aufwand nicht recht lohnen.

Besonderen Wert hat der synchrone Tonfilm im musikwissenschaftlichen Bereich der Völkerkunde. Denn er ist nicht nur ein vollständiges Tondokument, sondern zeigt zugleich auch die visuell wahrnehmbaren Vorgänge im musikalischen Geschehen. Er ermöglicht ein Maß an Exaktheit bei der Übertragung in Notenschrift (Transkription), das über die Niederschrift nach dem Gehör weit hinausgeht, indem er zugleich Aussagen über die Spielweise von Instrumenten, Fingersätze, Intonationstechniken usw. zuläßt. Alle diese Vorgänge kann man durch geeignete Art der Aufnahme verlangsamen, beschleunigen oder vergrößern. Bei der Wiedergabe kann man unbeschränkt wiederholen und auch anhalten, ohne den Vorgang zu beeinträchtigen. Man kann durch Heranziehung des Bildes, aufgrund der Bewegungen beim Spielen, akustisch nicht auflösbare Stellen erschließen. Es kann sogar zweckmäßig sein, derartige Spielbewegungen (und damit indirekt akustisches Geschehen) durch messende Auswertung der Einzelbilder eines Filmes zu bestimmen.

A. M. Dauer hat für die musikalische Auswertung eines Filmes ein sehr instruktives Beispiel gegeben durch seine Transkription der Musik eines afrikanischen Tanzes. Diese wurde durchgeführt nach einem Film, der anläßlich der Tschad-Expedition des Instituts für den Wissenschaftlichen Film unter Leitung von P. Fuchs aufgenommen wurde [E 1000][1].

Die zukünftige Entwicklung des völkerkundlichen Filmes wird weit über die Dokumentation der aussterbenden Techniken und brauchtümlichen Abläufe hinausgehen und völkerpsychologische und soziologische Aspekte anstreben. Wir wissen heute noch nicht, wie solche Einheiten aussehen werden. Hierzu gehören Themenkreise wie Mimik, Gestik, Gebärdensprache[2], Erziehung der Kinder, Kinderspiele, Verhalten Eltern — Kinder, Schule, Unterricht, Unterrichtssysteme, religiöse Kulte, Lehre und Ausbildung, Freizeit und Feste, Krankenpflege, Geburt und Tod. Es gehören dazu die Eß-Sitten[3], das Verhalten auf der Straße, auf dem Markt, in dem Verkehrsmittel, während einer Familienfestlichkeit, im Gasthaus usw. Wünschenswert wäre ferner, das Verhalten zu einer neuen Arbeit, zur Maschine, zur Fabrik zu erfassen. Vielleicht nähern wir uns eines Tages auch den häufig vorgebrachten Wünschen nach Dokumentationen wie: ein Tag eines Arbeiters, Handwerkers oder Bauern, deren Durchführung bisher nicht möglich war. Wir brauchen uns nur vorzustellen, daß seit Einführung des Filmes im Abstand von 30 Jahren solche Dokumentationen von den wichtigsten Berufsständen vorgenommen worden wären, um zu erkennen, wie bedeutsam und interessant solche Einheiten heute schon sein könnten.

Die Notwendigkeit, hier weiterzuentwickeln, erfordert Versuche auf bisher noch wenig bearbeitetem Gebiet. Fehlschläge werden dabei nicht ausgeschlossen werden können. Aber die hier noch zu realisierenden Möglichkeiten sind für die Wissenschaft doch so wichtig, daß ein gewisses Risiko in Kauf genommen werden muß.

---

[1] S.: A. M. Dauer, Forschungsfilm 1966, Vol. 5, Nr. 5, S. 439—456, und den Film: E 1000: Djaya (Zentralsudan — Süd-Wadai) — Unterhaltungstänze »djele«.

[2] Es wäre wichtig für die Dokumentation vieler Stämme, gewisse Testsituationen zugrunde zu legen, z. B. das Zählen. A. A. Gerbrands berichtet von seinem Aufenthalt auf Neu-Guinea, daß dortige Stämme nur Worte für die Zahlen von 1 bis 3 haben. Eine Rechenaufgabe 3+2 bereitet schon erhebliche Schwierigkeiten und wird unter Zuhilfenahme der Finger beider Hände gelöst.

[3] Ein gutes Beispiel von dieser nun angestrebten Richtung ist der E-Film »Masakin (Ostafrika — Kordofan) — Zubereiten und Essen einer Mahlzeit« [E 698].

Der völkerkundliche Film nimmt eine gewisse Sonderstellung ein. Häufig genug ist die Völkerkunde auf Forschungen und Feststellungen eines einzigen Forschers angewiesen. Die Filme, die dieser aufgenommen hat, erlauben anderen Wissenschaftlern über die Feststellungen des einen Forschers hinaus zusätzliche Interpretationsmöglichkeiten. Michaelis[1] weist mit Recht hierauf hin. Der sonst unzugängliche Forschungsgegenstand wird durch den Film erreichbar und in der Fachwelt diskutierbar.

c) *Leitsätze zur völkerkundlichen und volkskundlichen Filmdokumentation*[2]

1. Film ist bewegtes Bild; wissenschaftlicher Film im Regelfall optisches Dauerpräparat von Bewegungsvorgängen.
2. In sich geschlossene Bewegungsvorgänge aus dem Gebiet der Völkerkunde, die mit Hilfe des Filmes fixiert und zum Zwecke der Analyse und des Vergleiches mit ähnlichen Vorgängen aus verschiedenen Kulturen jederzeit reproduziert werden können, sind z. B. bestimmte Techniken wie Töpferei, Eisenbearbeitung usw., bestimmte Wirtschaftsvorgänge aus der Kultur von Jägern und Sammlern, von Fischervölkern, Ackerbauern und Viehzüchtern und schließlich Tänze und andere musikbegleitete Bewegungsvorgänge, wie z. B. die Herstellung, Stimm- und Spielweise von Musikinstrumenten usw., d. h. Bewegungsvorgänge, bei denen der Ton integrierender Bestandteil der optisch dargestellten Bewegungsabläufe ist.
3. Nur in Ausnahmefällen ist es möglich, Bewegungsabläufe vollständig zu erfassen. Es ist aber fast immer möglich und wissenschaftlich erforderlich, »repräsentative« Ausschnitte zu filmen. Darunter versteht man solche Ausschnitte, die den Gesamtablauf vom rein Optischen her deutlich erkennen lassen.

1. BEISPIEL:

Zu dem etwa 10–20 Std. dauernden Verhüttungsprozeß in der primitiven Eisenbearbeitung afrikanischer Negerstämme gehören folgende als Bewegungsabläufe in sich geschlossene Teilabschnitte:

1. Beschaffung und Aufbereitung des Ausgangsmaterials (magnetithaltiger Sand oder Raseneisenstein);
2. Die Herstellung und Aufbereitung von Holzkohle;
3. Vorbereitung des Hochofens;
4. Der eigentliche Verhüttungsvorgang (Anzünden des Hochofens, wechselnde

[1] »If a film is used in this manner, it will prevent to a certain extent the ›private‹ approach to anthropological field work, criticized because all results have been sifted by the mind of a single observer«, Research Films in Biology, Psychology and Medicine, 1955, Academic Press New York, S. 189.

[2] Diese von G. Spannaus (IWF) zusammengestellten Leitsätze basieren auf den Erfahrungen mit der völkerkundlichen Filmdokumentation in den Jahren 1952–1959.

Zuführung von Holzkohle und eisenhaltigem Ausgangsmaterial, probeweises Öffnen);

5. Abstich und Herausziehen der Luppe.

Anmerkung: In jedem Teilabschnitt des Gesamtthemas „Eisenverhüttung" gibt es Tätigkeiten, die sich mehrfach bei Nr. 4 (eigentlicher Verhüttungsvorgang) über 10—20 Std. hinweg dauernd wiederholen. In dem letztgenannten Fall genügt es, wenn immer wiederkehrende Tätigkeiten, wie laufende Zuführung von Holzkohle, drei bis viermal gezeigt werden. Bei den vorbereitenden technischen Vorgängen wie z. B. der Zerkleinerung der Holzkohle oder der Raseneisenstücke genügen drei bis vier Kameraeinstellungen.

2. BEISPIEL:

Zur Dokumentation primitiver Töpfereitechniken (ohne Töpferscheibe) gehört die Erfassung folgender Teilvorgänge:

1. Beschaffung, Transport und Aufbereitung des Ausgangsmaterials:
2. Das Formen des Topfes in einer der verschiedenen Techniken (am meisten verbreitet Treib- oder Spiralwulsttechnik, seltener Lappentechnik);
3. Aufstellung zur Lufttrocknung und Brennen;
4. In besonderen Fällen Ornamentierung oder Glasur;
5. Ingebrauchnahme der fertigen Töpfereiprodukte.

Anmerkung: Die meisten Teilvorgänge bei der Töpferei bestehen aus Bewegungsabläufen, die sich einmal oder mehrmals wiederholen. Bei dem Teilvorgang Nr. 2 sind Anfang und Ende von besonderer Wichtigkeit und einmalig im Ablauf. Sie müssen also vollständig erfaßt werden, während beim „Treiben" oder spiraligem Aufeinanderlegen von Wülsten kurze, repräsentative Ausschnitte genügen.

4. Wahl und Länge der Kameraeinstellung werden von folgenden Gesichtspunkten bestimmt:

a) von den oben ausführlich beschriebenen thematischen Anforderungen der »repräsentativen« Erfassung;

b) von einer guten optischen Einführung. An den Anfang gehört eine Einführung in das geographische und kulturgeschichtlich bedeutsame, z. B. auch das soziale Milieu durch Kameraschwenk und Übersichtsaufnahmen;

c) Von der hinreichenden Verdeutlichung komplizierter Bewegungsvorgänge durch zweckentsprechenden Wechsel der Einstellungen. Vorgänge wie z. B. Weben am Trittwebstuhl erfordern mehr Nahaufnahmen als z. B. Hausbau. Flechtvorgänge bleiben häufig ohne Großaufnahmen vollkommen unverständlich. In den meisten Fällen gehört zur Verdeutlichung die räumliche Erfassung durch häufigen seitlichen Standortwechsel der Kamera. Zur Verdeutlichung gehört schließlich noch eine Mindestlänge aller für das optische Verständnis des Ganzen wichtigen Einstellungen.

5. Die optische Verbindung zwischen örtlich getrennten, aber thematisch zusammengehörigen Teilabschnitten eines vollständigen Bewegungsthemas kann in vielen Fällen schon bei der Aufnahme hergestellt werden,

z. B. durch Kameraschwenk von der Töpferwerkstatt zum Brennort oder durch Übersichtsaufnahmen, bei denen beide Tätigkeitsorte gezeigt werden. Lösungen dieses Problems im Schnitt durch Zwischentitel und Blenden sollten auf solche Fälle beschränkt bleiben, bei denen die Aufnahmesituation die Herstellung einer direkten optischen Verbindung nicht gestattet.

6. Zur völkerkundlichen Erfassung gehört die Erfassung des anthropologischen Typus der betreffenden Bevölkerung in Nah- und Großaufnahmen, wenn notwendig im Vergleich zu anderen Bevölkerungsgruppen (z. B. Zwerge—Neger, evtl. auch Neger—Weißer).

7. Zur völkerkundlichen Filmdokumentation gehört das Erkennen und die Aufnahme für den Laien zunächst unwichtig erscheinender, in Wahrheit jedoch kulturgeschichtlich bedeutsamer Begleitvorgänge zum Hauptthema.

BEISPIEL:

Technische Bewegungsabläufe sind häufig mit religiösem Brauchtum verbunden (Opfer, Orakel), zuweilen auch mit Musik; gemeinsame Feiern schließen einen Hausbau ab usw. Bei Tänzen sollten die Musiker und die Zuschauer optisch ausreichend in Erscheinung treten.

8. Originalsynchrone Tonfilmaufnahmen erfordern komplizierte Apparaturen und geschultes Aufnahmepersonal. Der Völkerkundler als mehr oder weniger ausgebildeter Filmamateur sollte bei der filmischen Dokumentation musikbegleiteter Bewegungsvorgänge auf alle Fälle eine vollständige Tonbandaufnahme der Begleitmusik durchführen und in der filmischen Dokumentation sein Augenmerk darauf richten, sich ständig wiederholende, mit musikalischen Wiederholungen korrespondierende Bewegungsvorgänge, z. B. Tanzbewegungen, in ihrem vollständigen Ablauf zu erfassen. Das ist bei Tänzen der Naturvölker und häufig auch bei Volkstänzen außereuropäischer Kulturvölker durchaus möglich, da die sich ständig wiederholenden Phasen der Musik und Tänze gewöhnlich sehr kurz sind.

9. Es kann erwartet werden, daß dem Fachvölkerkundler die einzelnen Teilabschnitte eines Bewegungsvorganges etwa aus der Technik oder Wirtschaft von Naturvölkern soweit bekannt sind, daß er eine Motivliste der zu filmenden Bewegungsvorgänge vorher festlegt und dadurch die Vollständigkeit der filmischen Dokumentation überwachen kann. Dabei wird leicht vergessen, bei Verfilmung der Herstellung von Gebrauchsgegenständen die Ingebrauchnahme selbst mit einzubeziehen.

BEISPIEL:

Zur filmischen Dokumentation einer Flechtarbeit, etwa der Herstellung einer Hängematte oder einer Worfelschale, gehört, daß die fertige Hängematte und ihre Benutzung im täglichen Leben gezeigt wird, bei der Worfelschale entsprechend das Worfeln von Getreide usw.

Bedeutend schwieriger ist die Verfilmung von Bewegungsvorgängen aus dem weiten Bereich des Brauchtums, z. B. von Initiationsfeiern, Tänzen usw. Rechtzeitige vorherige Erkundigungen können zwar in vielen Fällen dazu beitragen, den oben erwähnten Bewegungsabläufen den Charakter des Unvorhersehbaren zu nehmen. Aber nur selten wird man überraschende Wendungen, die den Kameramann vor schwere Aufgaben stellen, vollständig vermeiden können.

10. Die strenge Beachtung der Forderung nach Wirklichkeitstreue (Wirklichkeitsgehalt) wird am besten garantiert durch gründliche völkerkundliche Vorkenntnisse und engen menschlichen Kontakt mit den Stämmen oder sozialen Gruppen, bei denen gefilmt werden soll. Dabei sind sprachliche Kenntnisse von größtem Wert.

Besondere Aufmerksamkeit ist, besonders bei Bewegungsvorgängen auf dem Gebiete des Brauchtums, der Frage zuzuwenden, ob und inwieweit das Verhalten der aufzunehmenden Stammesangehörigen durch die Aufnahmesituation verändert oder gar verfälscht wird.

Soweit kleine Veränderungen der Aufnahmesituation aus filmtechnischen Gründen wünschenswert oder notwendig erscheinen, ist darüber ein genaues Protokoll zu führen. Die Entscheidung, wie weit man mit einer solchen aufnahmetechnisch bedingten Veränderung des natürlichen Milieus bei einer filmischen Dokumentation gehen kann, hat der betreffende Völkerkundler nach bestem Wissen und Gewissen zu fällen.

BEISPIEL 1:

Die meisten handwerklichen Vorgänge werden in tropischen Gebieten im Schatten durchgeführt. Es ist häufig wünschenswert, in manchen Fällen vielleicht sogar notwendig, diesen für die Filmarbeit unvorteilhaften Tatbestand zu ändern (Durchführung kurzer Arbeiten in der Sonne oder Einschaltung einer Spiegelvorrichtung).

BEISPIEL 2:

Thematisch zusammengehörige Teilabschnitte eines Bewegungsvorganges werden zuweilen in großen Zeitabständen durchgeführt, z. B. liegen in der Töpferei zwischen der Beschaffung des Ausgangsmaterials, dem Formen eines Topfes, der Lufttrocknung und dem Brennen häufig mehrere Tage oder sogar zwei bis drei Wochen. Es besteht dann die Möglichkeit, die betreffenden handelnden Personen zu einer Komprimierung der Teilabschnitte auf einen wesentlich kürzeren Zeitraum zu bewegen.

BEISPIEL 3:

Der völkerkundliche Forscher veranlaßt die handelnden Personen, für die Zwecke seiner filmischen Aufnahmen »ihre Kultur zu spielen«. Hier wird die Grenze der Wirklichkeitstreue leicht überschritten. Es ist vielleicht noch gerade zu verantworten, wenn ohne besonderen äußeren Anreiz ein Jagdzug veranstaltet wird, der sonst erst zu einem späteren Zeitpunkt stattfinden würde. Die Grenze des Erlaubten aber ist sicher überschritten, wo bedeutsames Brauchtum im Jahreslauf oder im menschlichen Leben (Geburt, Tod, Hochzeit) »gestellt« wird.

11. Zur exakten wissenschaftlichen Dokumentation gehört eine sorgfältige Protokollierung aller für die Filmarbeit wichtigen Daten:
    I. Filmische Daten:
    Aufnahmegerät — Einstellung (Länge, Blende, Objektiv) — Zeitangaben — Art und Qualität des Ausgangsmaterials — künstliche Beleuchtungsmittel usw.
    II. Wissenschaftliche Daten:
    Stamm — soziale Gruppe (Dorf, Sippe, Einzelfamilien usw.), evtl. Angaben über die handelnden Personen — genaue Verfolgung der thematischen Vollständigkeit.
12. Das in den vorstehenden Abschnitten über die völkerkundliche Filmdokumentation Gesagte gilt sinngemäß auch für die Aufnahmen auf dem Gebiete der deutschen und europäischen Volkskunde.

d) *Beispiele von völkerkundlichen und volkskundlichen Enzyklopädie-Filmen*

Schon vor dem Beginn der völkerkundlich-volkskundlichen Dokumentationsarbeit innerhalb der Enzyklopädie wurden Filme hergestellt, die zu Recht als Vorläufer dieser Entwicklung angesehen werden können. Dazu gehört beispielsweise der von *R. Gardi* im Jahre 1953 aufgenommene Farbfilm »Eisengewinnung bei den Matakam« [C 665]. Dieser Film hat die wesentlichen Vorgänge bei der Herstellung schmiedeeiserner Waffen und Werkzeuge bei den Matakam, einem westafrikanischen Negerstamm, erfaßt. Er beginnt mit der Beschaffung des Ausgangsmaterials (Magnetit) und zeigt ausführlich dessen Verhüttung in Tonöfen und das Ausschmieden der im »Hochofen« gewonnenen Luppe. Die Autoren, der Filmautor *R. Gardi* und der ihn begleitende Völkerkundler *P. Hinderling*, haben ein überaus sorgfältiges und umfassendes Protokoll geführt, das eine gute Auswertung der Filmaufnahmen zuläßt. — In den Jahren 1951/52 hatte *G. Koch* gute Dokumentationen im Schwarz-Weißfilm von den Tonga- und Fidschi-Inseln mitgebracht. Sie behandeln u. a. die Mattenherstellung, Koprabereitung, Herstellung von Rindenstoff, aber auch Töpferei in Lappentechnik und aus dem Vollen [C 657, 658; C 663, 664]. Auch diese Filme zeigen schon weitgehend Ansätze für die später von der Encyclopaedia Cinematographica bevorzugte, sehr ausführliche Erfassung eines beschränkten Themas. Andere Filme dieser Zeit neigen ebenfalls schon zu der Betonung der objektiven Darstellungsart, wie sie später von der Enzyklopädie gefordert wurde.

Während der Einfluß des IWF auf die auf Expedition gehenden Völkerkundler anfangs gering war, machte er sich Ende der 50er und Anfang der 60er Jahre stärker bemerkbar. Hier wirkte sich auch die Entschließung der deutschen Völkerkundler aus, die auf die völkerkundliche Filmarbeit einen besonderen Akzent setzte und unter anderem die Mitnahme eines Kameramannes empfahl.

An der von dem Linden-Museum, Stuttgart, im Jahre 1963 unternommenen Expedition nach Afghanistan nahm neben den beiden Völkerkundlern *P. Snoy* und *F. Kußmaul* auch der Kameramann *H. Schlenker teil.* Hierbei entstanden für die Enzyklopädie 30 Einheiten. Da diese Dokumentationen in mancher Hinsicht als vorbildlich angesehen werden können, sollen einige Abbildungen in die von ihnen behandelten Gegenstände einen Einblick geben, wobei kurz der im Film gezeigte Ablauf geschildert werden soll.

Eine Filmeinheit behandelt das Korbflechten bei den Tadschiken [E 746]. Die Bilder zeigen Phasen aus Flechtarbeiten, die von den Frauen geleistet werden. Als Flechtmaterial wird eine Schilfgrasart benutzt. Abb. 20a zeigt die Arbeit an einer Korbschale. Der fertige Korb wird unter anderem dazu benutzt, das auf den Feldern gejätete Unkraut abzutransportieren, wobei die Frauen die Körbe auf dem Kopfe tragen. In Abb. 20b flicht eine Frau einen »Teller«. Die kreisrunde Scheibe dient zum Abdecken von Gefäßen, als Unterlage beim Auslegen der Fladenbrote und als Tablett beim Vorsetzen von Speisen.

TADSCHIKEN
AFGHANISTAN,
BADAKHSHAN
KORBFLECHTEREI

Abb. 20a *Flechten einer Korbschale*

Abb. 20 b *Flechten eines Korbtellers*

Ein anderer Film zeigt als Stummfilm einen Männertanz der Paschtunen [E 717] Der Tanz, aus dem Abb. 21 a ein Augenblicksbild wiedergibt, hat den Namen »Tanz aus Wardak«. Nach einleitendem Wechselgesang der Tänzer, die in jeder Hand ein Tuch als Tanzrequisit halten, beginnt, begleitet von zwei Trommeln, der Tanz. Er zeichnet sich durch eine kreisförmige Aufstellung aus, die durch kleine drehende Tanzschritte eingehalten wird. Besonderes Charakte-

PASCHTUNEN
AFGHANISTAN,
BADAKHSHAN
MÄNNERTANZ

Abb. 21 a *Tanz aus Wardak.* Dieser Tanz ist durch andauerndes, schnelles Rollen des Kopfes charakterisiert.

ristikum dieses Tanzes ist das andauernde schnelle Rollen des Kopfes, das in einzelnen Fällen ekstatische Erscheinungen auszulösen vermag.
Abb. 21b zeigt ein Bild aus einem aus Mangal stammenden Tanz, der zur Erholung in den anderen Tanz aus Wardak eingeschoben wurde. Dieser Tanz beginnt im Sitzen, aus dem die Tänzer ab und zu aufstehen, um einige Tanzschritte auf der Stelle durchzuführen. Außer dem Schwenken der Tücher ist auch hier wieder das Rollen des Kopfes in den einzelnen Tanzphasen charakteristisch.

Abb. 21b *Tanz aus Mangal.* Der Tanz beginnt im Sitzen, aus dem die Tänzer hin und wieder aufstehen, um einige Tanzschritte auf der Stelle auszuführen

Ein weiterer Film zeigt einen Männertanz in Verbindung mit einem mimischen Ringkampf [E 766]. In Abb. 22a und b sieht man Ausschnitte aus einem Tanz, den die nomadisierenden Paschtunen vor ihren Zelten vollführen. Der Tanz und die mimische Szene sind reine Männerangelegenheit. Die Frauen gehen entfernt von dieser Veranstaltung ihren täglichen Arbeiten nach. Begleitet von einer Trommel und einer Schalmei tanzen die Männer mit kleinen Schritten und sich um ihre eigene Achse drehend einen Rundtanz (Abb. 22a). Kurz vor dessen Schluß mischt sich mit gesteigerten Bewegungen und Purzelbäumen eine Maskengestalt unter die Tanzenden. Über die Bedeutung dieser Maske vermochten die Leute selbst nichts auszusagen. Sie muß erst im Vergleich mit ähnlichen Erscheinungen aus anderen vorderasiatischen Gebieten erschlossen werden, wobei der Film gute Dienste leisten wird.
An diesen Tanz schließt sich, ohne direkte Beziehung zu ihm, eine mimische Szene an (Abb. 22b). Einer der Tänzer vollführt mit einem figürlich dargestellten Gegner einen gemimten Ringkampf. In mehreren »Runden« ringt er mit einem bekleideten vogelscheuchenähnlichen Stangenkreuz, wirbelt es

PASCHTUNEN
AFGHANISTAN,
BADAKHSHAN
MÄNNERTANZ UND
PANTOMIMISCHES
ZWISCHENSPIEL

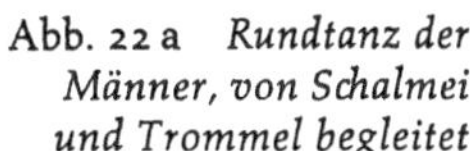

Abb. 22 a *Rundtanz der Männer, von Schalmei und Trommel begleitet*

Abb. 22 b *Gemimter Ringkampf mit einem Schein-Gegner in Gestalt eines bekleideten Stangen-Kreuzes*

durch die Luft und zwingt es schließlich zu Boden. Auch hier läßt sich über den ursprünglichen Sinn des heute nur noch als harmloses Spiel aufgefaßten Vorganges noch nichts Genaueres aussagen. Es ist zu vermuten, daß diese Figur ursprünglich eine Schadensmacht in Riesengestalt wiedergab, die besiegt werden mußte.

Eine Tanzdokumentation im choreographischen Sinne stellen diese technisch guten Aufnahmen, die mit einer einzigen Kamera ohne Ton aufgenommen wurden, naturgemäß nicht dar. Weil sie über einen allgemeinen Eindruck hinaus noch interessante Verhaltensweisen der Menschen aufzeigen, wurden diese Filme in die Enzyklopädie übernommen. Allgemein kann festgestellt werden, daß sich die Mitnahme eines Kameramannes bisher in allen Fällen bewährt hat. Die Völkerkundler werden entlastet, und die Qualität der Aufnahmen wird besser, wobei allerdings Voraussetzung ist, daß Völkerkundler und Kameramann aufs beste zusammenarbeiten.

In den Mittelpunkt der Expeditionsarbeiten stellte den Dokumentationsfilm die Ostsudan-Expedition 1962/63 der Deutschen Nansen-Gesellschaft. Die

Teilnehmer *H. Luz* und *W. Herz führten* Aufnahmen zu 18 Einheiten, hauptsächlich auf handwerklichen und landwirtschaftlichen Gebieten, durch. Es befinden sich darunter auch einige brauchtümliche Themen wie Ringkämpfe, Narbentätowierung und andere. Interessant ist der Versuch, den Tagesablauf in einem Viehlager bei den Nuer [E 706] zu dokumentieren. Schon seit vielen Jahren besteht im volkskundlich-soziologischen Bereich der Wunsch, den Tagesablauf eines Bauern, Handwerkers oder Arbeiters aufzunehmen. Hier wurde im völkerkundlichen Bereich ein solcher Versuch unternommen.

In der trockenen Zeit richten die Nuer Viehlager ein, die von Hirtenjungen bewacht werden. Früh wird das Vieh gemolken. Zur Herstellung von Butter wird die Milch von Mädchen in Kalebassen gefüllt (Abb. 23a) und diese auf dem Oberschenkel geschlagen. Um die Milchleistung der Kühe zu steigern, wird das »Kuh-Blasen« ausgeführt, wobei den Kühen Luft in die Scheide geblasen wird. Abb. 23b zeigt, wie ein junges Mädchen dieses Verfahren anwendet.

Ein anderer Film wurde über das Beibringen von Ziernarben bei den Masakin [E 700] aufgenommen. Bei diesem Stamm ist die Narbentätowierung sehr beliebt. Oft ist der ganze Körper einschließlich der Arme und Beine damit bedeckt (Abb. 24a). Mit einem Pflanzendorn wird die Haut angehoben und mit einem Eisenmesser ein flacher Schnitt gemacht (Abb. 24b). Es entsteht jeweils eine sichelförmige Schnittwunde. Nachdem alle Schnitte gelegt sind, werden

NUER, OSTAFRIKA, OBERER NIL
TÄGLICHE ARBEITEN IM VIEHLAGER

Abb. 23a *Abfüllen von Milch in Kalebassen*

Abb. 23 b *Kuh-»Blasen« zur Erhöhung der Milch-Produktion der Kühe*

MASAKIN, OSTAFRIKA, KORDOFAN
BEIBRINGEN VON ZIERNARBEN

Abb. 24 a *Masakin-Mädchen mit Ziernarben*

Abb. 24 b *Beibringen der Narben durch einen flachen Schnitt mit einem Eisenmesser*

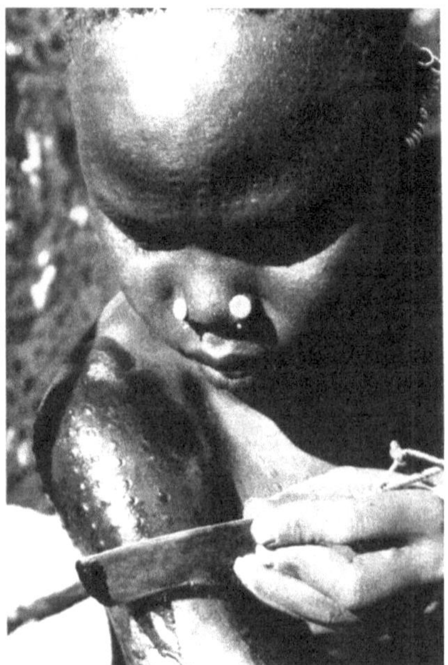

Abb. 24c *Abschaben des Blutes*

Abb. 24d *Tätowierung während der ersten Schwangerschaft*

die Wunden mit Speichel eingerieben und das Blut mit einem Eisenmesser abgeschabt (Abb. 24c). Während der ersten Schwangerschaft erhalten die Masakin-Frauen eine besondere Art der Tätowierung, die mit einem Glassplitter ausgeführt wird (Abb. 24d). Die entstandenen Wunden werden mit Sesamöl eingerieben.

Auch bei dieser Expedition hat sich die Beteiligung eines Kameramannes bewährt. Es kann aber auch Fälle geben, wo seine Beteiligung nicht angebracht ist. Manche Filmvorhaben, etwa von sonst geheimgehaltenen Vorgängen, können durch einen zweiten Mann tatsächlich gestört werden. Daher sollte man bei größeren Dokumentations-Aufgaben genau überlegen, wann die Mitnahme eines Kameramannes zweckmäßig und sinnvoll ist.

Auch die volkskundliche Filmdokumentation hat durch Aufnahmen der Volkskundler im deutschen Sprachbereich in den letzten Jahren Fortschritte gemacht, wobei die vom IWF durchgeführten Kurse zur Erlernung der Schmalfilm-Aufnahmetechnik beigetragen haben. Insbesondere waren es die aussterbenden Techniken, die im Mittelpunkt solcher Arbeiten standen.

A. Lühning hat 1961/1962 speziell in Schleswig solche Dokumentationen über die Verarbeitung von Binsen zu Teppichen, Matten und Schuhen, ferner das bäuerliche Reepschlagen und anderes durchgeführt. Ein Teil dieser Aufnahmen wurde auch in der ENCYCLOPAEDIA CINEMATOGRAPHICA veröffentlicht. Auf

Abb. 23 b *Kuh-»Blasen« zur Erhöhung der Milch-Produktion der Kühe*

Masakin, Ostafrika, Kordofan
Beibringen von Ziernarben

Abb. 24 a *Masakin-Mädchen mit Ziernarben*

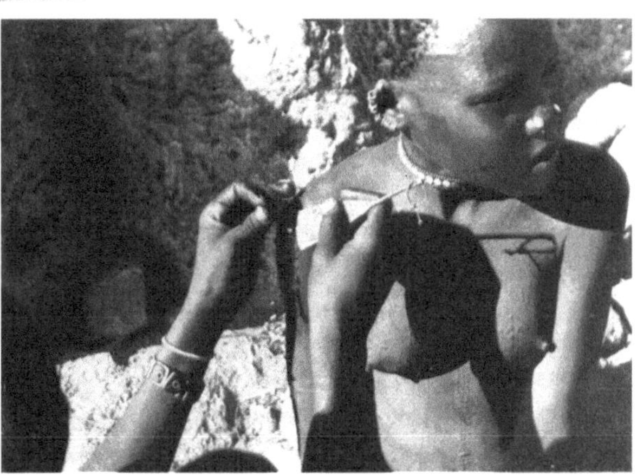

Abb. 24 b *Beibringen der Narben durch einen flachen Schnitt mit einem Eisenmesser*

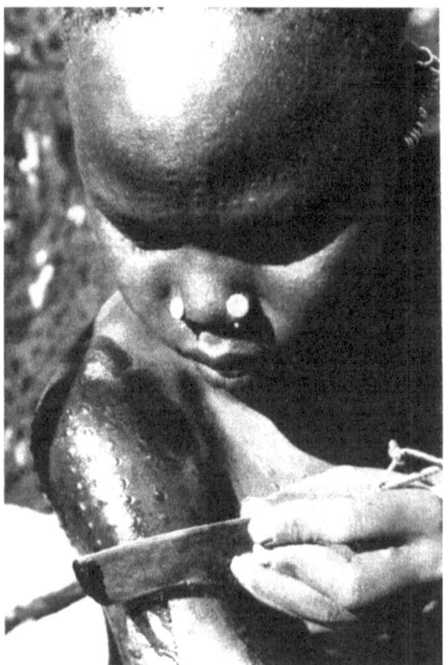

Abb. 24c *Abschaben des Blutes*

Abb. 24d *Tätowierung während der ersten Schwangerschaft*

die Wunden mit Speichel eingerieben und das Blut mit einem Eisenmesser abgeschabt (Abb. 24c). Während der ersten Schwangerschaft erhalten die Masakin-Frauen eine besondere Art der Tätowierung, die mit einem Glassplitter ausgeführt wird (Abb. 24d). Die entstandenen Wunden werden mit Sesamöl eingerieben.

Auch bei dieser Expedition hat sich die Beteiligung eines Kameramannes bewährt. Es kann aber auch Fälle geben, wo seine Beteiligung nicht angebracht ist. Manche Filmvorhaben, etwa von sonst geheimgehaltenen Vorgängen, können durch einen zweiten Mann tatsächlich gestört werden. Daher sollte man bei größeren Dokumentations-Aufgaben genau überlegen, wann die Mitnahme eines Kameramannes zweckmäßig und sinnvoll ist.

Auch die volkskundliche Filmdokumentation hat durch Aufnahmen der Volkskundler im deutschen Sprachbereich in den letzten Jahren Fortschritte gemacht, wobei die vom IWF durchgeführten Kurse zur Erlernung der Schmalfilm-Aufnahmetechnik beigetragen haben. Insbesondere waren es die aussterbenden Techniken, die im Mittelpunkt solcher Arbeiten standen.

A. Lühning hat 1961/1962 speziell in Schleswig solche Dokumentationen über die Verarbeitung von Binsen zu Teppichen, Matten und Schuhen, ferner das bäuerliche Reepschlagen und anderes durchgeführt. Ein Teil dieser Aufnahmen wurde auch in der ENCYCLOPAEDIA CINEMATOGRAPHICA veröffentlicht. Auf

Abb. 25 a *Einbinden des »Butz«, einer traditionellen Strohgestalt*

Abb. 25 b *Heische-Umgang durch das Dorf*

MITTELEUROPA, BADEN-WÜRTTEMBERG
HEISCHE-UMGANG AM OKULI-SONNTAG IN ZAISENHAUSEN AN DER JAGST

brauchtümlichem Gebiet wurden bisher nur vereinzelt gute Dokumentationen vorgenommen, die zur Übernahme geeignet waren, so z. B. der von P. Tschernay aufgenommene Film über den Feuerräderlauf in Lügde [E 481].

Die Bemühungen des IWF gehen dahin, bei der gegenwärtigen systematischen Dokumentation besonders auch solche brauchtümliche Abläufe zu berücksichtigen. Auch aus diesem Gebiet sollen nun an einigen Bildern Arbeitsgegenstand und Arbeitsweise der Filmdokumentation erläutert werden.

Zwei Filme über einen Heische-Umgang am Okuli-Sonntag [E 775 und E 776] behandeln einen alten Brauch, der in Württemberg noch heute ausgeübt wird. Schon im Herbst werden beim Dreschen glatte Strohhalme aufbewahrt. In dieses Stroh wird am Nachmittag des Okuli-Sonntags der »Butz« eingebunden. Ein Junge erhält einen Strohmantel, Arme und Beine werden in Stroh eingewickelt, außerdem wird ihm ein Zopf und ein Schwanz angebunden (Abb. 25 a). Nachdem der Butz so hergerichtet ist, beginnt unter großer Anteilnahme der Jugend der Eier-Heischegang durch das Dorf, wobei der Butz durch zwei Jungen geführt wird (Abb. 25 b). Am Rande des Dorfes wird die Hülle des Strohbutzen heruntergeschnitten (Abb. 25 c) und verbrannt; damit endet der Umgang (Abb. 25 d). Der alte Sinn solchen Bauchtums liegt in der dramatisch-symbolischen Spielhandlung von der Tötung des Winterdämons. Mit der Verbrennung der Strohhülle wird die unfruchtbare Winterzeit, die durch das dürre und leere Stroh charakterisiert ist, abgetötet.

Abb. 25 c *Ausziehen des »Butz« am Ende des Umganges*

Abb. 25 d *Verbrennen des Strohgewandes*

Nach diesen Bildbeispielen soll jetzt das völkerkundliche Arbeitsgebiet durch die genauere Darstellung und Analyse eines Filmes von H. Schultz erläutert werden, der zugleich Ethnologe und wissenschaftlicher Kameramann war und sehr gute Dokumentationen geliefert hat.

Filmbeispiel:

Suyá
Brasilien — Oberer Xingú
Fischfang durch Vergiften des Wassers

(16-mm-Stummfilm, farbig, 13½ Min., Aufn. auf Schmalfilm 16 mm) [E 445] (s. auch Abb. 26 a—b)

Suya
Brasilien, Oberer Xingu
Fischfang durch
Vergiften des Wassers

Abb. 26a *Vor dem Aufbruch zum Fischzug sitzen die Suyá schweigend und bewegungslos hinter ihren Bündeln*

Inhalt[1]:

»Die Suyá sind ein Gê-Stamm, der im Übergangsgebiet zwischen der Savanne und dem dichten Laubwald am oberen Xingú, einem Amazonas-Nebenfluß, lebt. Bis gegen die Mitte des Jahres 1960 waren sie vollkommen unzugänglich. Von allen anderen Stämmen des oberen Xingú wurden sie gefürchtet. Heute allerdings, nach dem Eindringen der Weißen, sind kriegerische Zusammenstöße kaum mehr möglich. Die Kopfzahl der Suyá hatte sich um 1960 auf 65 vermindert.

Abb. 26b *Suyá mit erbeutetem Traîra-Fisch Ein alter Mann hat mit Pfeil und Bogen einen großen Traîra-Fisch erbeutet*

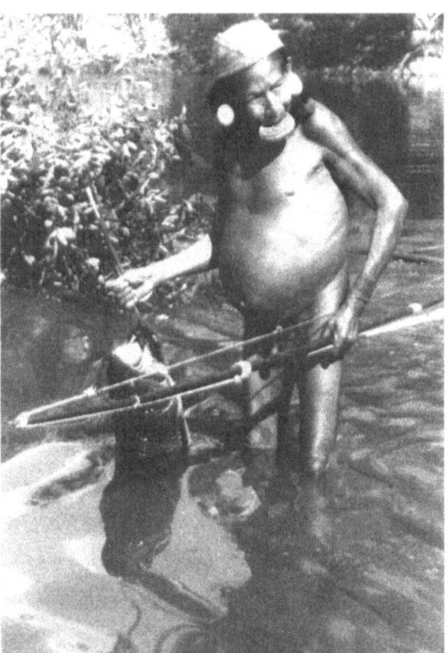

Die Abbildungen sind nicht Einzelbilder aus dem Film, sondern Photoaufnahmen, die zwischen den Filmaufnahmen hergestellt wurden

[1] Das Folgende ist ein fast wörtlicher Auszug aus der Begleitveröffentlichung von H. Schultz.

Die Suyá befinden sich mitten in den Vorbereitungen für einen Fischzug. Mehrere Männer zertrümmern mit Stahläxten Timbó-Lianen. Die aufgefaserten Lianen werden auseinandergerissen, gebündelt und mit Baststreifen verschnürt. In langer Reihe werden die Bündel nebeneinander aufgestellt. Hinter jedes hockt sich sein Besitzer und bleibt dort bewegungslos eine Zeitlang sitzen, einem Ritual entsprechend, über das leider nichts Näheres erfahren werden konnte. Danach werden alle Timbó-Bündel auf einen großen Haufen gelegt.

Sobald der Anführer einer der Dorfhälften kommt (im Film nicht gezeigt), beginnt der Aufbruch zum Fischfang. Die Männer tragen ihre Lianenbündel mit Hilfe eines über den Kopf gelegten Bastbandes auf dem Rücken. Frauen und Kinder folgen mit Kalebassen, Körben und Waldmessern. Einige der Suyá paddeln in einem Rindenboot zum Orte des Fischfanges: Währenddessen ziehen die Männer, Frauen und Kinder am Ufer eines Sees entlang. Als Letzter, ohne Lasten, folgt einer der Häuptlinge der Suyá-Siedlung. Das Ziel ist erreicht. An einem offenen Steilufer wird gelagert; die Männer prüfen ihre Pfeile.

Jünglinge und Männer errichten mit grünen Zweigen eine Wand, um eine der Buchten vom offenen Wasser abzuriegeln. Darauf ergreifen sie die Timbó-Bündel und schwenken sie im Wasser hin und her, damit der Saft der Lianen sich mit diesem vermischt und es vergiftet. Sie schlagen mit Knüppeln auf die Lianen. Immer stärker wird dadurch das Wasser mit Gift durchsetzt.

Nach einiger Zeit kann das Einholen der Beute beginnen. Mädchen und Frauen waten in den See, um vergiftete Fische einzusammeln. Sie haben in den Händen halbierte Kalebassen und Waldmesser. Noch schwimmende Fische werden von Männern mit Pfeil und Bogen erlegt. Besonders große, wie der räuberische Traîra-Fisch *(Erythrinnus spec.)*, werden auf den Pfeil gespießt oder an einer Liane aufgehängt, ans Ufer geschleppt und dort mit dem Knüppel totgeschlagen. Währenddessen trägt ein junges Mädchen gefangene Fische an das Ufer, wo ein kleines Kind mit Fischen spielt und einen totzubeißen versucht. Ein Mann, eine schwangere Frau und drei kleine Mädchen suchen im Schlamm nach versteckten toten oder betäubten Fischen, denen sie dann das Rückgrat brechen. Ein Knabe versucht sich im Schießen, fehlt häufig, bis er endlich doch ein sehr kleines Fischlein erbeutet, er schießt weiter auf an der Oberfläche des Wasser treibende Fische. Immer noch wird nach betäubten oder sterbenden Fischen gesucht. Erbeutete Fische sind zum Teil auf Lianen gereiht und werden mit diesen durchs Wasser zum Land gezogen, sie werden auch in Kalebassen auf dem Kopf getragen. Am Ufer sind Männer und Frauen beim Säubern der Fische. Ein großer Teil der Beute wird hier auf biegsame dünne Zweige gereiht, indem diese durch die Kiemenöffnung und das Maul gestoßen werden.

Der Heimweg ist angetreten. Große und schwere Traîra-Fische werden einzeln oder an einer Holzstange hängend zum Lager getragen. Die mit dem Boot fahrenden Suyá reihen ihre Beute erst während der Fahrt auf dünne Lianen, an denen sie später zum Trocknen aufgehängt werden.«

Einstellungsfolge:

Einst. Nr.	Einst. Art	Bildbeschreibung	Einst. Dauer in s.
	Haupttitel	Suyá Brasilien — Oberer Xingú Fischfang durch Vergiften des Wassers	
1	Total	Am Ufer des Flusses: Mehrere Suyá-Männer zertrümmern mit Stahläxten Timbó-Lianen, die das Fischgift enthalten	13
2	Nah	Aufgefaserte Lianen	11
3	Nah	Schlagender Mann	4
4	Total	Fortsetzung	3
5	Total m. Schwenk	Fortsetzung; ein Suyá fasert seine bearbeitete Liane auf	14
6	Halbnah	Auseinanderreißen und Bündeln von Lianen	14
7	Halbnah	Zusammenschnüren eines Bündels	12
8	Total	In langer Reihe werden die Bündel aufgestellt, jeder Besitzer setzt sich hinter sein oder seine Lianenbündel	12
Die nun anschließenden Einstellungen 9—19 (zusammen 168 s.) behandeln den Marsch der Männer, Frauen und Kinder zum Ort des Fischzuges; er erfolgt zu Fuß und im Boot.			
20	Halbnah m. Schwenk	Lagerplatz	7,5
21	Nah	Die Männer prüfen ihre Pfeile	12
22	Total	Jünglinge und Männer gehen mit belaubten Zweigen ins Wasser und beginnen, mit ihnen eine Wand zur Abriegelung einer Bucht zu bauen	13
23	Halbnah	Fortsetzung	15
24	Halbnah	Fortsetzung; die Wand ist bereits vollständiger	6

Einst. Nr.	Einst. Art	Bildbeschreibung	Einst. Dauer in s.
25	Nah m. Schwenk	Fortsetzung; ein Suyá beim Bau, zwei andere bringen weitere Äste herbei	14
26	Halbnah m. Schwenk	Blick auf das Ufer und einen Teil der abriegelnden Wand im Wasser; die Männer gehen mit den ersten Lianenbündeln ins Wasser	18
27	Halbnah m. Schwenk	Sie schwenken sie im Wasser auf und nieder	19
28	Nah m. Schwenk	Die Männer schlagen mit Knüppeln auf die Bündel, damit der Saft der Lianen besser an das Wasser abgegeben wird	11
29	Nah	Ein einzelner Suyá schwenkt sein Bündel auf und nieder	5
30	Halbtotal m. Schwenk	Mädchen und Frauen waten, z. T. mit Kalebassen und Waldmessern in den Händen, ins Wasser	14
31	Nah m. Schwenk	Fortsetzung	10
32	Total m. Schwenk	Fortsetzung	14
33	Nah	Eine Frau, mit einem kleinen Kind auf der linken Hüfte und einem Waldmesser in der Rechten, sieht suchend über das Wasser	5
34	Halbnah m. Schwenk	Ein alter Suyá kommt mit Bogen und Pfeil durch das Wasser auf einen Jüngeren zu, reicht diesem beides; der andere schießt auf einen Fisch und läuft seitlich davon, um das getroffene Tier zu verfolgen	20
35	Halbnah m. Schwenk	Der Alte ergreift den Pfeil, der einen der großen Traîra-Fische aufgespießt hat, und bringt beide Fische an das Ufer	12
36	Nah m. Schwenk	Fortsetzung und Ende	18
37	Nah	Jüngerer Suyá mit Bogen und Pfeil	5
38	Halbnah	Er setzt zum Schießen an	7

Einst. Nr.	Einst. Art	Bildbeschreibung	Einst. Dauer in s.
39	Halbnah m. Schwenk	Er geht zu einem abgeschossenen Pfeil, hebt ihn samt dem aufgespießten Fisch hoch, geht triumphierend ans Wasser und schlägt den Fisch dort mit einem Knüppel tot. Kinder sehen zu	17
40	Nah	Ein sehr junges Mädchen kommt mit eingesammelten und auf dünne, biegsame Lianenenden aufgefädelten Fischen auf das Ufer zu	5
41	Nah	Ein kleines Mädchen spielt mit Fischen und versucht, einen Fisch totzubeißen	9

In den nun folgenden Einstellungen 42—65 (zusammen 251 s.) wird das Fischen fortgesetzt; die erbeuteten Fische werden gesäubert und zum Heimtransport fertiggemacht.

Einst. Nr.	Einst. Art	Bildbeschreibung	Einst. Dauer in s.
66	Halbnah m. Schwenk in Nah m. Schwenk Halbnah	Zwei Knaben schleppen mehrere schwere Traîra-Fische an einer Stange zwischen sich fort	18
67	Halbnah	Fortsetzung	4
68	Nah	Zwei Frauen mit Kind auf dem Heimweg	8
69	Halbnah	Vier Suyá paddeln im Boot zurück nach ihrem Dorf	11
70	Nah	Ein Suyá reiht die Beute auf Lianen	8
71	Groß	Fortsetzung	8
72	Nah	Der vordere Suyá mit dem Stechpaddel paddelnd	5
73	Nah bis Halbnah	Fortsetzung	7
74	Total	Das Boot entfernt sich	8
	Schlußtitel	Aufgenommen 1960 von Harald Schultz Museu Paulista São Paulo, S. P.	

Der Film umfaßt 74 Einstellungen, Haupttitel und Schlußtitel; durch das Thema bedingt, sind eine relativ große Anzahl von Totalen (15) und Einstellungen mit Schwenks (21) vorhanden. Die Länge der Einstellungen differiert von 3 s bis 22 s, die Aufnahmefrequenz beträgt durchgehend 24 B/s. Die thematischen Hauptkomplexe sind durch die Einstellungen klar gegliedert.

Wir wollen zunächst die Wünsche, die noch offenbleiben, diskutieren. Das »Gebet« vor dem Abmarsch ist nicht erfaßt. Nachdem die Lianenbündel fertig geschnürt sind, bleiben die Männer, offenbar einem Ritual entsprechend, lautlos und regungslos hinter ihren Bündeln sitzen.

Die Aufnahmen entstanden, wie der Autor in der Begleitveröffentlichung mitteilt, bei zwei verschiedenen Fischzügen, »da die Beleuchtung es nicht zuließ, sämtliche Szenen bei einem einzigen Fischzug einwandfrei aufzunehmen. Bei dem ersten Zug wurden die Vorbereitungen, das Zertrümmern der Timbó-Lianen und das Vergiften des Wassers, gefilmt, bei dem zweiten das Erbeuten der Fische und der Abtransport«. Es handelt sich, wenigstens teilweise, um einen anderen Personenkreis, insofern fällt die Orientierung über die Personen etwas schwer. Es wäre besser gewesen, die Tatsache, daß es sich um Aufnahmen bei zwei Fischzügen handelt, durch einen Zwischentitel zu erläutern. Damit würde der Eindruck korrigiert, der zunächst beim Beschauer entsteht, daß es sich um ein einziges, lückenlos ablaufendes Ereignis handelt. Man wünschte sich einige Aufnahmen in Großaufnahme, z. B. vom Töten der Fische (Zerbrechen des Rückgrates, Schlagen mit der Keule, Beißen in den Kopf). Wünschenswert wären ferner noch Einstellungen über die Gewinnung der Gift-Lianen selbst. —

Diesen noch offengebliebenen Wünschen steht auf der anderen Seite eine gute Dokumentation des Gesamtvorganges gegenüber. Die Aufnahmetechnik ist gut; ebenso die Farbqualität. Die Ausführlichkeit der Darstellung ist aus der Einstellungs-Folge gut erkennbar. Man hat nicht den Eindruck, daß die Indianer dirigiert wurden, in dem Sinne, daß bestimmte Tätigkeiten auf Kommando des Aufnehmenden durchgeführt wurden. Ein »Stellen«, wenn überhaupt aufgetreten, hält sich anscheinend in erlaubten Grenzen. Hier dirigiert vielmehr der Vorgang selbst die Aufnahme, so daß von dem Operateur nur eine gewisse, offenbar geringfügige Einflußnahme auf den Vorgang erfolgt. Der Autor versteht es offensichtlich gut, mit den Eingeborenen umzugehen, obwohl er sich insgesamt nur vier Wochen bei diesem Stamm aufhielt.

In der Anfangszeit der Enzyklopädie hätte man sich vielleicht bei dieser Filmeinheit mit einem kleineren Ausschnitt begnügt, nämlich mit dem eigentlichen Vergiften, dem Schießen, dem Einsammeln und Töten der Fische. Die hier gewählte Form, den Anmarsch und den Rückweg einzubeziehen, ist sicher zweckmäßiger. Sie kommt dem Bestreben entgegen, neben der dokumentierten Hantierung auch den Menschen und seine Verhaltensweisen zu zeigen. Hier wird das Laufen, das Waten im Wasser, das Paddeln, die Handhabung der Axt und das Tragen von Lasten gezeigt. Ebenso sind emotionale Reaktionen erkennbar, wie die Enttäuschung bei Erwachsenen und Jugendlichen über Fehlschüsse, aber auch der Triumph über erzielte Treffer. Der Film gibt ferner einige Aufschlüsse über das Sozialverhalten, insbesondere bei einer Gemeinschaftsarbeit, wie dieser, bei der die einzelnen Arbeitsgänge weitgehend aufgeteilt sind.

Anbau-Möglichkeiten existieren in verschiedenen Richtungen; zunächst einmal im horizontalen Bereich. Man kann Einheiten mit vergleichbarer Thematik bei anderen Stämmen aufnehmen. Es existieren auch bereits Vergleichs-Einheiten. Interessant wäre auch, wie schon erwähnt, die Gewinnung der Gift-Lianen zu dokumentieren. Es gibt zahlreiche verschiedene Gift-Lianen-Arten, und die Bearbeitung dieser Lianen und ihre Vorbereitung zur Vergiftung des Wassers ist von Stamm zu Stamm verschieden. Andere Anbau-Themen bieten die weitere Verarbeitung der erbeuteten Fische (Kochen, Braten, Räuchern, Trocknen) und natürlich die Mahlzeit selbst. Aber auch die anderen Methoden des Fischfanges gehören zu diesem Vergleich.

Im ganzen können wir angesichts der Schwierigkeiten solcher Dokumentationen feststellen, daß es sich um eine sehr gute Dokumentation handelt, die natürlich auch gut im Hochschul-Unterricht zu verwenden ist. Wir haben aber hier den Ausnahmefall vor uns, daß der Autor zugleich Ethnologe und wissenschaftlicher Kameramann ist.

F) *Begleitveröffentlichung und Registrierung des Filminhaltes*

a) *Die Begleitveröffentlichung*

Schon seit 30 Jahren werden die wissenschaftlichen Filme in Deutschland mit einer gedruckten Begleitveröffentlichung verbunden. Die Reichsanstalt für Film und Bild (RWU) begann damit 1935, als die ersten wissenschaftlichen Filme veröffentlicht wurden; das IWF setzte diese Tradition fort. In jeder Schachtel, die einen Film enthält, befindet sich ein Exemplar dieser Veröffentlichung. Film und Begleitveröffentlichung gehören zusammen; sie bilden zusammen die wissenschaftliche Filmveröffentlichung. Diese Erkenntnis hat sich in der Zwischenzeit bestätigt. Deshalb erhalten auch die Enzyklopädie-Filme gedruckte Begleitpublikationen.

Zur wissenschaftlichen Arbeit gehört die Publikation; eine Publikation soll zugänglich und nachprüfbar sein. Kann der Film für sich allein ohne eine zusätzlich gedruckte Veröffentlichung diese Forderung erfüllen?

W. Hinsch hat die jahrzehntelangen Erfahrungen des IWF auf diesem Gebiet in einer Veröffentlichung[1] zusammengefaßt. Er geht davon aus, daß der Forschungsfilm ein Originaldokument mit dessen Vorzügen darstellt. Dieses Originaldokument muß als solches und auch hinsichtlich der Interpretation, die der Autor ihm gibt, nachprüfbar sein. Alle Daten, die hierfür erforderlich sind, können im Film selbst weder als Zwischentitel noch als Tonkommentar gegeben werden. Die Flüchtigkeit des Filmes erweist sich dabei als erheblicher Mangel, der ein Nachvollziehen von Gedankengängen während der Vorführung nicht zuläßt. Überhaupt ist der Charakter einer Druckveröffentlichung, der gebräuchlichsten Publikation — mit ihren theoretischen Überlegungen, dem Hauptgedankengang, den Argumenten und Gegenargumenten, den Nebengedankengängen in Fußnoten, dem Eingehen auf die Arbeiten anderer Wissenschaftler, mit der Zusammenfassung und dem Literaturhinweis — von dem Charakter des Filmes verschieden. Dieser soll und kann nur die Phänomene in einer leicht übersehbaren Folge darstellen, ist aber zur Darlegung der zu ihrer wissenschaftlichen Behandlung nötigen komplizierten Gedankengänge nicht geeignet.

»Der Forschungsfilm ist einerseits wertvoll genug, um wissenschaftlich publiziert zu werden, kann aber andererseits die Erfordernisse einer wissenschaftlichen Veröffentlichung nur unvollkommen erfüllen. Daraus ziehen wir den Schluß, daß er einer druckschriftlichen Ergänzung bedarf, die alles das enthält, was der Film als solcher nicht zum Ausdruck bringen kann, und die erst mit dem Film gemeinsam eine vollständige wissenschaftliche Veröffentlichung darstellt.« (Hinsch)

Die Begleitveröffentlichung soll dem Forscher, der den Film als Forschungsmaterial analysieren oder zu Vergleichszwecken benutzen will, eine druckschriftliche Unterlage über das behandelte Thema und die dargestellten Vorgänge geben. Sie soll aber auch dem Hochschullehrer, der ihn im Unterricht verwendet, Hinweise auf den Inhalt und für seine Erläuterungen vor seinen Hörern vermitteln. Es ist ja erfahrungsgemäß nicht leicht, zu einem laufenden Film zu sprechen und dabei die richtigen Erklärungen an der richtigen Stelle zu geben.

Die Herkunft des Filmes wirkt sich auch auf die Gestalt der Begleitveröffentlichung aus. Handelt es sich um einen in die Enzyklopädie übernommenen Forschungsfilm, dann soll die Begleitveröffentlichung die wichtigsten Fragestellungen und auch die wichtigsten Ergebnisse einer mit dem Film etwa schon durchgeführten Forschungsarbeit enthalten. Bei jedem Dokumentationsfilm müssen aber vorwegnehmende Interpretationen auf jeden Fall vermieden werden.

[1] Hinsch W., Forschungsfilm und Begleitschrift — Zum Problem der wissenschaftlichen Filmveröffentlichung, Forschungsfilm 4, 1963, S. 529—536.

Die Veröffentlichung gliedert sich in die Teile: Allgemeine Vorbemerkungen, Filminhalt und Schrifttum.

Die *»Allgemeinen Vorbemerkungen«* sollen in gedrängter Form die wissenschaftlichen Grundlagen des Themas zusammenfassen.

Hierher gehören ferner weitere Unterlagen:

a) Technische Daten: Filmformat, Aufnahmematerial, Kamera, Aufnahmefrequenz, Art der Lichtquellen (bei künstlicher Beleuchtung) usw.

b) Aufnahmedaten: Ort, Datum, Tageszeit, Wetterbedingungen.

c) Wissenschaftliche Daten: bei zoologischen Objekten[1] z. B. Wissenschaftlicher Artnahme des Tieres und Name der Familie, z. B. *Putorius putorius* (Mustelidae), Angaben, ob die Aufnahmen in freier Wildbahn oder von gefangenen Tieren gemacht sind, Geschlecht und Alter der Tiere.

   Bei gefangen gehaltenen Tieren: Vorgeschichte, Herkunft (in Gefangenschaft geboren oder eingefangen, zahm oder wild).

   Es gehören hierhin ferner Angaben über die wesentlichen Lebens-, Ernährungs- und Umweltbedingungen, vor allem auch über Abweichungen von den natürlichen Verhältnissen.

   Bei völkerkundlichen Objekten[1] z. B. geographische Angaben, Stamm oder andere soziale Gruppe, allgemeine und besondere Umweltbedingungen, soziales Milieu, Angaben über die handelnden Personen, ihre wirtschaftlichen und sozialen Verhältnisse, ihre Beziehungen zum Aufnehmenden, Veranlassung der Aufnahmen.

Es werden Hinweise erwartet, wenn aus aufnahmetechnischen Gründen Veränderungen gegenüber dem ungestörten Handlungsablauf vorgenommen wurden, ferner, wenn durch die Filmaufnahme der Bewegungsablauf des Objektes beeinflußt wurde.

In diesen Abschnitt gehören auch Hinweise auf andere Enzyklopädie-Filme, die zum Vergleich oder zum Beweis herangezogen werden können.

Im Abschnitt *»Filminhalt«* werden die aufgenommenen Vorgänge im einzelnen ausführlich beschrieben, wobei die Zwischentitel des Filmes als Zwischenüberschriften übernommen werden, um die Übersicht zu erleichtern. Bei einer guten Begleitveröffentlichung muß die Zuordnung der erklärenden Angaben zu den einzelnen Einstellungen ohne Schwierigkeit möglich sein. Auf wichtige Einzelheiten in den Einstellungen soll hingewiesen werden:

bei zoologischen Objekten z. B. auf morphologische, biotopische, anatomische und andere Besonderheiten;

bei völkerkundlichen Objekten z. B. auf Besonderheiten der materiellen Kultur wie Tracht, Waffen, Gerät, soziales Milieu.

---

[1] Es werden hier nur zoologische und völkerkundliche Beispiele angeführt. Für die anderen Sektionen gilt Entsprechendes.

Thematische Lücken in der Dokumentation sollen hier besonders erwähnt werden.

Bei besonders komplizierten und schwer überschaubaren Vorgängen kann die Auswertung durch Angabe der abgelaufenen Filmlänge und andere Hinweise erleichtert werden.

Ein »*Literaturverzeichnis*« in der bei Druckveröffentlichungen üblichen Weise schließt sich an, in dem neben dem Schrifttum auch Enzyklopädie-Filme zitiert werden.

Die Begleitveröffentlichung kann Abbildungen in Form von Strichzeichnungen, Halbtonbildern und Photographien enthalten. Der normale Umfang beträgt 4 bis 10 Druckseiten.

Nach einem Jahrzehnt enzyklopädischer Filmarbeit kann die bisherige Entwicklung übersehen werden. Die ersten Begleitveröffentlichungen waren äußerst kurz (1 bis 2 Druckseiten mit aufnahmetechnischen Daten als Tabellen und knappen Hinweisen auf den Inhalt). Später wurden die Anforderungen erhöht. Die Herkunft der Filme und das Motiv ihrer Entstehung wirken sich auch auf die Gestalt der Veröffentlichung aus. Es ist auch leicht einzusehen, daß Umfang und Inhalt sich anders gestalten, je nachdem, ob die Filme wesentlicher Bestandteil einer Dissertation oder Bestandteil einer ethnographischen Erstaufnahme sind, oder ob es sich um kurze Einheiten von speziellen Bewegungsweisen eines Tieres handelt, die aufgenommen wurden, weil die Umstände sich dazu anboten. Diese Verschiedenheit braucht sich nicht ungünstig auszuwirken; auch kann sie wegen der dadurch ermöglichten Freiheit in der Gestaltung des Textes neue Impulse geben. Allerdings soll ein Minimum an Länge nicht unterschritten und ein bestimmtes Maß an Ausführlichkeit nicht überschritten werden.

Eine besonders wichtige Aufgabe der Begleitveröffentlichung ist noch die Beurteilung von Einflüssen auf das Objekt hinsichtlich des Wirklichkeitsgehaltes. Hierher gehören alle Angaben, die unrichtige Eindrücke richtigstellen und Täuschungsmöglichkeiten vermeiden sollen (s. Kapitel Wirklichkeitsgehalt).

Zunehmend wird von der Verwendung von Abbildungen Gebrauch gemacht. Zoologische Veröffentlichungen erhalten Photographien, die besondere Verhaltensweisen verdeutlichen (z. B. Grußzeremoniell bei der Brutablösung von Vögeln) oder Schemata zur besseren Übersicht über Entwicklungsabläufe (z. B. Entwicklungszyklen bei Mikroorganismen).

Völkerkundliche Texte erhalten Landkarten, Strichzeichnungen von Geräten, Noten oder Liedertexte, volkskundliche zum Beispiel Lagepläne und Schnittzeichnungen alter Werkstätten. Die technisch-wissenschaftlichen Veröffentlichungen werden mit den erforderlichen Tabellen und Auswertdiagrammen ausgestattet.

Auch hat es sich herausgestellt, daß das Studium des Filmes bei besonders komplizierten Vorgängen dadurch erleichtert werden kann, daß in den Text kurze Bildfolgen aus dem Film übernommen werden. Dadurch kann der Bewegungsablauf wesentlich verdeutlicht werden. Das gleiche gilt für gezeichnete Phasenbilder.

In den zahlreichen bisher erschienenen Begleitveröffentlichungen ist schon heute ein reicher Schatz an Wissen zusammengetragen, der laufend vergrößert wird. Aus diesem Grunde wurden auch die Veröffentlichungen zu Enzyklopädie-Filmen in die in Zeitschriftform erscheinenden »Publikationen zu wissenschaftlichen Filmen« aufgenommen. Sie stehen auf diese Weise auch unabhängig von den Filmen für die wissenschaftliche Arbeit zur Verfügung.

b) *Die Registrierung von Sachverhalten, die nicht im Haupttitel genannt sind*

In den Jahren 1960 bis 1964 hat sich der Redaktionsausschuß der Enzyklopädie mit den Fragen einer geeigneten Registrierung derjenigen Sachverhalte beschäftigt, die in einem Film enthalten sind, aber nicht aus dem Haupttitel hervorgehen. Die Arbeitsrichtung für die Zukunft ist klar. Es fehlen noch die endgültige Übersetzung in die Praxis und damit praktische Erfahrungen. Aus diesem Grunde soll hier nur kurz und informativ über Aufgabe und Ziel berichtet werden.

In jedem Film ist viel mehr an interessanten Vorgängen enthalten, als aus seinem Haupttitel hervorgeht.

Die Einheit über einen Lippfisch: Novaculichthys taeniourus (Labridae) — Brustflossen-Schwimmen [E 63] enthält z. B. interessante spezifische Augenbewegungen dieses Fisches. In der Einheit über einen Schleimfisch: Runula rhinorhynchus (Blenniidae) — Nahrungserwerb [E 139] interessieren die Arten der Beutefische. In der Einheit über einen Anglerfisch: Antennarius nummifer (Antennariidae) — Beutefang [E 141] ist der charakteristische Angelapparat, der zum Beutemachen benutzt wird, wichtig. Darüber hinaus kommen noch andere interessante Sachverhalte in Betracht. Sie alle sind nur schwierig ohne weiteres Suchen aufzufinden etwa dadurch, daß die Begleitveröffentlichungen systematisch durchgearbeitet oder die Filme angesehen werden.

Daher soll nun für das Auffinden solcher Vorgänge ein Lochkartensystem geschaffen werden, mit dessen Hilfe man leicht weitere Fragen beantworten und damit eine zusätzliche Auswertung der Enzyklopädie ermöglichen kann. Hierfür noch ein Beispiel:

Die Einheit über den Spechtfink: Cactospiza pallida (Fringillidae) — Werkzeuggebrauch beim Nahrungserwerb [E 597] und die Einheit über die Meerechse: Amblyrhynchus cristatus (Iguanidae) — Kommentkampf der Männchen [E 591] zeigen seltene Tiere und ihre Verhaltensweisen, die sich durch geographische Isolation (Galapagos-Inseln) in einer Sonderform entwickelt haben. Diese Filme würden im Lochkartensystem auch unter einer Rubrik »Sonderentwicklung durch geographische Isolation« klassifiziert werden, und beim Aufsuchen dieser Rubrik würden alle Karten erfaßt, die diese Lochung tragen. Damit würde sogleich die Frage beantwortet: Welche Filme gibt es in der Enzyklopädie, die Sonderentwicklungen durch geographische Isolation enthalten? (Weitere Beispiele s. unten.)

Es muß für diese Zwecke ein Ordnungssystem geschaffen werden, nach dem die in den Filmen vorhandenen Sachverhalte klassifiziert werden. Diese Arbeit soll für alle Filme an *einer* Stelle durchgeführt werden.

Das Verfahren soll aber so eingerichtet sein, daß an verschiedenen Orten Kopien der fertigen Karten benutzbar sind, die ohne eigene klassifizierende Arbeit des Benutzers ergänzt werden können. Es soll billig und leicht zu handhaben sein.

Die Klassifizierung soll bei Abnahme und Veröffentlichung der Filme durch den Editor oder dessen Mitarbeiter erfolgen. Die Lochkarten sollen nach ihrem Erscheinen laufend den an der Enzyklopädie-Arbeit interessierten Institutionen zugänglich gemacht werden. Diese können dann ohne großen Aufwand ein einfaches Lochkarten-Auswertgerät anschaffen und damit an dem Nutzen der Einrichtung teilnehmen.

Die erste Hauptarbeit besteht in der Aufstellung eines geeigneten *Ordnungssystems:*

Es hat sich herausgestellt, daß eine Benutzung vorhandener Ordnungssysteme wie etwa der IDK hier nicht zweckmäßig ist. Wir haben es bei dieser Aufgabe mit optisch-dynamischen Sachverhalten und nur wenigen sehr speziellen Arbeitsgebieten zu tun, die von allgemeineren Systemen nur einen kleinen Ausschnitt umfassen würden.

Das Ordnungssystem soll ferner so beschaffen sein, daß es mehrere Disziplinen umfaßt, wobei die diesen gemeinsamen Begriffe eine Brücke zwischen ihnen bilden. Gilt zum Beispiel die oben genannte Rubrik »Sonderentwicklung durch geographische Isolation« nicht nur für die Zoologie, sondern auch für Botanik, Mikrobiologie und Völkerkunde, dann würde das System über alle für diese Fragestellung in Betracht kommenden zoologischen, botanischen, mikrobiologischen und völkerkundlichen Filme Auskunft geben. Damit werden interessante und bisher kaum beachtete Querverbindungen deutlich.

Auch die Brücke zwischen Biologie und den Technischen Wissenschaften erscheint wichtig. Wir brauchen hier beispielsweise nur an die zahlreichen Prinzipien der Lokomotion der Tiere zu denken, die auch für die Technik interessant sind.

Ein von W. Hinsch erarbeitetes Ordnungsprinzip erscheint für die vorliegenden Zwecke geeignet. Es ist in der oben betrachteten Weise auf optisch-dynamische Sachverhalte zugeschnitten und berücksichtigt die Brücke zwischen den Disziplinen. Außerdem bietet es Möglichkeiten zur späteren Erweiterung.

Die zweite Hauptarbeit besteht in der eigentlichen *Klassifizierungsarbeit,* d. h. der Feststellung der zu chiffrierenden Sachverhalte für die einzelnen Filme.

Der Autor ist dazu allein nicht imstande, einmal weil hier mehrere Disziplinen zu berücksichtigen sind, zum anderen weil er das Gesamtsystem der Registrierung nicht übersieht. Das IWF soll sich daher auf seinen Filmabnahme-Sitzungen, an denen Mitarbeiter aus verschiedenen Disziplinen teilnehmen, an dieser Arbeit beteiligen. Die Hauptaufgabe wird jedoch dem Sachbearbeiter für die Registrierung selbst zufallen, der gemeinsam mit dem Autor und unter Heranziehung anderer Wissenschaftler diese Klassifizierung durchführen muß. Mit dieser Klassifizierung steht und fällt die Aufgabe.

Beispiel:

Die dem Leser schon bekannte Einheit Suyá — Fischfang durch Vergiften des Wassers (s. S. 156 — S. 161) soll hier klassifiziert werden.

Zunächst müssen bei allen völkerkundlichen Filmen einheitlich folgende Hauptmerkmale erfaßt werden:

Stamm
geographische Lage
Klimagebiet.

Ferner sind folgende spezielle Sachverhalte aus völkerkundlicher Sicht zu berücksichtigen:

Verwendete Giftpflanze Timbó, Jagdritual, spezielle Methode des Fischfanges durch Vergiften des Wassers, Tötungsmethoden von Fischen, Gerät- und Werkzeugbenutzung, Pfeil und Bogen, Schmuck (Lippenscheiben), Erziehung — Übungsschießen der Kinder, Soziales Verhalten — Gemeinschaftsarbeit, Arbeitsteilung.

Aus zoologischer Sicht wären etwa die Arten der erbeuteten Fische und der Indianerhunde zu registrieren.

Sind diese Sachverhalte registriert, so kann das System über die zu folgenden Fragen vorhandenen Filme Auskunft geben:

Für welche Zwecke und bei welchen Gelegenheiten wird die Timbó-Liane als Pflanze oder als Gift noch benutzt?

Welche Fischfangmethoden werden überhaupt verwendet?

Welche Fischfangmethoden werden in Südamerika benutzt?

Welche Fischfangmethoden werden in einem bestimmten Klimagebiet benutzt?

Welche Riten existieren bei der Jagd (Fischfang) oder über Jagdzauber bei den Indianern Brasiliens, in Südamerika, überhaupt?

Welche Stämme üben noch Jagdriten aus?

Bei welchen Stämmen wird zur Zeit Pfeil und Bogen als Jagdwaffe noch benutzt?
Welche Stämme tragen Lippenscheiben — in Brasilien, in Südamerika, überhaupt?
Welche Arbeitsteilung bei welchen Arbeiten wird bei welchen Stämmen durchgeführt?

Die Forderung nach einer solchen Registrierung wurde bezeichnenderweise erst dann erhoben, als eine größere Anzahl von Filmen vorhanden war. Mit zunehmendem Umfang der Enzyklopädie wird diese Frage drängender.
Im ganzen kann schon jetzt festgestellt werden, daß eine solche Registrierung auch unter Berücksichtigung der Arbeit, die damit verknüpft ist, eine überaus große Bereicherung der Enzyklopädie-Arbeit darstellt.

III. Der Wirklichkeitsgehalt des wissenschaftlichen Films

Der Wirklichkeitsgehalt des wissenschaftlichen Films ist eine etwas schwierige Materie. Wir möchten deshalb zunächst davon sprechen, welche Vorstellung der Mensch von der ihn umgebenden Wirklichkeit — von seiner Umgebung — hat, dann von der Vorstellung, die ein wissenschaftlicher Film davon vermittelt und schließlich darüber, worin sich die beiden Vorstellungen unterscheiden.

Der Mensch kann von seiner Umgebung sicher nur einen kleinen Teil wahrnehmen. Wir gebrauchen dazu in erster Linie unsere Sinne, darüber hinaus vielleicht noch eine außersinnliche Wahrnehmung, über die wir noch nicht viel wissen. Von der sinnlichen Wahrnehmung wissen wir, daß wir die Wirklichkeit, die Umwelt um uns, mit den verschiedenen Sinnen gleichzeitig wahrnehmen. Der optische Sinn, das Auge, gilt als bevorzugter Sinn. Unsere Sinne sind begrenzt; Hunde können besser riechen, manche Vögel besser sehen als der Mensch.

Die Wissenschaft verwendet die Ergebnisse der sinnlichen Wahrnehmung als Grundlage ihres Vorgehens. Durch das ihr eigentümliche logische Verfahren kommt sie zu Erkenntnissen, die über die sinnliche Wahrnehmung hinausgehen. Wir haben es demnach mit der Projektion der Wirklichkeit durch das Filter unserer menschlichen Wahrnehmung und ihrer logischen Verarbeitung durch die Wissenschaft, zu tun.

Der Mensch ist in bezug auf die Wahrnehmung der ihn umgebenden Wirklichkeit ein selektiver Rezeptor; manche Bereiche nimmt er wahr, andere sind ihm verschlossen. Diejenigen, die er wahrnimmt, werden für ihn real; andere, die er nicht wahrnimmt, sind für ihn nicht unmittelbar existent.

Im Vergleich mit dem Menschen ist der Film noch selektiver, er ist spezialisierter. Er bevorzugt nur einen einzigen »Sinn«, den optischen, manchmal verwendet er dazu noch den akustischen. In diesem optischen Bereich verfügt er allerdings über einige dem Menschen sonst nicht bekannte Möglichkeiten: über die *Zeittransformation* (Zeitdehnung und Zeitraffung) und über die *Reproduktion* (Wiederholbarkeit durch Fixierung von Bewegungsvorgängen.

Bei der Diskussion des Wirklichkeitsgehaltes des wissenschaftlichen Films müssen wir alle Modifikationen der Vorstellung von der Wirklichkeit einbeziehen, welche auf diesem Wege über den Film zum wissenschaftlichen Betrachter erfolgen können.

Wir sprechen gern und oft von der Objektivität der unbestechlichen Kamera. Sie wird von vielen Autoren sowohl für die Photographie als auch für die Kinematographie in Anspruch genommen. Einer der bekanntesten Filmwissenschaftler, der letzten Jahrzehnte, der Ungar Balázs, stellt hingegen fest: »Es gibt nichts Subjektiveres als das Objektiv.« Worin liegt dieser Gegensatz begründet? — Film ist bewegtes Bild. Dieses bewegte Bild hat eine Doppelnatur. Es kann benutzt werden als *Abbild* zum Zwecke einer wissenschaftlichen Analyse. Das ist die wissenschaftliche Anwendung. Es kann aber auch verstanden werden als *Sinnbild* im Sinn der filmischen Bildersprache. Das ist die Anwendung im Spiel-, Dokumentar- und Kulturfilm. Wir alle kennen diese Bildersprache Die Filmaufnahme von fallenden Blättern in Regen und Wind *bedeutet:* Es ist Herbst; die Filmaufnahme von blühenden Bäumen und Zweigen *bedeutet:* Es ist Frühling; die Überblendung eines blühenden Zweiges in das Gesicht eines lachenden jungen Mädchens *bedeutet:* Frische und Jugend — Frühling des Menschen. — Diese Bildersprache zu verstehen, sind wir durch den Spielfilm seit unserer Kinderzeit gewöhnt; wir sind hier in der Art unserer Rezeption geprägt.

Der Dokumentationsfilm will nur das Abbild zeigen; die Doppelnatur des bewegten Bildes bringt es aber mit sich, daß wir unbewußt auch die Akzente der Filmsprache mit aufnehmen.

a) *Die »Filmsprache«*

Bei der Filmdokumentation ist darauf zu achten, daß die Mittel der »Filmsprache« in einer der wissenschaftlichen Aufgabenstellung entsprechenden Weise angewendet werden. Bildeinstellung, Kameraführung, Schnitt, Blenden sind Elemente des filmischen Ausdrucks. Die Totalaufnahme gibt den Überblick, die Großaufnahme geht mit dem Beschauer in die Einzelheit, die Schwenkung gibt ihm die Zuordnung, die Überblendung die gedankliche Assoziation, Auf- und Abblende den Absatz, Zwischentitel das neue Kapitel. Diese Elemente sind vom Spielfilm jahrzehntelang entwickelt und erprobt worden. Das wichtigste Bauelement, die Einstellung, ahmt in ihrer Folge, dem Einstellungswechsel, genau das menschliche Sehen nach.

Das menschliche Sehen ist gleichzeitig ein physiologischer und psychischer Vorgang und enthält, wie wir wissen, manche subjektive Elemente. Bei Filmaufnahmen ist das ähnlich. Beim Aufnehmen von Menschen werden solche Wirkungen besonders deutlich. Durch Veränderung der Höhe des Kamerastandpunktes können von der Bedeutung eines Aufgenommenen verschiedene Eindrücke entstehen. Ist die Kamera oberhalb der Augenhöhe, so erscheint er klein und wenig bedeutend, befindet sich die Kamera unterhalb der Augenhöhe, erscheint der Aufgenommene groß und in seiner Bedeutung überhöht.

Die richtige Kameraposition wäre hier der Standpunkt in Augenhöhe. Schwenkaufnahmen von einem Menschen von oben nach unten können einen für den Betreffenden herabwürdigenden Eindruck erzeugen; Schwenkaufnahmen von unten nach oben können umgekehrt der Eindruck von Scheu und Bewunderung entstehen lassen (Michaelis).

Schon vom Theater wissen wir von der Bedeutung der Bühnenbeleuchtung; eine hell ausgeleuchtete Szene erzeugt den Eindruck einer frohen und heiteren Atmosphäre, eine dunkel ausgeleuchtete den von Gefahr und Angst. Das gleiche gilt für den Film.

Durch einen geeigneten Kamera-Standpunkt mit Blick über die Schultern eines Agierenden wird der Beschauer veranlaßt, gleichsam mit dessen Augen zu sehen (subjektiver Blickwinkel). Das gleiche kann bei seinem Gegenspieler geschehen, und der Beschauer nimmt an subtilen Reaktionen einer Auseinandersetzung teil. —

Der Spielfilm benutzt oft eine andeutende Gestaltung, die dem einzelnen Filmbesucher die Möglichkeit gibt, das Gesehene individuell zu ergänzen und zu interpretieren. Darin liegt ein besonderer Reiz. Der wissenschaftliche Dokumentationsfilm kann keine Mehrdeutigkeit dulden. Er darf weder andeuten noch eine individuell gehaltene Ergänzung zulassen.

Zunächst müssen wir feststellen, daß diese Sprache wegen ihrer bewegten Bilder vorwiegend emotional betont ist und damit für eine wissenschaftliche Kommunikation wenig geeignet erscheint. Hier sind wir auch an dem Punkt, an dem die Zurückhaltung mancher Wissenschaftler dem wissenschaftlichen Film gegenüber ihren Ursprung hat, ohne daß ihnen diese Zusammenhänge in aller Deutlichkeit klar sind.

Es geht also darum, die optischen Mittel des Filmes für die Wissenschaft geeignet zu machen. Das kann dadurch geschehen, daß ihre Bauelemente für diese Aufgabe in besonderer Weise anzuwenden sind, so wie die Sprache der Wissenschaft auch nicht der Umgangssprache entspricht. Daraus ergibt sich zum Beispiel hinsichtlich der Verwendung des Tones die Folgerung, daß keine Musik, etwa zur »Einstimmung«, benutzt werden darf. Der Enzyklopädie-Film benutzt den (synchron aufgenommenen) Ton nur dort, wo er als integrierender Bestandteil zum Bildgeschehen gehört; für ihn ist auch der Tonkommentar abzulehnen, um keine Akzente im Sinne einer bestimmten Interpretation zu setzen. Ferner soll die Zahl der Einstellungen nicht wie beim emotional beeindruckenden Film möglichst hoch, sondern möglichst niedrig sein, d. h. die Einstellungen sollen lang sein. Subjektive Blickwinkel werden vermieden, der Rhythmus soll dem Charakter einer wissenschaftlichen Betrachtung entsprechen.

Durch eine geeignete Betitelung kann der Aufbau nicht nur geordnet, sondern der Film auch weiter „rationalisiert" werden. Die emotionale Wirkung soll nicht ausgeschaltet, aber unter Kontrolle gebracht werden. Nicht nur die Länge der einzelnen Einstellungen, auch die Art ihrer Zusammenstellung im Schnitt muß sorgfältig bedacht werden. Es ist hier die gleiche Sorgfalt anzuwenden wie bei der sprachlichen Formulierung eines wissenschaftlichen Referates oder einer Publikation.

Wir wollen uns nun dem mehrschichtigen Problem des Wirklichkeitsgehaltes von der Praxis her nähern und zu bestimmen versuchen, welche Faktoren hier einen Einfluß ausüben können.

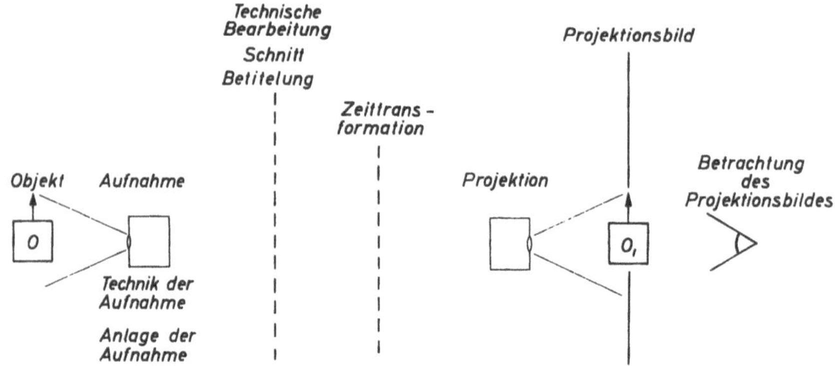

Abb. 27 *Arbeitsgänge der Verfilmung, die den Wirklichkeitsgehalt beeinflussen können*

Wie aus obigem Schema hervorgeht, sind folgende Faktoren beteiligt: das Objekt, die Aufnahme, die technische Bearbeitung mit Entwickeln und Kopieren, Schnitt und Betitelung, die Zeittransformation, die Laufbild-Projektion und die Betrachtung des Bildablaufes am Bildschirm.

Wir wollen diese beteiligten Faktoren im einzelnen betrachten und feststellen, wo bei ihnen Beeinflussungen oder Beschränkungen des Wirklichkeitsgehaltes auftreten können, und dies durch Beispiele erläutern. Diese sind dabei nicht nur aus dem Gebiet des Dokumentationsfilms entnommen, sondern stammen auch aus anderen Filmbereichen. Sie sind so ausgewählt, daß die Probleme möglichst deutlich dargestellt werden.

b) *Das Objekt*

Ganz allgemein können aufzunehmende Bewegungsvorgänge eingeteilt werden in solche, bei denen bei der Aufnahme eine Einflußnahme auf das Objekt möglich und solche, bei denen diese nicht möglich ist, und die ohne Rücksicht auf die Aufnahme ablaufen. Die letzteren können häufig mit höherem Wirklichkeitsgehalt, die ersteren technisch besser und thematisch vollständiger erfaßt werden.

Das aufzunehmende Objekt kann durch äußere Einwirkungen, die durch die

Aufnahme bedingt sind, verändert werden. Die Objekte, mit denen es die Dokumentation zu tun hat, die Stoffe, Mikrolebewesen, Pflanzen, Tiere und Menschen, sind in verschiedener Weise gegen die Bedingungen der Aufnahme empfindlich. Hierzu gehören insbesondere Licht und Wärme. Handelt es sich um Menschen, dann kann eine psychische Beeinflussung stattfinden. Wir wissen, daß wir uns anders verhalten, wenn uns bekannt ist, daß wir photographiert werden.

Es folgen nun einige Beispiele über die Möglichkeiten der Beeinflussung des Objektes.

Beeinflussung durch die Aufnahmebeleuchtung. Bei der Durchführung mikrokinematographischer Aufnahmen von Organismen oder Zellkulturen werden die Objekte Lichtwirkungen ausgesetzt, die oft schwer zu kontrollieren sind; die Kleinheit der Objekte und ihre manchmal raschen Bewegungen erfordern hohe Lichtintensitäten. Sowohl die Intensität als die spektrale Zusammensetzung des Lichtes, aber auch die Art der Beleuchtung (intermittierend oder kontinuierlich) spielen eine Rolle. Es ist notwendig, die zytologischen Veränderungen durch Lichteinwirkung systematisch zu studieren. Immer wieder wird man hier durch Kontrollversuche den Wirklichkeitsgehalt überprüfen müssen.

Beeinflussung durch Narkotika zur Fixierung. Bei Aufnahmen über die Embryonalentwicklung beim Molch konnten die ersten Entwicklungsphasen ohne zusätzliche Beeinflussung des Objektes aufgenommen werden, da bis zu einem bestimmten Zeitpunkt der Entwicklung sich der Keim nicht bewegt. Das anschließende Entwicklungsstadium ist durch autonome Bewegungen des Embryos gekennzeichnet. Diese wurden in diesem Fall durch die Anwendung von Pharmaka vermieden. Der Embryo wurde narkotisiert und blieb daher ruhig liegen. Die Aufnahme wurde dadurch zwar ermöglicht, aber der Wirklichkeitsgehalt wurde beeinträchtigt.

Durch die Art des Objektes gegebene starke Einengung der Dokumentation. Von den sehr wichtigen Umwandlungserscheinungen von Metallen kann man filmisch nur das Verhalten an der Oberfläche erfassen. Wir sind bei solchen Aufnahmen von der vollen Erfassung des Themas weit entfernt. Andererseits weist man mit Recht darauf hin, daß gerade die Kenntnis des Verhaltens der Oberfläche für die praktische Anwendung der technischen Wissenschaften von erheblicher Bedeutung sein kann. Es muß hier die Entscheidung getroffen werden, ob eine solche durch das Objekt selbst begrenzte Dokumentation einen Sinn hat.

Beeinflussung durch die Aufnahmesituation. In den Südtiroler Tälern, in denen volkskundliche Dokumentationsaufnahmen durchgeführt wurden (Flachsernte, Spinnen, Weben u. a.), ist es zur Zeit noch allgemein üblich, daß die Menschen beim Läuten der Nachmittagsglocke dort, wo sie sich gerade befinden, ihr Gebet verrichten. Bei der Aufnahme zu einem Film über das Weben [E 794] hoffte die Aufnahmegruppe, daß sich der webende Bauer in dieser sonst üblichen Weise verhalten würde. Dieser unterließ aber sein Gebet; offensichtlich fühlte er sich durch die Veränderungen in seiner Umwelt, durch den apparativen Aufbau, überhaupt durch die Aufnahmesituation beeinträchtigt.

c) *Die Aufnahme*

Die Aufnahme soll hier unter zwei Aspekten betrachtet werden: die Technik der Aufnahme, also das zugrunde liegende technisch-physikalische Prinzip, und die Anlage der Aufnahme. Als Anlage bezeichnen wir alle Maßnahmen zur Planung und Organisation der Aufnahme. Hierzu gehören zum Beispiel die sinnvolle Gliederung des Gesamtvorganges in Einzeleinstellungen, Auswahl der zur Aufnahme geeigneten Ausschnitte, Art der Einstellung und Länge der Aufnahmen und anderes.

Technik der Aufnahme

Bei der Beurteilung jeder Aufnahme sind die Einschränkungen, die die Technik diktiert, zu berücksichtigen: Die Aufnahmen sind immer Aufnahmen von Einzelphasen. Jede vierundzwanzigstel Sekunde erfolgt bei normaler Aufnahmefrequenz eine Aufnahme. Dazwischen liegt eine Dunkelphase mit dem Filmtransport. Bei Zeitraffer-Aufnahmen können diese Zwischen-Phasen recht lang sein. Die hierbei auftretenden Fehlermöglichkeiten — durch fehlende Bewegungsphasen — werden mit zunehmender Zeitdehnung geringer und mit zunehmender Zeitraffung größer.
Die Winkel der Gesichtsfelder des menschlichen Auges und der Kamera weichen stark voneinander ab. Sie betragen beim Menschen in der Horizontalen etwa 120°, bei der Kamera je nach der Brennweite 37°, 21° oder beim langbrennweitigen Objektiv sogar nur etwa 5°.
Verzeichnungen der Optik, Restfehler des optischen Ausgleichs, stroboskopische Effekte, pseudo-stereoskopische Wirkungen im Sinne der scheinbaren Vertauschung der Konvex-Konkav-Richtung können zu unrichtigen Schlüssen führen. Falsche Eindrücke können ferner durch fehlerhafte Anwendung der technischen Mittel entstehen (unrichtige Wahl der Aufnahmefrequenz, der Kameraposition, falsche Anwendung der Vario-Optik, unrichtige Anordnung von Mikrophonen bei Tonfilm-Aufnahmen usw.).
Zu den Fehlern bei der Aufnahme sollen jetzt wieder einige Beispiele angeführt werden:

Vertauschung der Konkav-Konvex-Richtung. Durch ungewöhnliche Beleuchtungsrichtung (entgegen der sonst gewohnten mit einer Strahlrichtung von links oben nach rechts unten) erscheinen bei Teilen eines Enzyklopädie-Films über Aufbau und Verhalten beweglicher Kolonien bei *Bacillus circulans* [E 183] Konkav- und Konvex-Richtung vertauscht. Die in Wirklichkeit erhaben auf dem Kultur-Nährboden aufliegenden Bakterien-Kolonien erscheinen in diesen Teilen als vertiefte Mulden.

Täuschungsmöglichkeiten bei der Verwendung verschiedener Brennweiten. Aufnahmen mit extrem kurzen Brennweiten lassen den Raum in der Tiefe verlängert, solche mit extrem langen Brennweiten lassen ihn verkürzt erscheinen. Bewegun-

gen von Objekten in Aufnahmerichtung können beim Durchmessen dieser scheinbar verlängerten bzw. verkürzten Räume zu falschen Eindrücken von der Geschwindigkeit führen. Die Verwendung von verschiedenen Brennweiten in aufeinanderfolgenden Einstellungen können zu Täuschungen führen.
Zur Aufnahme eines Forschungsfilmes über den Hamster wurde beim Kampf zwischen Hamster und Hund eine Vario-Optik mit verstellbarer Brennweite benutzt, um die Tiere nicht zu stören. Hierdurch wurde bei langer Brennweite der Eindruck erweckt, daß Hund und Hamster, um zu einer Kampfreaktion zu kommen, räumlich viel näher zusammen sein müssen als es in Wirklichkeit der Fall ist. Der Reaktionsabstand der Tiere erscheint durch die ungewohnte Perspektive verkürzt. Hier wird auch der Raum »gerafft«.
In einem Enzyklopädie-Film über das Anlegen einer Lehmtenne [E 728] entstehen durch Verwendung von verschiedenen Aufnahme-Optiken in den einzelnen Einstellungen unterschiedliche Eindrücke von der Größe der Tenne, besonders von deren Breite.

Täuschungsmöglichkeiten bei der Beurteilung von Infrarot-Aufnahmen. Durch Verwendung von Infrarot-Beleuchtungen und -Aufnahmematerial können Verschiebungen der Graustufen im Bild eintreten. Wird eine solche Beleuchtung etwa für Aufnahmen zur Analyse von Mimik und Gesichtsausdruck (z. B. während der Betrachtung von Filmen) benutzt, so muß bei der Auswertung vorsichtig vorgegangen werden, da Einzelheiten auf den Gesichtern und in der Mimik sich anders darstellen können als bei üblicher Beleuchtung.

Täuschungsmöglichkeiten beim Tonfilm. Die Frage des Wirklichkeitsgehaltes des Tones beim Tonfilm ist besonders schwierig. Gewöhnliche Tonfilmaufnahmen können meist eingehend vorbereitet und wiederholt geübt und geprobt werden. Bei wissenschaftlichen Aufnahmen muß dies aber häufig vermieden werden. Auch Tonaufnahmen im Freien, speziell bei völkerkundlichen Fragestellungen, stellen vor Schwierigkeiten, die die Studiosituation im allgemeinen nicht kennt. Während es bei fehlerhaften Tonaufnahmen im Spielfilm meist möglich ist, durch Nachsynchronisieren zu korrigieren, ist diese Möglichkeit dem wissenschaftlichen Film verschlossen. An die naturgetreue Wiedergabe des Tones können daher nicht immer die äußersten Anforderungen gestellt werden. Es wird umfangreicher Erfahrungen und einer systematischen Arbeit bedürfen, um dieses Problem sinnvoll anzugehen.

Täuschungsmöglichkeiten durch unbemerktes Absinken der Aufnahmefrequenz. In Enzyklopädie-Filmen über die Almwirtschaft im Himalaja stellten wir fest, daß die Menschen sich auffallend schnell bewegten. Es muß angenommen werden, daß unter dem Einfluß der Kälte (4000 m Höhe) die Aufnahmefrequenz absank. Dadurch sind Fehlbeurteilungen des Temperamentes und der Arbeitsleistung des Menschen möglich.
Es wäre einmal zu erproben, wie ein »würdig« gehender Mensch in seinem »Wesen« verändert wird, wenn die Aufnahmefrequenz nach unten und oben von der Norm abweicht. Der »würdige« Mensch würde dann hastig, nervös, unruhig und unseriös oder überlangsam, träge und temperamentlos erscheinen.

Der »Klamauk«-Effekt beim Spielfilm der ersten Zeit hängt mit dieser niedrigen Aufnahmefrequenz zusammen. Wir kommen bei der Bildprojektion noch einmal auf dasselbe Problem zurück.

Anlage der Aufnahme

Die Aufnahme stellt meist einen zeitlichen Ausschnitt aus einem Gesamtvorgang dar. Eine chirurgische Operation dauert z. B. ein bis zwei Stunden oder länger, der Film läuft 10 Minuten. Die Enzyklopädie-Dokumentation hat es meist mit Vorgängen zu tun, die länger dauern als der Film selbst läuft. Manche Vorgänge müssen noch dazu von mehrfach wechselnden Standorten aus aufgenommen werden. Zur Anlage der Aufnahme gehört daher die für den Gesamtvorgang repräsentative Auswahl der Teilvorgänge, die ausgewählt werden müssen, um den Vorgang als Ganzes in der richtigen, akzentfreien Weise wiederzugeben. Hier spielt die Kunst des Weglassens eine entscheidende Rolle, wobei die richtige Anwendung der »Filmsprache«, der filmischen Ausdrucksmittel von besonderer Bedeutung ist. Werden diese Ausdrucksmittel unrichtig verwendet, so können objektiv wahre Aufnahmen subjektiv zu falschen Eindrücken führen.

Zu viele Großaufnahmen. Bei einem internationalen Kongreß der Kinderärzte in London wurden Filme über die frühkindliche Motorik vorgeführt. Es waren wissenschaftlich gute Filme, die in vielen Großaufnahmen das Verhalten der Säuglinge und Kleinkinder zeigten. Die Filme wurden von den Kinderärzten abgelehnt. Konrad Lorenz, der bekannte Verhaltensforscher, der anwesend war, führte dies auf die zahlreichen Großaufnahmen zurück. Die Babys erschienen in der Projektion riesengroß; der pflegerische Instinkt — das Zärtlichkeits-Schema — der Kinderärzte wurde nicht angesprochen. —

Die Aufnahmen waren seinerzeit ausschließlich nach Gesichtspunkten der wissenschaftlichen Dokumentation zustande gekommen. Man wollte die Vorgänge möglichst deutlich demonstrieren, also machte man Großaufnahmen. Konrad Lorenz mag durchaus recht haben. Obwohl jeder Kinderarzt genau weiß, wie ein Baby in einem bestimmten Alter aussieht, wollten die Zuschauer — dem menschlichen Sehen entsprechend und geprägt durch die konventionelle Filmsprache — eine Einstellungsfolge, die nicht nur vorwiegend aus Großaufnahmen besteht. Wahrscheinlich hätte man durch Einschalten von totalen und halbtotalen Aufnahmen des Pflegepersonals den Eindruck von den riesigen Babys bis zu einem bestimmten Grad korrigieren und damit den Vorstellungen des Auditoriums entsprechen können.

Ähnliche falsche Eindrücke können wir etwa bei der Fernsehübertragung eines Fußball-Spiele serleben, wenn die Spieler überwiegend in Nahaufnahmen gezeigt werden und dadurch die Korrelation zum ganzen Spielfeld verloren geht.

Mangel an Großaufnahmen. Die ersten Enzyklopädie-Einheiten, die wir aus Brasilien erhielten, behandelten handwerksmäßige Vorgänge bei verschiedenen Indianer-

Stämmen. Der Vorgang als Ganzes war zwar jeweils erkennbar, jedoch wurde das Verhalten der teilnehmenden Menschen nicht genügend deutlich. Auch bei einem Film, der die Herstellung eines Gerätes zum Thema hat, muß aber der Mensch genügend berücksichtigt werden. Gefühlserregungen des Menschen dokumentieren sich hauptsächlich in seinem Gesicht und dem Ausdruck seiner Augen. Gesichts- und Augenausdruck werden aber nur deutlich in der Großaufnahme. Geeignete Großaufnahmen hätten daher dem Mangel sicher abgeholfen.

Zu lange Einstellungen. Zu kurze Einstellungen hinterlassen im wissenschaftlichen Film den unangenehmen Eindruck von nervöser Hast und Flüchtigkeit. Aber auch überlange Einstellungen im wissenschaftlichen Film brauchen nicht unbedingt eine positive Wirkung zu hinterlassen. Die Erfahrungen mit Persönlichkeitsaufnahmen machen das deutlich. Solche Aufnahmen werden als Tonfilme von bedeutenden Persönlichkeiten gemacht und sind für die historische oder zeitgeschichtliche Forschung bestimmt. Um die Persönlichkeit, die sich bei einer solchen Aufnahme sowieso in einer Ausnahmesituation befindet, nicht durch die notwendigen Unterbrechungen bei Einstellungswechsel noch mehr zu stören, mußten lange Einstellungen in Kauf genommen werden. Der Beschauer kommt dabei leicht in eine gewisse Zwangssituation. Wenn die dargestellte Persönlichkeit noch irgendwelche Hemmungen zeigt, dann kann die Gesamtwirkung quälend und negativ sein. Es gibt offenbar für solche Aufnahmen eine optimale Einstellungslänge, die dabei von einer Person zur anderen verschieden sein kann.

Auch für die Größe der Abbildung gibt es dabei eine bestimmte Grenze. Eine zu große Abbildung eines Gesichtes wirkt plakathaft, unnatürlich, manchmal auch unästhetisch.

Unrichtige Akzentsetzung durch die Anlage des Films. Wir sahen den Rohschnitt für den Unterricht bestimmter Filme über Erdölgewinnung an. Einer beschäftigte sich mit dem Aufbau eines vierfüßigen Gitterturmes, ein anderer mit der eines sogenannten A-Mast-Turmes. Der Film von Bohrturm 1 war etwa 12 Minuten lang, der von Bohrturm 2 etwa die Hälfte. Die Aufnahmen von Bohrturm 1 waren noch unvollständig, wiesen Sprünge auf und hinterließen deshalb einen nicht ganz befriedigenden Eindruck. Auch waren die Vorgänge nicht sehr dynamischer Natur. Die Aufnahmen des Bohrturmes 2 ließen einen wesentlichen Teil fort, wiesen aber darüber hinaus keine Lücken auf, und der Vorgang des Aufrichtens des A-Mastes war interessanter, weil neuartig und bisher kaum bekannt.

Das Ergebnis war, daß durch den optisch-dynamischen Akzent, den der Film gesetzt hatte, das Interesse für Bohrturm 2 größer war. Das war aber nicht erwünscht, weil die Ausführung 1 größere praktische Vorteile hatte. Hier mußte durch Schnitt, Nachaufnahmen und Anpassung der beiden Filme in bezug auf Länge und durch eine entsprechende Abfassung des Tonkommentars der Eindruck richtiggestellt werden. Ohne richtigstellende Kommentierung hätte sonst die Gefahr bestanden, daß der Student infolge der Akzentsetzung durch Aufnahmeobjekt und filmische Gestaltung die Bohrturmlösung 2 für die vorteilhaftere hätte halten können.

Bei allen Aufnahmen, die nicht das Objekt selbst dirigiert, kann auf dieses durch den Kameramann oder den Aufnahmeleiter Einfluß genommen werden. Tiere können für die Aufnahmen »vorbereitet«, Vorgänge mit Menschen als Ganzes oder in Teilen geprobt werden. Hier wird es den wissenschaftlich Verantwortlichen überlassen bleiben müssen, was für den Sachverhalt noch tragbar ist und was abgelehnt werden muß. Er muß aber die Maßnahmen, die er für nötig gehalten hat, in der Begleitschrift angeben.

Gefahr der Dressur. Der Schützenfisch Toxotes erbeutet ein an einem Stengel einer Wasserpflanze sitzendes Insekt dadurch, daß er einen Wasserstrahl dagegen spuckt. Das Insekt wird flugunfähig gemacht, fällt ins Wasser und wird gefressen. Der Vorgang sollte zur Analyse in Zeitdehnung aufgenommen werden.
Bei früheren Versuchen, diesen Vorgang aufzunehmen, hatten wir das Verhalten, wie wir nachträglich feststellten, abdressiert. Es wurden aus Mangel an natürlichen Beutetieren künstliche verwendet, die für den Fisch ungenießbar waren, daher zwar Ziele, aber keine Beute darstellten. Die Spuckreaktion wurde daraufhin eingestellt.
Die Gefahr der An- und Abdressur bei Tieren (und auch bei Menschen) ist häufig vorhanden. Im vorliegenden Fall wären diese Schwierigkeiten nicht eingetreten, wenn genügend viele Beutetiere vorhanden gewesen wären.

Fehlerhafte Anweisung an die Agierenden. Eine völkerkundliche Dokumentation zeigt sehr ausführlich den gesamten technologischen Vorgang der Sago-Gewinnung. Aber der Aufnehmende hat den Eingeborenen sein westliches Arbeitstempo oktroyiert. Die Einzelvorgänge spielen sich in einem unglaubhaft raschen Arbeitstempo ab, das über den ganzen sehr langen Film anhält. Dieses Arbeitstempo wurde aber nur dem Völkerkundler zuliebe eingehalten.
Dieser Film, bei dem die fehlerhafte Anweisung an die Agierenden nur indirekt erkennbar ist, könnte die Anthropologen, Soziologen oder Verhaltensforscher und Psychologen zu falschen Schlüssen über die hier arbeitenden Menschen und ihr Temperament führen.

Bestimmte Einflußmaßnahmen auf das aufzunehmende Objekt sind im Bereich der Völkerkunde häufig. Daß ein eingeborener Handwerker, der seiner Arbeit sonst im Innenraum nachgeht, von dem aufnehmenden Völkerkundler der besseren Beleuchtung wegen veranlaßt wird, seine Tätigkeit in der Sonne oder überhaupt im Freien durchzuführen, wird man in der Regel hinnehmen können. Es erfüllt jedoch mit starken Bedenken, wenn Tänze, die üblicherweise nachts oder abends stattfinden, also bei zur Aufnahme ungenügender Beleuchtung, statt dessen im hellen Tageslicht getanzt werden, also gestellt sind. Auf diese Frage im Zusammenhang mit der »Reproduktion« und dem »Spielen der eigenen Kultur« ist bereits in dem Kapitel über völkerkundliche Filme (Seite 135) ausführlich eingegangen worden. Im Einzelfall kann man eine solche »Rekonstruktion« erwägen, wenn sonst keine andere Möglichkeit der Dokumentation besteht. Im allgemeinen werden dagegen aber mit Recht starke Bedenken bestehen.

Zur Anlage der Aufnahme gehört auch die Entscheidung, ob eine Dokumentation als Stummfilm oder als Tonfilm durchzuführen ist. Emotional bedeutsame Vorgänge erfordern oft die Dokumentation im Tonfilm. Im Kapitel über den völkerkundlichen Film wurde (Seite 140) ein Beispiel einer stummen Dokumentation über ein Widderopfer gegeben, die allein und ohne das Tonband zu einer ausgesprochenen Täuschung über das Beteiligtsein der bei dem Opfer Anwesenden führen muß. Solche stummen Aufnahmen können daher einen durchaus irreführenden Eindruck hinterlassen.

Irreführender Eindruck einer stummen Dokumentation. Ein Ornithologe machte darauf aufmerksam, daß man bei einer stummen Enzyklopädie-Einheit über das Füttern der Jungen bei der Amsel zu falschen Schlüssen kommen könnte. Wenn der Altvogel mit Futter zum Nest kommt, beginnen die Jungen zu sperren. So erscheint es jedenfalls dem etwas entfernten Beobachter, und so würde es auch im Stummfilm erscheinen. In Wirklichkeit sperren die Jungen erst, wenn der Altvogel sie durch leise, kurze Laute zum Sperren auffordert. Diese Laute sind ein akustischer Auslöser. Beim Stummfilm würde man geneigt sein, zumal bei den Lauten kaum Schnabelbewegungen sichtbar sind, auf eine optische Auslösung zu schließen.

Die Benutzung des Tonfilms bei Aufnahmen von Menschen macht manchmal erst den Grad der Verlegenheit deutlich, die die Menschen angesichts der Kamera befällt. Läßt man zum Beispiel die als Tonfilm aufgenommene Enzyklopädie-Einheit über Roggendrusch in Tirol [E 730] als Stummfilm vorführen, so gewinnt man den Eindruck, daß durch die Aufnahme-Situation eine wesentliche Beeinflussung der beim Flegeldreschen mitwirkenden Bauern nicht eingetreten ist. Projiziert man jedoch den Film als Tonfilm, so bemerkt man an der Art des Sprechens und Schweigens leicht, daß dabei eine ausgesprochene Verlegenheits-Situation entstanden war.

Manchmal kann es sinnvoll sein, um eine unerwünschte Ablenkung des Interesses zu vermeiden, einen Film nicht in Farbe aufzunehmen.

Bei der Herstellung der Filme über die Verbreitung von Samen und Früchten riet uns ein Botanik-Dozent von der Herstellung von Farbaufnahmen ab. Er wies auf seine Erfahrung hin, daß farbige Diapositive von Pflanzen und Pflanzenteilen die Studenten ablenkten. Das Interesse würde dabei häufig auf die leuchtenden Blütenfarben konzentriert, andere Teile würden weniger betrachtet.

Im Gegensatz zu dem letzten Beispiel scheint der Farbfilm gerade angebracht für ein Thema »Mimikry im Pflanzen- und Tierreich«. Man würde aber zu falschen Schlüssen kommen, wenn man nicht berücksichtigen würde, daß nicht alle an einem Mimikry-Kreis beteiligten Tiere die Farben so sehen wie wir.

Die Ausführungen über die Anlage der Aufnahme sollen nicht abgeschlossen werden, ohne kurz auf die Möglichkeiten der bewußten Täuschung einzugehen. Wir wissen, daß der Film im politischen Raum als Propaganda-Mittel eine große Rolle spielt, und daß er es aufgrund seiner Möglichkeiten seinen Herstellern leicht macht, ihn dazu zu benutzen. Beispielsweise können durch ein geringes Unter- oder Überdrehen (d. h. der Benutzung einer geringeren oder höheren Aufnahmefrequenz als der normalen) von Aufnahmen gegnerischer Persönlichkeiten diese leicht lächerlich gemacht werden. Auch gibt es genügend Beispiele dafür, daß die Wirkung von Filmen einer Partei von der feindlichen Partei durch filmische Mittel ins Gegenteil verkehrt wurden. Im Raum der Wissenschaft haben wir damit nichts zu tun; es ist auch innerhalb der Enzyklopädie kein Beispiel einer bewußten Täuschung oder Irreführung bekannt. Der Vollständigkeit halber sollen aber hier einige Beispiele angeführt werden, die sich hauptsächlich bei Unterrichtsfilmen ergaben, die aus schon vorliegenden Aufnahmen zusammengestellt wurden und aus dem nichtwissenschaftlichen Raum stammten. Im wesentlichen ist das zugrunde liegende Motiv das gleiche: Der Film soll als Ganzes wirkungsvoller, »effektvoller« gestaltet werden, wobei manchmal eine damit verbundene unterrichtliche Absicht nicht abgestritten werden soll. Für die Dokumentation und die Enzyklopädie sind jedoch solche Praktiken untragbar.

Bei der Herstellung von Dokumentationsfilmen nicht verwendbare Praktiken. Bei der Aufnahme von chirurgischen Operationsfilmen kommt es bei den vom Operierenden gemachten Schnitten zu Blutungen, die das Bild undeutlich werden lassen. In einem bestimmten Fall wurde deshalb so verfahren, daß nach der eigentlichen Operations-Manipulation durch Tupfen das Blut entfernt und unmittelbar darauf die Aufnahme gemacht wurde. Hierbei wurde aber vom Operateur der Vorgang in der Weise fingiert, daß im Film der vorher vorgenommene Schnitt erst durch Zurückziehen seiner Hand sichtbar wird.

In einem anderen Fall wurde für den Hochschulunterricht eine Blinddarmoperation aufgenommen. Hierbei stellte sich heraus, daß der exstirpierte Wurmfortsatz nur wenig sichtbaren Eiter enthielt. Um diesem didaktisch wenig ergiebigen Präparat mehr Überzeugungskraft zu geben, ließ der Chirurg den Wurmfortsatz mit Tubenleim füllen. Der Film schließt mit dem Aufschneiden des Operationspräparates und der Demonstration des darin scheinbar vorhandenen Eiters!

In dem Film »Der Kuckuck als Brutschmarotzer« bemüht sich ein junger Kuckuck aufgrund seines angeborenen Verhaltens, die außer ihm im Nest befindlichen Jungen des Teichrohrsängers und ein noch nicht ausgebrütetes Eis aus dem Nest zu werfen. Mit dem geschlüpften Jungvogel gelingt dies. Das Ei jedoch balanciert auf dem Nestrand und will nicht herabfallen. Hier half der Regisseur. Mit einem dem Zuschauer kaum sichtbaren Strohhalm stieß er das Ei vom Rand des Nestes. So wird der Beschauer überzeugt, daß es dem jungen Kuckuck gelungen ist, das Ei auch vom Nestrand herabzustoßen. Solche »Aufnahme-Hilfen« werden von Kulturfilm-Herstellern häufig benutzt.

Wochenschau-Material über den Reichspräsidenten von Hindenburg sollte für die

»Filmdokumente zur Zeitgeschichte«[1] übernommen werden. Dabei zeigte sich, daß der Beifall, unter dem Hindenburg zu einer Kundgebung fährt, in gleichen zeitlichen Abständen einen einzelnen Heil-Rufer enthielt, der in dem sonst gleichmäßigen Beifallsgeräusch deutlich erkennbar ist. Es stellte sich heraus, daß es sich um eine sogenannte »Beifalls-Schleife« handelte. Für die ursprünglich stumme Aufnahme war bei der Nachsynchronisation eine nur kurze Beifallsaufnahme in Schleifenform verwendet worden. Der Zufall wollte es, daß der einzelne Heil-Rufer eine auffällige Lautmarke gab, die durch ihre regelmäßige Wiederholung zur Aufklärung dieser Manipulation führte.

Im wissenschaftlichen Bereich würde man dieses Verfahren als bewußte Irreführung bezeichnen; in der Wochenschaupraxis ist es aber allgemein üblich, zur »Einstimmung« einer Originalübertragung Beifall aus dem Magazin zu verwenden.

d) *Technische Bearbeitung, Schnitt und Betitelung*

Die technische Bearbeitung umfaßt zunächst das *Entwickeln und Kopieren* der Aufnahmen. Dabei können Veränderungen der Graustufen bzw. der Farbwerte eintreten, die der Wirklichkeit nicht entsprechen; es können aber auch Verbesserungen durch Korrekturen dieser Werte durchgeführt werden. Durch fehlerhaftes Richten (Zusammenstellung nach der Musterkopie) des Negativs können ferner sinnentstellende Veränderungen einzelner Einstellungen erfolgen. Glücklicherweise ist beim Film eine Retusche der Bilder in der bei der Photographie oft üblichen Weise kaum möglich. Wenn schlechte Kopien unrichtige Vorstellungen von dem Objekt geben können, so haben gute Kopien einen nicht zu unterschätzenden Eindruckswert. Nicht ohne Grund fordern daher die Spielfilm-Produktionen von den Kopieranstalten die Anfertigung »brillanter« Kopien.

Zur technischen Bearbeitung gehört weiter das Anlegen (d. h. Kombinieren mit den Bildaufnahmen) des synchron aufgenommenen Tones. Hierbei können Modifikationen der Tonwerte erfolgen. Eine Nachsynchronisation findet bei Dokumentationsaufnahmen nicht statt, so daß diese Möglichkeit einer nachträglichen Veränderung fortfällt.

Schwerwiegende Fehlbeurteilungen können entstehen, wenn Einstellungen zeitverkehrt zusammengefügt, wenn also Anfang und Ende eines Filmstreifens vertauscht werden.

Falsche Eindrücke durch zeitverkehrte Einfügung von Einstellungen. Bei einem Film einer pharmazeutischen Großfirma wurden cytologische Mikro-Aufnahmen versehentlich zeitverkehrt in einen Film eingefügt. Die Endkörperchen von wandernden Zellen, die bei der Bewegung den Schluß bilden, schienen sich nun an der Spitze zu bewegen. Der Tonkommentar, bereits unter der Wirkung der unbemerkten Vertauschung entstanden, sprach von ihnen als »Führungsköpfchen«.

[1] Filmsammlung, herausgegeben durch das Institut für den Wissenschaftlichen Film.

Bild und Tonkommentar wirkten zunächst so überzeugend, daß man sich über die Struktur und die Aufgaben dieser »Führungsköpfchen« hypothetische Gedanken machte.

Noch bevor es zu den letzten technischen Arbeitsgängen kommt, erfolgt *der Schnitt und die Betitelung.* Der Schnitt stellt auch in unserem Zusammenhang einen sehr wichtigen Arbeitsgang dar. Durch einen fehlerhaften Schnitt können objektiv wahre Einstellungen subjektiv falsche Eindrücke vermitteln. Die hier vorliegenden Gefahren, einen Interpretations-Akzent zu setzen, muß der Dokumentationsfilm, speziell der Enzyklopädie-Film, vermeiden. Durch falschen Schnitt kann der Film auch einen falschen Gesamtrhythmus erhalten. Unrichtiges Hintereinanderstellen von Einstellungen kann zu falschen Assoziationen führen. So täuscht z. B. eine Folge von kurzen Einstellungen — ein sog. »Kurzer Schnitt« — Bewegung vor.

Falsche Eindrücke durch fehlende Schnitte. Aufnahmen über die Lokomotion des Salamanders wurden zur Abnahme vorgeführt. Der Salamander läuft, bleibt eine Zeitlang stehen und läuft dann weiter. Hierbei entstand im Laufbild der Eindruck, daß das Tier hüpft. Als wir der Ursache nachgingen, ergab sich, daß die Aufnahme beim Stehenbleiben des Tieres angehalten worden war. Als es dann weiterlief, wurde — mit Verzögerung von einigen Bildern — die Kamera wieder eingeschaltet. Da das Tier in der Zwischenzeit nicht völlig regungslos verharrte, kommt es zu dem Eindruck, daß der Salamander hüpft. Wenn solche Aufnahmen überhaupt noch verwendet werden sollen, müssen die beiden Bewegungsphasen durch einen Schnitt getrennt werden, so daß deutlich wird, daß es sich um zwei verschiedene Bewegungsphasen handelt.

Beschränkung der Schnittmöglichkeit beim Dokumentationsfilm. Bei einer Persönlichkeitsaufnahme wurde der Chef eines Forschungsinstitutes bei einer Diskussions-Sitzung mit seinen Mitarbeitern aufgenommen. Hierbei ergaben sich neben der ursprünglich geplanten Persönlichkeitsaufnahme des Chefs diejenigen seiner von wissenschaftlichen Auslandsaufenthalten berichtenden Mitarbeiter. Wenn in einem solchen Fall die Aufnahme nicht gekürzt würde, ergäbe sich eine untragbare Gesamtlänge. Für eine Kürzung sprach auch, daß der Dokumentationswert der aufgenommenen Diskussion geringer war als erwartet. Kürzungen jedoch haben leicht Verfälschungen zur Folge, etwa im Rhythmus der Diskussion, in der Häufigkeit oder der Vitalität der Äußerungen des Chefs. Die wissenschaftliche Filmarbeit ist also in solchen Fällen in der Möglichkeit zu schneiden sehr eingeengt, wenn der Wirklichkeitsgehalt des Films nicht unzulässig verändert werden soll.

Ein wissenschaftlicher Unterrichtsfilm behandelt die Darmresektion beim Rind. Er zeigt die Operationsmethodik und enthält einige Nahaufnahmen, die am toten Darm des operierten, später geschlachteten Tieres vorgenommen wurden. Da das Tier während der Operation steht und sich dabei häufig bewegt, wären diese Aufnahmen am lebenden Tier nicht möglich gewesen. Sie waren jedoch erforderlich, um die speziellen Nähte deutlich zu machen. Im Film mit fortlaufendem Tonkommentar wird der Eindruck erweckt, daß es sich um ununterbrochene Aufnahmen am lebenden Tier handelt. Dieser Eindruck wird dadurch verstärkt, daß das operierte Tier acht Tage nach der Operation auf der Weide gezeigt wird. Erst später ist es geschlachtet und sind die Nahaufnahmen am toten Darm durchgeführt worden. Diese wurden dann in die Operationsaufnahmen vom lebenden Tier eingefügt, so daß sie nicht mehr unterscheidbar sind. Der Operateur selbst konnte sie bei der ersten Vorführung der Filme nicht mehr erkennen. Derartige Schnitte mögen in Hochschulunterrichtsfilmen noch erlaubt sein, obwohl sie an der Grenze des Zulässigen liegen dürften, für den Dokumentationsfilm sind solche Manipulationen aber nicht zulässig.

Häufig steht der Hersteller von wissenschaftlichen Filmen vor der Frage, wieweit ein Schnitt oder eine Umstellung noch zulässig ist. Auf der einen Seite bieten sich die Schnittmöglichkeiten im Interesse der Verdeutlichung des Vorganges an, auf der anderen Seite soll der Wirklichkeitsgehalt nicht beeinträchtigt werden. Hierfür ein Beispiel:

Schnittmaßnahmen zur Erleichterung einer richtigen Beurteilung. Völkerkundler bringen von ihren Expeditionen häufig von interessanten Tänzen stumme Filme mit. Diese sind nur bedingt verwendbar. Um die Auswertbarkeit zu erleichtern und Fehlinterpretationen zu vermeiden, kann man folgende Schnittarbeiten durchführen: Schon am Anfang des Filmes sollte man einen Eindruck von dem Rhythmus (sofern dieser etwa gleichbleibt) erhalten. Man sollte in dieser Einstellung die Musik mit ihren Instrumenten sehen, das Schlagen der Trommeln, das Klatschen der Hände und das Bewegen der Beine. Erst dann sollten die Aufnahmen des eigentlichen Tanzes folgen. Eine solche Voranstellung einer in Wahrheit erst später aufgenommenen Einstellung könnte unter der Voraussetzung, daß der Tanzrhythmus etwa gleichbleibt, im Interesse der Auswertung als zulässig betrachtet werden. Es muß aber in der Begleitschrift darauf hingewiesen werden.

Unzulässige Benutzung von Einstellungen. In einem Film über biologische Schädlingsbekämpfung, der für den Unterricht und in Teilen für die Enzyklopädie hergestellt wurde, ist in verschiedenen Einstellungen der Vorgang des Anstechens von Schildläusen durch Schlupfwespen aufgenommen. Der Stechakt wird zunächst von seitlich oben gezeigt. Dann ist noch eine gute Stechaufnahme vorhanden, bei der die Schildlaus mit dem Rücken nach unten hängt. Der wissenschaftliche Sachbearbeiter machte den Vorschlag, um Schwierigkeiten bei den Bildanschlüssen zu überbrücken, die Aufnahme mit der hängenden Schildlaus auf den Kopf zu stellen. Wir müssen das aus Gründen des Wirklichkeitsgehaltes ablehnen, denn der gesamte Vorgang in hängender Anordnung könnte gegenüber dem üblichen modifiziert sein.

Der Betitelung kommt bei Dokumentationsfilmen erhebliche Bedeutung zu; sie hat nicht nur die Aufgabe, den Filminhalt sinnvoll zu gliedern und zu ordnen, sondern im Interesse des Wirklichkeitsgehaltes falsche Eindrücke zu vermeiden. Auch die Titel haben sich den Formen der wissenschaftlichen Publikationen anzupassen. Solche Filme mit Haupt- und Zwischentitel zu versehen, ist häufig schwieriger, als es erscheinen mag; auch muß beim Enzyklopädie-Film das Enzyklopädie-Schema mit zahlreichen anderen Gesichtspunkten berücksichtigt werden. Zwischentitel unterbrechen häufig die Bildeindrücke, und man vermeidet sie gern, wenn man irgend kann. Darunter darf jedoch die Klarheit nicht leiden.

Fehlbeurteilungen durch Fehlen von Hinweistiteln. Der hervorragende Film »Verhalten körniger Stoffe auf Wurfsieben« [C 684] behandelt im ersten Teil Siebvorgänge bei Quarz und Kohle (ein entsprechender Zwischentitel nennt ausdrücklich dieses Material). Im zweiten Teil befinden sich interessante Großaufnahmen mit hoher Zeitdehnung. Hierbei wird weder Kohle noch Quarz, sondern ein pflanzlicher Same als zu siebendes Objekt verwendet. Es wird zwar in der Begleitpublikation, aber nicht im Film darauf hingewiesen. Das hat zur Folge, daß der Beschauer der Meinung ist, daß es sich ebenfalls um Kohle oder Quarz handelt, nachdem der erste Teil des Filmes in seinen Aufnahmen ausschließlich diese Objekte brachte. Zur besseren Klarheit wäre hier ein weiterer Zwischentitel nötig gewesen.

Ein Völkerkundler schlug einen Film zur Aufnahme in die Enzyklopädie vor, den er in Afrika von einer Begräbnis-Zeremonie aufgenommen hatte. Die Zeremonie spielt sich teilweise im Eingeborenen-Dorf, teilweise außerhalb des Dorfes auf dem Begräbnisplatz ab. Beides hatte er erfaßt, und man hatte den Eindruck einer fortlaufenden Handlung. Fast zufällig ergab sich, daß es sich um zwei verschiedene Bestattungen handelte, die beide nach demselben Ritus und wenige Tage nacheinander stattgefunden hatten. Durch den Schnitt kam der Eindruck zustande, als handele es sich nur um eine einzige Bestattung. Durch einen Zwischentitel konnte dieser falsche Eindruck vermieden werden.

e) *Zeittransformation*

Zwischen Aufnahme und Wiedergabe liegt auch die Zeittransformation. Die kinematographische Zeittransformation ist eine sehr wichtige Methode mit erstaunlichen Forschungsmöglichkeiten, aber auch mit Möglichkeiten der Täuschung und der Irreführung. — Wie könnte es auch anders sein bei einer Methode, die im Baer'schen Sinn eine neue »Wirklichkeit« sichtbar macht[1]? Wir sehen tatsächlich diese Wirklichkeit, wie sie ein Wesen mit einem anderen Zeitmaß wahrnehmen würde.

Wir sprechen zu schnell und leicht bei einer Aufnahme mit 1200 B/s von einer 50fachen Zeitdehnung und geraten dabei in Gefahr, die damit verbundenen

---

[1] Auf die zeitlich vor der Entwicklung der Kinematographie liegenden Ausführungen von K. E. von Baer wurde im Kapitel über »Zeittransformierte Abbildung von Bewegungsvorgängen« ausführlich eingegangen.

Deutungsschwierigkeiten zu übersehen. Das hängt zum Teil damit zusammen, daß der Mensch im allgemeinen ein ungenügend ausgebildetes Schätzungsvermögen für Geschwindigkeiten und Kräfte und damit auch nicht die Fähigkeit besitzt, die Wirkung einer Zeittransformation zu beurteilen. Erschwerend kommt hinzu, daß auch die absolute Größe der im Film gezeigten Objekte oft unbekannt ist. Bei der Anwendung des Fernrohres, soweit es sich um irdische und statische Objekte handelt, ist es noch leicht, das Fernrohrbild mit der Wirklichkeit zu vergleichen. Beim mikroskopischen Bild ist das nicht mehr möglich. Wir kennen kein zeittransformierendes Sehen, und es ist fraglich, ob man es sich durch Übung anerziehen kann wie das Bewegungssehen, das etwa dem Autofahrer und allen Teilnehmern am modernen Verkehr angewöhnt wird. — Wenn wir einen Parameter unseres Bezugssystems, nämlich die Zeit verändern, so dürfen wir bei der Deutung der Bilder die scheinbare Änderung der Massenkräfte nicht außer acht lassen[1]. Weil uns der freie Fall aus unserer eigenen *Erfahrung* wohlbekannt ist, können wir die anscheinend langsam verlaufenden Bewegungen eines Turmspringers in einem Zeitdehner-Film auf doppelte Weise deuten, je nachdem, ob wir die Größe des Objektes oder die Schwerkraft als gegeben ansehen. In einem Fall sehen wir bei verminderter Schwerkraft einen gewöhnlichen Menschen langsam niederschweben, im anderen Fall einen Riesen mit der gewöhnlichen Schwerebeschleunigung herabfallen. Im makroskopischen Bereich haben die sich dabei ergebenden Widersprüche die Folge, daß wir uns der Tatsache der Zeittransformation bewußt werden. Bei Forschungsaufnahmen fehlt uns jedoch häufig diese Erfahrung, insbesondere bei der Mikrokinematographie, wo wir nicht aus unmittelbarer Kenntnis über die Objektgröße und die wirkenden Kräfte unterrichtet sind.

Bei der forschungsmäßigen Beurteilung von zytologischen Zeitraffer-Aufnahmen geraten die Forscher daher immer wieder in falsche Größenordnungs-Vorstellungen in bezug auf die Zeit, die Konsistenz der Medien und insbesondere die wirksamen Kräfte. Das Zellplasma »kocht« in Wahrheit nicht, wie es in zahllosen Zeitrafferfilmen den Anschein hat.

Bei vielen komplexen Vorgängen kommt es zur Überlagerung von mehreren gleichzeitig ablaufenden Bewegungen mit verschiedener Geschwindigkeit; es müssen hier »Frequenzschnitte«, d. h. mehrere Darstellungen des gleichen Vorganges mit verschiedenen Bildfrequenzen vorgenommen werden. Zum Beispiel kann man nicht bei botanischen Wachstums-Aufnahmen das Längenwachstum einer Pflanze und den Tagesrhythmus der Blattbewegungen gleichzeitig beobachten. Wir befinden uns hier in einer ähnlichen Lage wie bei der Mikroskopie;

---

[1] S. auch: W. Hinsch, über die Deutung von zeitlich transformierten Bildern, Forschungsfilm Bd. 1, Nr. 4 (1954), S. 9–14.

wo es oft auch nicht möglich ist, in einem einzigen Bild alle Struktur-Elemente eines lebenden Objektes sichtbar zu machen, und daher der gleiche Gegenstand bei verschiedenen Vergrößerungen betrachtet werden muß.
Bei der Zusammenstellung von Filmen ist deshalb darauf Wert zu legen, zeittransformierte Aufnahmen von geschwindigkeitsgleichen deutlich zu trennen. Die Enzyklopädie-Dokumentation benutzt hierfür im Regelfall Zwischentitel. Man sollte auch bei der Beschreibung und Diskussion solcher zeittransformierten Phänomene versuchen, sich in bezug auf die wirklichen Bewegungserscheinungen sachgerechter auszudrücken, als es häufig geschieht. Begriffe wie »kochen«, »heranstrudeln« und ähnliche, die aus unserer täglichen Erfahrung entnommen sind, können nicht ohne Kritik auf das zeittransformierte Filmbild angewandt werden. Hierfür nun einige Beispiele:

Fehlbeurteilung von Mikro-Zeitrafferaufnahmen. Auf einer Tagung wurde der Enzyklopädie-Film »Bacillus circulans — Aufbau und Verhalten beweglicher Kolonien« [E 183] von dem Autor vorgeführt und erläutert. Bei dem behandelten Bacillus treten eigenartige, rotierende Bewegungen seiner Kolonien auf. Die Diskussion beschäftigte sich u. a. mit der Meinung, daß die Entstehung von Teilkolonien auf Zentrifugalkräfte zurückzuführen sei. Die Tatsache der hohen Zeitraffung bei gleichzeitiger Vergrößerung wurde übersehen. Dabei sind Massenkräfte wie etwa die Zentrifugalkraft wegen der sehr geringen Beschleunigungen und Massen immer viel kleiner als die sonstigen Kräfte, in diesem Fall also etwa die Kohäsionskräfte, die die Kolonien zusammenhalten.
Ein bekannter Krebsforscher berichtete dem Verfasser, daß an seiner Universität ein populär-wissenschaftlicher Film über Krebs und seine Bekämpfung gelaufen sei, der auch Aufnahmen von Krebszellen in so starker Zeitraffung enthalten habe, daß die Zellen sich lebhaft bewegt hätten. Wenige Tage darauf sei eine junge Ärztin in sein Laboratorium gekommen, der er seine Krebskulturen unter dem Mikroskop gezeigt habe. Die Ärztin stellte sich dabei auf den Standpunkt, es könne sich dabei nicht um normale Krebszellen handeln, denn sie bewegten sich ja nicht!

Fehlbeurteilung von Zeitdehneraufnahmen. Flüssiger Stahl wird von erfahrenen Gießfachleuten nach den Geschwindigkeiten seiner Bewegungsvorgänge beurteilt. Diese geben relativ genaue Hinweise auf die Temperatur. Bei Forschungsaufnahmen im Inneren eines Schmelzofens mit Hilfe eines Periskops wurden mit 50 B/s, also mit Zeitdehnung, Farbaufnahmen von der Schmelze eines Stahles durchgeführt. Bei der Vorführung des Films wurde der Stahl von den Fachleuten als zu »matt«, d. h. in der Temperatur zu niedrig bezeichnet. Wegen der etwa zweifachen Zeitdehnung erschienen die Bewegungen des Stahles auf die Hälfte verlangsamt.

Fehlbeurteilung durch falsche Frequenzlage. Moderne Zahnbohrer laufen mit sehr hohen Umdrehungszahlen bis 300000 Umdr/min. Serienmäßige Zeitdehnergeräte für 16-mm-Film erreichen etwa 8000 B/s. Aufnahmen eines Bohrers wurden mit 7000 B/s durchgeführt. In einer Sekunde vollführte dabei der Bohrer 5000

Umdrehungen. Von einem Bild zum anderen drehte er sich um 5/7 seines Umfanges weiter. Das ist für eine Laufbildprojektion eine viel zu geringe zeitliche Auflösung. Da die Einzelbilder sehr scharf waren (durch die sehr kurze Belichtungszeit einer Entladungslampe), ergab das Laufbild bei der Vorführung, durch die Gestalt des Bohrers begünstigt, einen scheinbar kontinuierlichen Eindruck; auch das abgebohrte Material flog in einer Wolke ohne sichtbare Ruckbewegung vom Bohrer fort. — Ein solches Laufbild stellt nicht den wahren Ablauf dar. Die Einzelbild-Analyse kann hier aber die Fehlbeurteilung richtigstellen.

In dem stummen Unterrichtsfilm »Funktion von Schnabel und Zunge bei Spechten« sind Aufnahmen vom »Trommeln« des Spechtes enthalten. Dieses Trommeln dient zur Revierabgrenzung und hat eine ähnliche Bedeutung wie bei den Singvögeln der Gesang. Die geschwindigkeitsgleiche Aufnahme, die für diesen Unterrichtsfilm gemacht wurde, gibt einen bestimmten Eindruck von der Frequenz der Spechthiebe. — Tonaufnahmen erwiesen aber, daß die Frequenz des Trommelns erheblich höher ist, als der Film vermuten läßt. Es ergibt sich, daß die Aufnahme mit normaler Aufnahmefrequenz vielleicht nur jeden zweiten oder dritten Spechthieb erfaßt hat, so daß bei der Laufbildprojektion der entsprechend verlangsamte Eindruck entsteht.

f) *Laufbild-Projektion*

Die *Projektion* kann zu Täuschungen führen, wenn Filme mit der früher üblichen Frequenz von 16 B/s aufgenommen sind und in den modernen Tonprojektoren mit 24 B/s vorgeführt werden. Bei naturwissenschaftlichen Aufnahmen fällt das häufig nicht auf, aber bei Aufnahmen aus der Frühzeit des Filmes, bei denen Menschen erfaßt wurden, scheinen diese sich merkwürdig zu verhalten und zu bewegen. Bei der Beurteilung von Filmen mit menschlichen oder tierischen Reaktionen sollte man die Frage der Aufnahme- und Vorführfrequenz berücksichtigen, nachdem wir wissen, daß sowohl die Aufnahmegeräte wie Wiedergabegeräte in ihrer Frequenz schwanken. Bei Uhrwerkskameras muß man mit Frequenz-Differenzen von 10 % bis 15 % rechnen.

Es gibt eine optimale Größe und Helligkeit der Projektion sowie der spektralen Zusammensetzung der Projektionsbeleuchtung, speziell auch für Farbfilme, wobei die Erkennbarkeit der Details und die Überschaubarkeit der Gesamt-Bewegungszusammenhänge besonders günstig ist. Ungünstig wird die Überschaubarkeit auch, wenn wir Filme sehr nahe vor einem großen Bildschirm stehend erläutern müssen. Dabei kommt es gar nicht so selten vor, daß wir den Bewegungszusammenhang verlieren, weil wir das projizierte Bild in einer uns ungewohnten Größe und Perspektive sehen.

Fehlerhafte Beurteilungsmöglichkeit durch nicht adäquate Projektionsfrequenz. Aus der Zeit zwischen 1920 und 1930 stammen eine Reihe von Aufnahmen Berliner Maler, Liebermann, Pechstein, Zille und anderer. Diese sind teilweise nur mit 14 bis 18 B/s aufgenommen, dann nachträglich auf 24 B/s »gedehnt«, was dadurch bewirkt wurde, daß jedes zweite Bild gedoppelt wurde. So wurden diese einmaligen und nicht wiederholbaren Aufnahmen dem IWF angeboten, um in die Reihe »Filmdokumentationen zur Zeitgeschichte« aufgenommen zu werden. Dem Laien wird diese »Behandlung« kaum auffallen; diese Aufnahmen sind jedoch in ihrem Dokumentwert stark eingeschränkt. Eine Analyse der Maltechnik dieser Maler, wie man sie vielleicht mit gut angelegten Aufnahmen ermöglichen könnte, ist hier nicht möglich.

Seitenverkehrte Projektion. Manchmal kann eine Veränderung des Wirklichkeitsgehaltes dadurch eintreten, daß Teile eines Filmes seitenverkehrt projiziert werden. Der Fehler kann bei der Aufnahme, beim Zusammenkleben oder auch beim Vorführen entstehen. Als wir die Arbeitskopie eines von einem Völkerkundler aufgenommenen Filmes ansahen, bemerkten wir erst verhältnismäßig spät, daß alle Eingeborenen Linkshänder zu sein schienen. – Man kann sich durchaus Objekte denken, bei denen ein solches Bild selbst vom Autor nicht ohne weiteres als seitenverkehrt erkannt wird.

Neben der Betrachtung der Bildprojektion auf dem Bildschirm spielt die Bildausmessung für bestimmte Aufgabenbereiche eine bedeutende Rolle. Bei der Ausmessung liegen die Beeinträchtigungsmöglichkeiten in der Genauigkeit der Aufnahme und der Ausmessung selbst.

g) *Betrachtung des Projektionsbildes*

Auf die Betrachtung der Bildprojektion muß ausführlicher eingegangen werden. Jedes Sehen, auch das des Filmbildes, ist ein physiologisch-psychischer Vorgang. Für die durch die einzelnen Filmbilder vermittelte Scheinbewegung und die wirkliche Bewegung des ursprünglichen Objektes gelten die gleichen Gesetzmäßigkeiten. Hierzu gehören u. a. auch die sogenannten optischen Täuschungen, auf die hier aber nicht näher eingegangen werden soll[1]. Uns interessiert im Zusammenhang mit der Laufbildbetrachtung wieder der Wirklichkeitsgehalt und die Möglichkeit seiner Beeinträchtigung.

Wir wollen uns zunächst solchen Aufgaben zuwenden, gegen deren Durchführung Bedenken mit Rücksicht auf die Grenzen bestehen, die dem Forschungsfilm wie jeder anderen Forschungsmethode gezogen sind.

Vermeidung von Fehlbeurteilungen durch Einhaltung der Grenzen des Forschungsfilmes. Dem IWF wurde von einer amtlichen Stelle die Aufgabe übertragen, Forschungsfilmaufnahmen durchzuführen, die sich mit einer Frage aus dem Komplex des »Glücks-Spieles« zu befassen hatten. Es handelt sich um ein Spiel mit einer auf einer Metallscheibe kreisenden Kugel, und es war vom Gericht die Frage zu entscheiden, ob es sich dabei um ein »Glücksspiel« handelt, bei dem die Gewinn-

---

[1] Über den Vorgang des Bewegungssehens wurden vom IWF drei Filme hergestellt.

chancen völlig zufällig sind, oder um ein »Geschicklichkeitsspiel«, bei dem durch den Spielenden selbst die Gewinnaussichten verbessert werden können. Hierzu hätte das weitere Verhalten einer schon rollenden Kugel aus deren gegenwärtiger Bewegungsweise beurteilt werden müssen. Die Kamera sollte dabei die rollende Kugel so sehen und beobachten, wie der Spielende selbst. Dies sollte sowohl geschwindigkeitsgleich wie in Zeitdehnung aufgenommen werden. — Hier ist die filmische Methode überfordert. Sie kann nicht das räumliche Sehen mit den willkürlichen und unwillkürlichen Augen- und Kopfbewegungen des Spielers nachahmen.

Die Psychologen weisen darauf hin, daß das Sehen von Filmen mit einem Genuß verbunden ist; eine unfreiwillige Aufmerksamkeit und ein hoher Grad von Zufriedenheit begleitet das Erlebnis[1]. Es mag sein, daß diese Zufriedenheit die Kritikfähigkeit herabsetzt. —

Wir haben früher festgestellt, daß fast jeder Film eine Auswahl darstellt, nämlich einen Ausschnitt aus dem Gesamtvorgang. Jedes Sehen und Betrachten von Filmen stellt wiederum eine Auswahl dar, nämlich durch das Filter der jeweiligen psychischen Situation des Betrachters hindurch, wobei Akzentsetzungen möglich sind. Hinzu kommt, daß der auswertende Wissenschaftler auch wieder auswählt. Er neigt erfahrungsgemäß dazu, zunächst dasjenige zu bevorzugen, was am besten in seine Konzeption paßt.

Emotionale Wirkungen sind bei wissenschaftlichen Arbeiten im allgemeinen unerwünscht. Sie können ablenken, sie können den Abstand verringern, den der Wissenschaftler künstlich zwischen das beobachtende Subjekt — sich selbst — und das zu untersuchende Objekt legt, um mit einem Höchstmaß an Objektivität dieses rational zu erkennen. Emotionale Wirkungen liegen teilweise in den Bauelementen des Filmes selbst und in der Art und Weise, wie sie verwendet werden. Der schwarz-weiße Film hat eine andere emotionale Wirkung als der Farbfilm. An der emotionalen Wirkung eines Filmes kann z. B. beim Unterrichtsfilm auch der Charakter der Stimme des Kommentarsprechers beteiligt sein.

Nun können emotionale Faktoren auch ein Bestandteil der zu dokumentierenden Bewegungsereignisse selbst sein. Unter dem Gesichtspunkt des Wirklichkeitsgehaltes interessiert hier aber nur die Aufgabe, die zusätzlich durch den Film und seine Betrachtung hinzukommenden emotionalen Wirkungen zu vermeiden, auszuschalten oder sie möglichst genau kennenzulernen und zu berücksichtigen.

Das bewegte Bild im verdunkelten Raum wirkt suggestiv. Von den aufgenommenen Menschen, in geringerem Maße aber auch von den Tieren, gehen Reize aus, die unsere Phantasie anregen. Diese können dann bestimmte Ein-

---

[1] Z. B.: H. F. Brandt, The Psychology of Seeing Motion Pictures, aus: Film and Education, edited by G. F. Elliott, New York 1948, Philosophical Library.

drücke verursachen. Die Hypnose-Filme der RWU sind absichtlich ohne Ton aufgenommen, obwohl im wissenschaftlichen Sinne gerade hier der Ton als integrierender Bestandteil des Vorganges, z. B. bei der Verbal-Suggestion unbedingt dazu gehören würde. Es wurde weggelassen, damit bei der Vorführung nicht etwa ein Betrachter in Trance fällt.

Induktion von Müdigkeitserscheinungen durch Betrachten zeitgedehnter Aufnahmen. Wir hatten im Kreise von Hochschullehrern und unseren Institutsreferenten eine größere Anzahl zoologischer Filme zu besichtigen. Alle diese Filme bestanden aus zeitgedehnten Aufnahmen von den Gangarten verschiedener Säugetiere wie Löwen, Tiger, Bären und Affen. Die Zeitdehnung war gewählt worden, um den Mechanismus der Gangarten besser analysieren zu können. Dies wirkte sich so aus, daß die Hochschullehrer und auch wir selbst einzelne Tiere als krank beurteilten, weil sie sich so überaus langsam bewegten. Das war objektiv falsch, und der Eindruck war durch die Veränderung des Zeitmaßstabes veranlaßt. Aber noch eine andere Wirkung kam hinzu: Wir selbst waren nach dieser Vorführung außerordentlich müde, was wir uns zunächst nicht erklären konnten, bis uns wieder bewußt wurde, daß die zeitgedehnten Aufnahmen, die die Bewegungen verlangsamten, die Tiere müde und langsam erscheinen ließen und dadurch auch bei uns den Müdigkeitseindruck induzierten.

Wenn wir, von einem gähnenden Menschen angesteckt, nach einiger Zeit selbst zu gähnen beginnen und schließlich müde werden, so ist das zunächst erstaunlich, aber wie viele erstaunliche Tatsachen uns seit Kindheit wohl vertraut. In unserem Fall wurde die Müdigkeit auf dem Wege über das Laufbild verursacht.

Die meisten solcher Wirkungen sind nicht so handgreiflicher Natur, sie wirken sich unterschwellig, z. B. in einer vorübergehenden Herabsetzung der kritischen Einstellung aus.

Herabsetzung der kritischen Einstellung. Ein völkerkundlicher Film über die Herstellung eines afrikanischen Musikinstrumentes wurde einem Gremium von Völkerkundlern und Verhaltensforschern vorgeführt. Alle Teilnehmer hatten viele Erfahrungen mit wissenschaftlichen Filmen. — Der Film war technisch gut aufgenommen; er zeigt die einzelnen Phasen der Herstellung des Instrumentes durch einen Eingeborenen. Nach der Fertigstellung des Instrumentes lacht der Eingeborene auf. Ein Teil der anwesenden Hochschullehrer interpretierte: »Er freut sich, daß er es geschafft hat. Das ist eine psychologisch wertvolle Aussage.« —

Eine solche spontane Äußerung war voreilig aus dem Munde der anwesenden Wissenschaftler, die die Probleme der Filmaufnahme gut kannten und sicher gewußt haben, daß bei der Filmaufnahme auch andere Einflüsse die beobachtete psychische Reaktion hätten hervorrufen können. Unter dem unmittelbaren Eindruck der Filmvorführung waren sie sich aber dessen vorübergehend nicht bewußt.

In einem anderen Falle sahen wir in einem Gremium von Hochschullehrern der Geographie einen länderkundlichen Schul-Unterrichtsfilm (also keinen wissenschaftlichen Film!) über Spanien an. Ein Hochschullehrer fand eine Einstellung forschungsmäßig besonders bemerkenswert, in der Schafe in der Mittagsglut nicht im Schatten der Bäume sich aufhalten, sondern an der Tränke mitten in der Sonne stehen. Er war sofort bereit, aus dieser »Beobachtung« Folgerungen im Sinne einer Theorienbildung zu ziehen. – Unsere Einwände gingen dahin, daß der Kulturfilmhersteller vermutlich die Einstellung »Schafe an der Tränke« in seinem Aufnahmeplan hatte und ohne Rücksicht auf die Tageszeit, vielleicht sogar wegen der günstigeren Lichtbedingungen, diese Einstellung so stellte und »abdrehte«, daß die Schafe entgegen der sonstigen Gewohnheit um die Mittagszeit an die Tränke getrieben wurden. Diese Einwände fanden zunächst keinen Glauben, und es bedurfte erst einer kurzen Diskussion, um die unter dem unmittelbaren Einfluß des Films gefaßte Meinung zu korrigieren.

Solche Erfahrungen sind häufig zu machen; sie müssen so gedeutet werden, daß durch die psychische Wirkung des Films die kritische Einstellung vorübergehend herabgesetzt wird. – Andererseits kann die frühere Zurückhaltung zahlreicher Wissenschaftler dem Film gegenüber wenigstens teilweise mit einer (unbewußten) Abneigung gegenüber schwer kontrollierbaren psychischen Eindrücken erklärt werden.

Daß solch eine Zurückhaltung speziell gegenüber dem sogenannten »Dokumentar«-Film mit politischem Inhalt sehr berechtigt ist, zeigen die vielen Beispiele beabsichtigter psychischer Filmwirkungen.

Die deutschen Wochenschauen hatten während des Krieges von der Propagandaleitung die Anweisung, Filme mit marschierenden Kolonnen in bestimmter Weise zu schneiden. Die Aufnahmen deutscher Soldaten sollten mit der aufsteigenden Phase der Marschierbewegung beginnen; dadurch wirkt der Körper aufrechter, der Mensch erscheint gestrafft, der psychische Eindruck ist der des Überlegenen, Sieghaften. Die Aufnahmen feindlicher Soldaten wurden dagegen mit der abwärtsgerichteten Phase der Beinbewegungen begonnen. Der psychische Eindruck ist dadurch der des Geduckten, Hinfälligen, Inferioren.

Starke Emotionen üben erfahrungsgemäß Aufnahmen aus dem Themenkreise Geburt, Krankheit, Tod beim Menschen aus.

In dem wissenschaftlichen Unterrichtsfilm über psychologische Geburtserleichterung [C 810] wird das Wesen und Ziel der zu diesem Zwecke ausgearbeiteten und der Vorbereitung der Mütter auf die Geburt dienenden Readschen Methode in einem Tonfilm erläutert. Der Film endet mit der Tonfilm-Dokumentation einer menschlichen Geburt. – Bei der Vorführung war die emotionale Wirkung so stark, daß mehrere Zuschauer eines kleinen Gremiums, darunter ein Arzt und ein bekannter Geisteswissenschaftler nachträglich versicherten, daß sie dabei geweint hätten. – Im Film war schon in die letzte Großaufnahme ein Bildtitel einkopiert worden mit der Absicht, dadurch die emotionale Wirkung zu hemmen.

Es ist unwahrscheinlich, daß selbst bei der direkten Teilnahme an der Geburt die emotionale Wirkung so stark gewesen wäre; es muß vielmehr angenommen werden, daß sie bei der Betrachtung im Film, im verdunkelten Raum, stärker ist als in der Wirklichkeit. Ähnliche Erfahrungen werden von Operationsfilmen immer wieder berichtet; es ist deshalb auch nicht verwunderlich, daß auch Mediziner durch Operationsfilme emotional beeindruckt werden können. In noch stärkerem Maße ist das bei medizinischen Laien der Fall. Die verschiedenen Körperteile und Manipulationen sind dabei psychisch verschieden stark wirksam. Unangenehm für die meisten Menschen ist die Aufnahme des Hautschnitts — die Körperoberfläche kennen wir aus eigener Beobachtung —, weniger wirksam sind Manipulationen im Körperinneren. Hiervon können wir uns keine Vorstellung machen, weil wir keine Erfahrung darüber haben.

Erfahrungsgemäß schwächt sich der Eindruck ab, wenn solche Filme wiederholt vorgeführt werden. Bei der ersten Vorführung psychisch stark wirksamer Filme ist es auch interessant, das Auditorium zu beobachten. Man versucht, sich abzulenken, es wird mehr gesprochen, geraucht, Stühle werden gerückt, Notizen gemacht, um die beginnende Suggestion des Miterlebens zu stören. Wenn bei einem Operationsfilm jemandem schlecht wird, dann kann das ansteckend auf andere wirken. Ausrufe des Grauens verstärken den Eindruck, ebenso wie Ausrufe des Staunens und der Begeisterung. Überhaupt ist es psychologisch ein Unterschied, ob man einen Film allein oder mit anderen Personen gemeinsam betrachtet.

Im übrigen brauchen wir gar nicht grauenerregende Filmaufnahmen zu sehen, damit uns subjektiv übel wird. Dies geschieht manchmal auch bei harmlosen Aufnahmen, z. B. wenn von einem Schiff aus bei Seegang oder aus einem auf schlechter Landstraße fahrenden Auto aufgenommen wurde. Wir haben dann bei der Betrachtung den Eindruck des Schwindlig- und Übelwerdens, obwohl wir genau wissen, daß wir uns auf einem feststehenden Stuhl in einem unbewegten Raum befinden. —

Alle solche psychischen Wirkungen können sich auf die Beurteilung von Filmen auswirken und eine Akzentsetzung im Sinn einer Beeinträchtigung des Wirklichkeitsgehaltes zur Folge haben, die manchmal schwer zu erkennen ist. Schon die Empfindung einer Folge von Einzelbildern als zusammenhängendes Bewegungsbild beruht ja auf einer Täuschung. Auch können bereits durch die Tatsache und die Art der Aufeinanderfolge von Einstellungen Verknüpfungen geschaffen werden, die im Objekt nicht vorhanden sind.

Wenn man Bedenken hat, ob man mit der Beurteilung eines Filmes auf dem richtigen Weg ist, so sollte man die Projektion des gesamten Filmes unterbrechen und die gewonnenen Eindrücke durch wiederholte Kontrollen der einzelnen Einstellungen und der Einzelbilder prüfen. »Man kann sich so dem Wirklichkeitsgehalt des wissenschaftlichen Filmes nähern, indem man ihn in Stücke schlägt.« Diese drastische Forderung eines Wissenschaftlers scheint mir in schwierigen Fällen berechtigt.

Die Aufgaben, die das Problem des Wirklichkeitsgehaltes stellt, sind hiermit klar. Alle Faktoren, die das Objekt, den Aufnehmenden oder den Auswertenden beeinflussen können, müssen erfaßt und bei der Anlage und Auswertung eines Filmes berücksichtigt werden. —

Wir haben früher darauf hingewiesen, daß der Enzyklopädie-Film mit seinem Wirklichkeitsgehalt steht und fällt. Aus den Erörterungen dieses Kapitels werden wir nun den Eindruck erhalten haben, daß wir auch ständig um die Erhöhung seines Wirklichkeitsgehaltes bemüht bleiben müssen. In diesem Zusammenhang hat auch die Begleitpublikation eine Rolle zu spielen, die zu jedem Film gehört und in der auf unvermeidliche Einschränkungen des Wirklichkeitsgehaltes sowie auf die Möglichkeit von Fehlbeurteilungen ausdrücklich hingewiesen werden muß.

Wir haben in diesem Kapitel häufig von Fehlbeurteilungen gesprochen. Wir wollen es mit einigen historisch gewordenen Fehlbeurteilungen abschließen, die zwar nicht den Inhalt einzelner Filme, wohl aber die Bedeutung und das Schicksal der Kinematographie im ganzen betrafen. Sie sind den Pionieren der Kinematographie, denen der Film viel zu verdanken hat, unterlaufen: E. J. Marey interessierte sich überhaupt nicht für die Projektion, weil sie seiner Ansicht nach unwichtig war. Louis Lumière soll anfangs der Meinung gewesen sein, daß der Film nur eine vorübergehende Bedeutung von wenigen Jahren haben werde, die Erfindung stelle eine wissenschaftliche Kuriosität dar.

Nachwort

Bevor der Verfasser Anfang der 50er Jahre mit dem Plan dieser Enzyklopädie an die Öffentlichkeit trat, hat er längere Zeit Überlegungen angestellt über die Notwendigkeit und Durchführbarkeit einer solchen Unternehmung. Auf die Notwendigkeit der Schaffung von General-Archiven von Filmen in Einzeldisziplinen wurde in den letzten 60 Jahren mehrfach hingewiesen. Von den Völkerkundlern wurde diese Forderung seit 1900 erhoben; für die Zoologie forderte der Wiener Zoologe O. Storch die Schaffung eines »zoologischen Film-Museums«. Keiner dieser Ansätze führte jedoch zu einer Realisierung. Daher erschien es als erhebliches Risiko, mit einer nun ungleich größeren Aufgabe zu beginnen.

Von Anfang an schien es notwendig, eine solche Aufgabe auf einer internationalen Basis durchzuführen. Zu diesem Zwecke wurden Verhandlungen mit der International Scientific Film Association aufgenommen. Der Bitte des Verfassers nach einer finanziellen Beteiligung konnte nicht entsprochen werden. Auch die UNESCO lehnte eine solche Bitte ab.

Der Aufbau der Arbeit mußte daher zunächst von deutscher Seite allein betrieben werden. Dabei hat Herr Professor Konrad Lorenz wertvollste Hilfe geleistet. Es wurden Entschließungen von bedeutenden Fachwissenschaftlern eingeholt; das Bundesministerium des Innern stellte dem Institut für den Wissenschaftlichen Film in Göttingen Mittel für den Beginn zur Verfügung.

Einige Jahre später erfolgte der Zutritt der zentralen Filminstitutionen von Holland und Österreich, 1964 auch von den USA. Der Redaktions-Ausschuß wurde geschaffen, die Satzung festgesetzt, die Aufgaben des Editors bestimmt und das IWF als ausführendes Organ bestätigt. Vertreter aus Deutschland, Österreich, Holland, Großbritannien und Frankreich, später auch aus den USA und der Schweiz wurden in den Redaktions-Ausschuß gewählt. Die jährlich stattfindenden Abnahme-Sitzungen des nunmehr internationalen Redaktions-Ausschusses wurden eingeführt. Er tagte in Göttingen, Wien, Utrecht, Seewiesen und Basel.

Die ENCYCLOPAEDIA CINEMATOGRAPHICA umfaßt zur Zeit (Mitte 1967) über 1300 abgenommene Enzyklopädie-Filme.
Außer Deutschland sind folgende Länder mit Filmen vertreten: Österreich, Holland, Frankreich, England, USA, Schweiz, Norwegen, Griechenland, Liechtenstein, Brasilien, Uruguay, Dänemark, Venezuela. Die Zahl der Mitglieder der Enzyklopädie beträgt über 250.
Archive der ENCYCLOPAEDIA CINEMATOGRAPHICA befinden sich in Göttingen, Wien, Utrecht und University Park (Pennsylvania, USA). Sie enthalten Positivkopien der Enzyklopädie-Filme, die zum Entleih für Forschung und Lehre des betreffenden Landes zur Verfügung stehen.
An Veröffentlichungen erscheint jährlich ein neuer Katalog, der ENCYCLOPAEDIA CINEMATOGRAPHICA-Index; er enthält alle Filme einschließlich der im letzten Jahr neu übernommenen. Die offizielle Zeitschrift der ENCYCLOPAEDIA CINEMATOGRAPHICA ist »Research Film — Le Film de Recherche — Forschungsfilm«. Sie erscheint zweimal jährlich und ist gleichzeitig das Mitteilungsblatt der Sektion Forschungsfilm der International Scientific Film Association. Hier werden alle neuen Enzyklopädie-Filme mit kurzer Inhaltsangabe in drei Sprachen referiert. Sie enthält ferner Berichte des Redaktions-Ausschusses und Mitteilungen der ENCYCLOPAEDIA CINEMATOGRAPHICA von allgemeiner Bedeutung.
In der Anfangszeit gab die Bezeichnung »Enzyklopädie« gelegentlich Anlaß zur Diskussion. Das rührte teilweise daher, daß noch zu wenig Filme vorhanden waren, um die Gesamtanlage genügend deutlich zu machen. In der Zwischenzeit hat sich die filmische Erfassung und Fixierung der Grundbewegungsvorgänge und Grundverhaltensweisen bei Menschen, Tieren, Pflanzen und Stoffen für eine Verhaltensforschung in einem denkbar allgemeinen Sinn als tragfähige Idee für eine Spezial-Enzyklopädie erwiesen, die sich darauf beschränkt, darüber Auskunft zu geben, wie die Bewegungsvorgänge der Objekte aussehen. Die Größe dieser Aufgabe inspirierte viele Wissenschaftler zu freudiger Mitarbeit.
Zum Schluß sei noch kurz auf die menschenbildende Wirkung dieser eine Anzahl sich gegenseitig ergänzender Fachgebiete umfassenden Filmsammlung hingewiesen. Hochschullehrer, die der wissenschaftlichen Filmarbeit der Enzyklopädie nahestehen, haben diese Arbeit gelegentlich als ein Studium Generale für Hochschullehrer bezeichnet, in dem die Idee der Universitas Literarum noch lebendig sei. Dem bewegten Bild des Filmes kommt eine bildende Wirkung zu. Bild, Sinnbild und Bildung haben nicht ohne inneren Grund denselben Wortstamm.
Der Film der Enzyklopädie kann ein gewisses forschungsmäßiges Miterleben vermitteln. Wir haben häufig erlebt, daß nüchterne und rational ausgerichtete Wissenschaftler bei der Vorführung von Forschungsaufnahmen, die erstmalig

bestimmte Vorgänge sichtbar machten, in Begeisterung ausbrachen oder in Staunen verfielen.

Die Beschäftigung mit der Enzyklopädie wird den Mitarbeitern und Benutzern immer wieder solche Stunden des Miterlebens bereiten. Sie wird sie allerdings auch manchmal deutlich erfahren lassen, daß die eigentlichen Kräfte, die hinter diesen Abbildern stehen, sich der rationalen Betrachtung entziehen.

Diese Enzyklopädie zeigt die Dynamik der Natur in einer bisher nie gekannten Vielfalt auf. Dem Forschenden wird sie eine Fülle von neuem Wissen vermitteln; dem Lehrenden kann sie eine Fundgrube von Unterrichtsmaterial sein, den besinnlichen Betrachter aber wird sie zur Ehrfurcht führen.

So wird das dem Buch vorangestellte Motto recht behalten, daß der Gewinn nicht in einer bloßen Summierung besteht, sondern zu einer Wandlung führen kann.

Anhang

Satzung der Encyclopaedia Cinematographica

1. Die Encyclopaedia Cinematographica ist ein freier Zusammenschluß von Instituten und Einzelpersonen verschiedener Länder mit dem Ziel, wissenschaftliche Filme besonderer Art für Forschung und Hochschulunterricht durch eine zentrale Stelle der wissenschaftlichen Benutzung zugänglich zu machen.

2. Als Mitglied der Encyclopaedia Cinematographica gilt derjenige, der der Encyclopaedia Cinematographica für deren Aufgaben geeignete Filmaufnahmen überläßt und zusammen mit dem Editor oder dessen Beauftragten eine Enzyklopädiefassung dieser Aufnahmen herstellt, die von dem Redaktionsausschuß abgenommen wird.

   Die Rechte und Interessen der Mitglieder werden durch Vertreter wahrgenommen; diese bilden gleichzeitig den Redaktionsausschuß. Die Anzahl der Mitglieder dieses Ausschusses beträgt mindestens zehn, höchstens fünfzehn einschließlich des Editors als Vorsitzenden. Der Ausschuß ergänzt sich durch Zuwahl selbst. Er tritt jährlich mindestens einmal zusammen.

3. Der Redaktionsausschuß hat insbesondere die Aufgabe, die Arbeitsrichtlinien der Encyclopaedia Cinematographica zu bestimmen und über die Aufnahme vorgeschlagener Filme in die Enzyklopädie zu entscheiden.

4. Die Mitglieder übertragen der Encyclopaedia Cinematographica an den hergestellten Enzyklopädiefassungen die Urheber- und Verwertungsrechte ohne räumliche und zeitliche Einschränkung für den nichtkommerziellen Bereich. Alle übrigen Rechte verbleiben den Mitgliedern. Sie verpflichten sich, eine Begleitveröffentlichung anzufertigen bzw. anfertigen zu lassen.

5. Jedes Mitglied ist berechtigt, die Filme der Encyclopaedia Cinematographica für den eigenen wissenschaftlichen Bedarf gegen Erstattung der Versandkosten zu entleihen oder Kopien käuflich zu erwerben. Es erhält ferner die Zeitschrift »Research Film — Le Film de Recherche — Forschungsfilm« kostenlos.

6. Die ENCYCLOPAEDIA CINEMATOGRAPHICA wird durch den Editor vertreten, der die Filme nach Maßgabe der für diesen Zweck zur Verfügung stehenden Mittel veröffentlicht.
   Der Editor hat die Grundlagen der enzyklopädischen Filmdokumentation zu erarbeiten. Er führt den gesamten Schriftverkehr. Zur Durchführung seiner Aufgaben kann er sich bestehender Einrichtungen bedienen.
7. Die Veröffentlichungen der ENCYCLOPAEDIA CINEMATOGRAPHICA erfolgen jeweils in englischer, französischer oder deutscher Sprache.

Filmverzeichnis

Im Text genannte Filme der Encyclopaedia Cinematographica

Die im Text mit den Buchstaben B, C und D bezeichneten Filme sind solche des Instituts für den Wissenschaftlichen Film, Göttingen. Sie sind in dessen unter dem Titel „Wissenschaftliche Filme" regelmäßig erscheinenden Verzeichnissen aufgeführt. Ergänzungen in *Kursiv*druck gehören nicht zum Filmtitel.

Weitere Filmtitel findet man in den Tabellen:

Namen- und Sachregister

Ursprünglich erschienen bei Johann Ambrosius Barth, München 1967